U0217320

张朝阳的物理课

第三卷 张朝阳 陈广尚 李松 王朕铎 著

电子工业出版社·
Publishing House of Electronics Industry
北京·BEIJING

内 容 简 介

"张朝阳的物理课"作为火爆全网的"烧脑"在线课程，以高密度知识输出带动科学学习热潮。

本书聚焦于量子力学领域，研算现代科技与宇宙奇观背后的物理根基。从原子核到遥不可及的白矮星，从原子分子的构造细节到物质状态变换的宏观规律，从双单摆的经典案例过渡到核磁共振的现代前沿科技……本书对我们存在的世界进行了深入剖析，不仅能够帮助读者用物理思维解密物质结构，还能培养读者用严谨的数理语言描述自然的能力。

相比前两卷，第三卷是该系列的进阶之作，内容更加丰富。通过对量子力学物理图像及数学方法的研算，帮助读者逐步走向当代物理学前沿，对于培养严谨的科学思维模式和提升逻辑推理能力有显著帮助。

图书在版编目（CIP）数据

张朝阳的物理课. 第三卷 / 张朝阳等著. -- 北京 ：
电子工业出版社，2024. 9. -- ISBN 978-7-121-48658-6

Ⅰ. 04-49

中国国家版本馆 CIP 数据核字第 2024UN2794 号

责任编辑：董 英 陈晓猛
印 刷：中国电影出版社印刷厂
装 订：中国电影出版社印刷厂
出版发行：电子工业出版社
    北京市海淀区万寿路 173 信箱 邮编：100036
开 本：720×1000 1/16 印张：22 字数：436.5 千字
版 次：2024 年 9 月第 1 版
印 次：2025 年 2 月第 3 次印刷
定 价：108.00 元

凡所购买电子工业出版社图书有缺损问题，请向购买书店调换。若书店售缺，请与本社发行部联系，联系及邮购电话：（010）88254888，88258888。

质量投诉请发邮件至 zlts@phei.com.cn，盗版侵权举报请发邮件至 dbqq@phei.com.cn。

本书咨询联系方式：faq@phei.com.cn。

前言

　　继 2022 年的第一卷，2023 年的第二卷，在 2024 年的今天，《张朝阳的物理课》第三卷面世。第三卷的内容是我在搜狐视频 App 的物理直播课第 129 期到第 184 期的文字版。与第一、二卷类似，每节课后由李松、陈广尚、葛伯宣、王朕铎、孙兵、管子卿、费啸天等课代表根据视频内容及讲稿写成的文章集结成书。

　　同样与第一、二卷类似，物理的课题路径沿着我每段时间的兴奋点，挑出有趣的问题进行研习、推导、直播讲课，从整体看来，三本书基本上循序渐进地覆盖了大学物理专业的主要课程。但因为是根据兴趣通过解决问题来学习的，因此三本书的系统性不如经典物理教科书完备，可以作为大学理工科专业教材之外的辅助读物。也正因为如此，这三本书提供了学习物理的另一种路径，展现了物理这座古城的不同巡游路线的风景。而且因为对于每个问题，我都力求彻底定量地进行推导、计算，使得某些内容超出了物理专业的课程范围，进入了更垂直的领域。例如，在第二卷中，对月球退行速率及地球形变的计算是地球物理系（Geophysics）的内容，而流体力学部分的含时 Navier-Stokes 方程的解已进入了力学系（Mechanical Engineering）的领地。

　　第三卷主要涉及量子力学的问题。量子力学在第一卷已经有相当的篇幅，第三卷更加全面、深入地探讨量子力学的主要问题。关于第三卷重点章节的特点，我简要地做如下点评：

　　第 1 章，传统的教科书比较多地解定态问题，而对包含时间的系统的演化关注不够。我这里注重波包的演化，而对习惯使用经典力学求解粒子运动轨迹的读者来说，波包提供了一个自然的过渡。

第 2 章，α 衰变是一种量子隧穿效应，我们把势垒切成薄片，整体透射概率是各切片概率值的叠加，得到与 WKB 近似类似的结果，而物理图像更加直观。

第 3 章，粒子的散射，把平面波用哈密顿算符、角动量算符构成的力学量完全集的共同本征态展开，再考虑一个比波长小的区域中的势场对各分量的扰动，即所谓分波法。这里要熟悉球贝塞尔函数的渐进特点：随自变量增大衰减的正弦或余弦函数。

第 4、第 5 章，二能级系统的对角化，用坐标空间的向量算符的旋转来实现，而核磁共振提供了含时 Hamiltonian 的情形（旋转磁场）。

第 6、第 7 章，计算晶体的比热，爱因斯坦模型是一个粗略的估算，而德拜模型考虑了原子的集体振动模式，这样即使在 $T \to 0$ 时，能级足够细密，可以激发，因此，比热 C_V 不是随 $T \to 0$ 以指数衰减至 0 的，而是 T^3 依赖关系。

第 8、第 9 章，对白矮星的稳定性进行了有趣的探讨，估算的钱德拉塞卡极限与公认的数值接近，已是天文学系（Astronomy）的内容。

第 11、第 12 章，计算了氢分子离子的势能函数有凹点，解释了化学键的成因，这是地球上所有分子存在的根本原因，即所谓"遇事不决，量子力学"。此计算和氦原子基态能的计算中采用了一个巧妙的变量替换方法，是一种解中心力场下的多体多重积分问题的简洁之方法。

OK，我及几位课代表怀着欣喜、得意的心情，隆重奉上这本书，希望能在读者及听课者中找到对书中这些有趣问题的理解、欣赏和共鸣，只要有少数人看着我们的处理会心地笑了，我们就非常高兴了。

Enjoy reading & calculating.

张朝阳

2024 年 7 月 9 日于北京

目录

Contents

01
波包及其演化

如何完整描述一个微观粒子
——从偏微分方程角度回顾薛定谔方程·3

微观粒子能被视为一个质点吗
——δ波包与高斯波包的演化·10

势场中的粒子会消失或者突然跃迁吗
——含势能的薛定谔方程、测量公设与定态·20

运动的波包如何演化（上）
——运动的波包及其两类速度的定义·29

运动的波包如何演化（下）
——高斯波包的严格解及其反射·38

02
量子隧穿
效应与α衰变

量子力学如何理解电流
——浅谈量子力学中的概率密度与概率流·48

氢原子的轨道磁矩
——量子力学对原子磁矩的解释·55

波函数的反射
——量子力学中的"穿墙术"·59

量子隧穿效应
——原子核α衰变现象背后的物理规律·64

03
粒子的散射

中心力场下粒子的散射（上）
——量子散射问题与散射截面·76

中心力场下粒子的散射（中）
——分波法·82

中心力场下粒子的散射（下）
——刚球势的散射截面·90

04
自旋及二能级系统

线性代数如何帮助我们理解量子力学
——态矢、算符与矩阵力学·98

微观粒子的磁矩是量子化的吗（上）
——斯特恩–盖拉赫实验·105

微观粒子的磁矩是量子化的吗（下）
——任意方向的自旋分量及其演化·112

最简单的量子体系是什么
——二能级系统的态空间·119

受扰动的二能级系统如何演化
——矩阵对角化与拉比振荡·126

05
核磁共振

核磁共振是如何实现的
——周期性圆磁场驱动下的自旋系统·140

06
再访谐振子

为何谐振子能量是分立的
——维谐振子的波函数与截断条件·154

可以用代数方法求解谐振子吗
——维谐振子的升降算符·164

三维谐振子的能量本征态是简并的吗
——三维谐振子的态空间与能谱 · 172

如何求解相互作用的谐振子
——耦合谐振子的模式分解 · 177

07
晶体的晶格
与比热

什么是谐振子链
——格点傅里叶变换与集体模式 · 188

谐振子链可以被量子化吗
——一维"晶体"及其能谱 · 196

什么是声子
——升降算符与集体激发 · 204

声子如何影响晶体的比热
——固体比热的爱因斯坦模型与德拜模型 · 213

08
电子气体的
简并压与
白矮星

零温电子气体也存在压强吗
——分析电子气体的简并压 · 226

如何估算白矮星中心处的压强
——流体静平衡方程的应用 · 234

具有 1 倍太阳质量的白矮星有多大
——估算白矮星的半径 · 242

09
电子气体的
相对论修正
与钱德拉塞
卡极限

相对论性粒子的量子力学是怎样的
——克莱因-戈尔登方程 · 252

零温电子气体为什么有相对论效应
——分析相对论性电子气体的简并压 · 261

白矮星的质量上限是多少
——估算钱德拉塞卡极限 · 269

10
氢原子基态能级的相对论修正

相对论效应会怎么影响氢原子基态能级
——浅谈量子力学中的微扰论·277

11
奥本海默近似与化学键

怎么理解双原子分子的比热阶梯
——初探玻恩–奥本海默近似与变分法·287

化学键的本质是什么
——玻恩–奥本海默近似与变分法的应用·294

12
用变分法计算氦原子的能级

氦原子的基态能量怎么求
——变分法的进一步应用·306

13
分析力学与双单摆

拉格朗日力学
——不出现受力分析的力学问题求解·320

从天体到弹簧摆
——单质点运动的拉格朗日力学处理·329

耦合双摆
——拉格朗日力学对多质点系统的处理·333

从拉格朗日力学到哈密顿力学
——带电粒子在电磁场中的运动·339

01

波包及其演化

张朝阳手稿

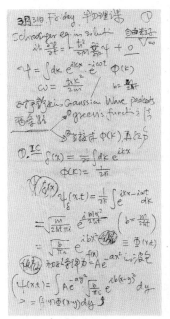

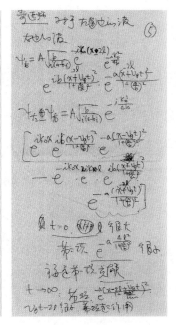

如何完整描述一个微观粒子
——从偏微分方程角度回顾薛定谔方程[1]

摘要：在本节中，我们将回顾量子力学的基本定律——薛定谔方程。在量子力学中，完整的波函数不仅刻画了粒子的分布概率，还包含了粒子随时间演化的信息。相对应地，完整的波函数遵循一个关于时间和空间的偏微分方程。顺着这一思路，我们将学习如何利用偏微分方程的相关理论，求出自由粒子薛定谔方程的一般解。

在《张朝阳的物理课》第一卷第五部分中，我们谈及了量子力学的基本概念，了解了波粒二象性是量子力学的"核心特点"，薛定谔方程是量子世界中的"牛顿定律"，并讨论了如何利用量子力学描述原子和分子结构。彼时，为了叙述简单，我们暂且忽略了方程中对时间求导的部分，专注于求解定态薛定谔方程以得到能谱信息。然而，完整的薛定谔方程还包含了物理体系如何随时间演化的信息，是描述真实物理过程中不可或缺的一块拼图。在领略过电动力学和流体力学等"名胜"的无限风光后，我们又回到量子力学的山脚，装备上新习得的偏微分方程（PDE）基本技巧，再次向这座熟悉又陌生的高山进发！

---

1 整理自搜狐视频 App "张朝阳"账号/作品/物理课栏目中的第 129 期视频，由陈广尚执笔。

一、从偏微分方程的角度重新看薛定谔方程

回顾《张朝阳的物理课》第二卷中关于电动力学、流体力学和传热学的讨论，我们关注的物理对象都有一个特点：既随着时间流逝演化，也随着空间延展起伏变化，比如电场 $E(t, x)$、流体速度 $v(t, x)$、物体温度 $T(t, x)$ 等，它们都是至少包含两个自变量的函数，被称为场。而同时描述超过两个自变量的时候，物理方程中的导数要改写成

$$\frac{\mathrm{d}}{\mathrm{d}t} \to \frac{\partial}{\partial t}$$
$$\frac{\mathrm{d}}{\mathrm{d}x} \to \frac{\partial}{\partial x}$$

右边的符号一般被称为偏导数或者偏微分（Partial Derivative），所以相应的方程就被称为偏微分方程。

为了说明单变量和多变量的区别，让我们首先简单回顾一下单质点的牛顿力学。在经典力学中，描述单个质点的运动只需要一个物理变量——时间。尽管在很多问题中我们更关心的是粒子运动的轨迹，比如 $r(\theta)$，但为了描述粒子的运动状态，轨迹最终会用一组关于时间的参数方程来表达，即 $r(t)$ 和 $\theta(t)$ 的方程，所以本质上还是一个单自变量问题。利用对单变量求导的符号，牛顿定律写为

$$m\frac{\mathrm{d}^2 \boldsymbol{r}}{\mathrm{d}t^2} = \boldsymbol{F}$$

而当要刻画分布在不同位置上的大量原子和分子集合，或者更庞大的、宏观上几乎不可划分的连续介质体系时，多变量、场和偏微分方程的思想就有了用武之地——这正是流体力学和传热学的基础。

然而，回到量子力学，在重新出发前，让我们先来思考一个问题：通过第一卷中的讨论，我们知道薛定谔方程描述的只是单个粒子的运动，那么为何要关注偏微分方程呢？答案是：在量子世界中，每个时间点上微观粒子的位置都是不确定的，我们只能用出现在某个空间点上的概率来描述它的状态。就像氢原子外面的电子，只能知道它像云一样分布在原子核的周围，根本不知道它在哪个具体的位置。这就是量子力学的"核心特点"——波粒二

象性。所以，在量子力学中，一个粒子的状态只能表达成与时间和空间相关的波函数 $\psi(t,x)$，而粒子在某个位置出现的概率密度是波函数的模方

$$\mathcal{P} = |\psi|^2 = \psi^* \psi$$

相应地，在量子力学中，决定波函数的"牛顿定律"

$$i\hbar \frac{\partial \psi}{\partial t} = -\frac{\hbar^2}{2m} \frac{\partial^2 \psi}{\partial x^2} + V(x)\psi$$

就是一个偏微分方程，描述的是一个质量为 m 的粒子的量子行为。如果粒子在不受力地自由运动，则有 $V(x) = 0$，那么方程又可被改写为

$$i\hbar \frac{\partial \psi}{\partial t} = -\frac{\hbar^2}{2m} \frac{\partial^2 \psi}{\partial x^2} \qquad (1)$$

不难看出，形式上，它非常像第二卷中研究过的热传导方程

$$\frac{\partial T}{\partial t} = \alpha \frac{\partial^2 T}{\partial x^2}$$

但值得注意的是，热传导方程是个实值方程，要求等号右边的传导系数 α 大于 0。而式（1）的等号左边的常数是个复数 $i\hbar$，右边的系数是个负实数。这一不同恰是使薛定谔方程能描述量子世界的"魔法"。然而，无论实值还是复值，我们所学习积累的处理微分方程的技巧都可以用于处理薛定谔方程，正像用 PDE 的"猎枪"到量子力学的森林中"打猎"。

二、用偏微分方程的"三板斧"处理薛定谔方程

偏微分方程的"三板斧"的"第一板斧"是用分离变量法化简方程。运用分离变量法的关键在于尝试找到这样一个特解

$$\psi(t,x) = g(t)h(x)$$

它是两个单变量函数的乘积。将这个特解代入式（1）中可以得到

$$i\hbar \frac{1}{g} \frac{\mathrm{d}g}{\mathrm{d}t} = -\frac{\hbar^2}{2m} \frac{1}{h} \frac{\mathrm{d}^2 h}{\mathrm{d}x^2} = \lambda$$

其中 λ 是一个常数。解第一个方程

$$i\hbar \frac{\mathrm{d}g}{\mathrm{d}t} = \lambda g$$

可以得到

$$g(t) \propto \mathrm{e}^{-\frac{i\lambda t}{\hbar}}$$

引入复数带来的变化就体现在这里。在求解热传导方程时，对应方程的解是一个衰减的指数函数

$$T \propto \mathrm{e}^{-\lambda' t}$$

但对于薛定谔方程，它变成了一个随时间振荡的函数。衰减意味着粒子逐渐消失，这显然不符合我们的预期。虚数的引入，使衰减转变为相位上的振荡，则很好地修正了这一点，使得我们相信薛定谔方程至少是自然定律的一个合理的候选者。但是为何恰好是薛定谔方程在主导量子世界呢？这个问题理应由实验来回答，物理规律的数学形式经过了长时间的、反复的实验验证，并且能够进行预言，那么我们就应该相信和理解这个形式。

分离变量后，第二个方程变成

$$-\frac{\hbar^2}{2m} \frac{\mathrm{d}^2 h}{\mathrm{d}x^2} = \lambda h$$

"第二板斧"是用众所周知的各种技巧求解这一常微分方程。不难得知，这个方程有如下形式的解

$$h(x) \propto \mathrm{e}^{ikx}$$

指数上的常数 k 应当满足方程

$$\lambda = \frac{\hbar^2 k^2}{2m} \geqslant 0$$

在量子力学中，由于波粒二象性，动量一般与波数有对应关系

$$p = \hbar k$$

所以常数 λ 的物理意义就是自由粒子的动能，这与经典牛顿力学的结论是一

致的。从另一个角度看，量子力学中的能量算符是

$$\hat{E} = \frac{\hat{p}^2}{2m} = \frac{1}{2m}\left(\frac{\hbar}{\mathrm{i}}\frac{\partial}{\partial x}\right)^2$$

可以看出来，λ 即为能量算符的本征值，正如我们所预期的那样。

利用分离变量法，我们得到了方程的一个特解

$$\psi_k(t, x) \propto \mathrm{e}^{-\frac{\mathrm{i}\hbar k^2}{2m}t}\mathrm{e}^{\mathrm{i}kx}$$

把对应不同常数 k 的解组合起来，就能得到方程最一般解的形式

$$\psi(t, x) = \int_{-\infty}^{+\infty}\mathrm{d}k\, c_k\mathrm{e}^{\frac{\mathrm{i}\hbar k^2}{2m}t}\mathrm{e}^{\mathrm{i}kx} \tag{2}$$

其中，c_k 是一组组合系数，将会由"第三板斧"——初始条件给出。

偏微分方程的初始条件是指 $t = 0$ 时函数的空间分布

$$\psi(t = 0, x) = f(x) \tag{3}$$

在我们得到的最一般解的形式中取 $t = 0$，可以得到

$$f(x) = \int_{-\infty}^{+\infty}\mathrm{d}k\, c_k\mathrm{e}^{\mathrm{i}kx}$$

显然它表示函数 $f(x)$ 的傅里叶分解，c_k 就是对应的分解系数。注意到 $h_k(x) \propto \mathrm{e}^{\mathrm{i}kx}$ 是动量和能量的共同本征函数，物理上可以这样理解式（3）：作为初始条件波函数，它本身的动量或能量的取值都是不确定的，它本身即由多个对应着不同但确定的动量或能量的波函数，以系数做叠加而来，可以称为一个"波包"（Wave packet）。更一般地，我们可以转而记 $c_k = \varphi(k)$，强调它是动量空间（k 空间）中的一个函数。它和坐标空间（x 空间）中的函数有一一对应关系，相互之间通过傅里叶变换进行转化。从概率的角度看，$f(x)$ 的模方被认为是测量粒子处于某一点上的概率，相对应地，$\varphi(k)$ 的模方可以解释为测量粒子在以某一动量运动的概率。作为概率分布，两个函数的展宽或者两个观测量的标准差应当满足不确定性关系

$$\sigma_x \sigma_p = \hbar \sigma_x \sigma_k \geqslant \frac{\hbar}{2}$$

再回到式（2），它意味着系统开始演化后，波包中的各组分将各自独立演化，再按相同的系数重新组合出某一时刻下的波函数。此即量子力学的波函数叠加原理。这一叠加过程也可以在坐标空间中重新表达，首先求初始条件 $f(x)$ 的傅里叶展开系数，利用

$$
\begin{aligned}
\int_{-\infty}^{+\infty} \mathrm{d}x \, \mathrm{e}^{-\mathrm{i}k'x} f(x) &= \int_{-\infty}^{+\infty} \mathrm{d}x \, \mathrm{e}^{-\mathrm{i}k'x} \int_{-\infty}^{+\infty} \mathrm{d}k \, c_k \mathrm{e}^{\mathrm{i}kx} \\
&= \int_{-\infty}^{+\infty} \mathrm{d}k \, c_k \int_{-\infty}^{+\infty} \mathrm{d}x \mathrm{e}^{\mathrm{i}(k-k')x} \\
&= \int_{-\infty}^{+\infty} \mathrm{d}k \, c_k 2\pi \delta(k - k')
\end{aligned}
$$

可以求得

$$c_k = \frac{1}{2\pi} \int_{-\infty}^{+\infty} \mathrm{d}y \, \mathrm{e}^{-\mathrm{i}ky} f(y)$$

将它代入最一般解的形式，即式（2）中，就能得到

$$
\begin{aligned}
\psi(t, x) &= \frac{1}{2\pi} \int_{-\infty}^{+\infty} \mathrm{d}k \int_{-\infty}^{+\infty} \mathrm{d}y \, \mathrm{e}^{-\mathrm{i}ky} f(y) \mathrm{e}^{-\frac{\mathrm{i}\hbar k^2}{2m}t} \mathrm{e}^{\mathrm{i}k(x-y)} \\
&= \frac{1}{2\pi} \int_{-\infty}^{+\infty} \mathrm{d}y \, f(y) \int_{-\infty}^{+\infty} \mathrm{d}k \, \mathrm{e}^{-\frac{\mathrm{i}\hbar k^2}{2m}t} \mathrm{e}^{\mathrm{i}k(x-y)} \\
&= \int_{-\infty}^{+\infty} \mathrm{d}y \, f(y) \Phi(t, x - y)
\end{aligned}
$$

与处理热传导方程时一样，第二个积分被简写成一个函数 $\Phi(t, x-y)$，我们称之为格林函数（Green's function）。在量子力学中，它又被称为传播子（Propagator）。传播子描述了某一小块区域的演化过程。可以想象这样一个过程：如图 1 所示，初始时刻的波包可以认为是由无穷多个 δ 函数型波包叠加而成的，其中在点 y 处的一个 δ 函数型波包，其振幅是 $f(y)$。到达时间 t_0 后，这个小波包就演化成新的波包 $\Phi(t_0, x-y)$。如果开始时在空间上每一点处都有一个小波包，它们彼此会独立演化，然后相互叠加形成最后总的波函数。这也是求解偏微分方程一般的、被广泛使用的方法。这样，我们就得到了自由薛定谔方程最一般解的数学表达式。

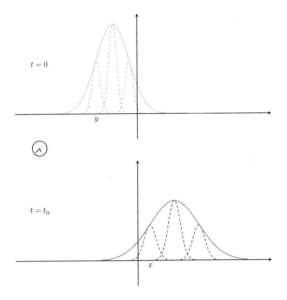

图 1 格林函数描述在一点上小波包的演化结果

小结
Summary

　　本节从偏微分方程的角度重新介绍了主导微观世界的基本定律——薛定谔方程。不存在势场时，描述自由粒子的薛定谔方程形式上类似于描述热传导的扩散方程，然而薛定谔方程是关于复值函数的方程，方程的解不是衰减的，而是振荡的。正是这一特性使得薛定谔方程成为微观世界基本定律的候选者，至于其正确性，则远非理论能够保证的，而应当由实验反复验证来保证。利用分离变量法，可以将自由粒子薛定谔方程化简为两个单变量方程。分离变量法引入的常数一般可以被解释为粒子的能量，定义上恰好与量子化中的算符化程序引入的能量保持一致。方程的通解一般由不同能量下得到的解（又称为"模式"）加权叠加得到，权重则通过分析初始条件得到。更一般地，这一类线性偏微分方程的通解可被表达为

$$\psi(t, x) = \int_{-\infty}^{+\infty} \mathrm{d}y\, f(y) \Phi(t, x - y)$$

其中 $\Phi(t, x - y)$ 是格林函数，又被称为传播子，描述了在某点 y 处的波包经过时间 t 后的演化结果。

微观粒子能被视为一个质点吗
——δ 波包与高斯波包的演化[1]

摘要：在本节中，我们将讨论微观粒子的两种模型如何遵循薛定谔方程进行演化。第一个模型可以类比于"点粒子"，在计算上相对简单，但存在非常明显的缺陷。第二个模型可视为对前者的改进，求解时需要用到高斯积分的结果。通过对两个模型的讨论，我们可以对微观粒子在不受相互作用时的行为有所认识。

在上一节中，我们回顾了作为量子力学基本定律的薛定谔方程，并用偏微分方程的相关技巧给出了势场为零时方程的通解。但目前的讨论仅限于形式上、数学上的分析，为了更直观地理解公式背后的物理含义，接下来我们尝试讨论几个简单的例子，以期一窥量子世界的物理规律。

一、存在"点粒子"吗

经典的牛顿力学是关于"质点"的理论。牛顿力学在习惯上会将物理对象——无论它是小车、滑块，还是一小段琴弦——抽象为一个带质量的点，然后求解其运动轨迹。由于牛顿力学的巨大成功，这种不具备空间延展性的"点粒子"的概念早已深入人心。当研究进入微观世界时，由于对象尺寸更小，直觉上以"点粒子"去建模各种粒子似乎更为合理。然而自然规律当真如此吗？

---

1 整理自搜狐视频 App "张朝阳" 账号/作品/物理课栏目中的第 129、130 期视频，由陈广尚执笔。

　　我们知道，量子力学的特征是"波粒二象性"，一个粒子应当用一个波函数来描述。在数学上，一个没有空间延展性的波可以用狄拉克函数（δ 函数）表达，它满足

$$\delta(x) = 0, \qquad x \neq 0$$

且

$$\int_{\mathbb{R}} \delta(x)\mathrm{d}x = 1$$

它又被称为 δ 波包。注意，δ 函数的一大特征是仅在一点（ $x = 0$ ）处有值，所以直观上可以视为一个初始时刻被约束到原点的"点粒子"。

　　如果初始时刻我们放下这样一个"点粒子"，按照上一节的讨论，首先需要求得它的傅里叶变换系数。利用

$$\delta(x) = \frac{1}{2\pi} \int_{-\infty}^{+\infty} \mathrm{d}k \; \mathrm{e}^{\mathrm{i}kx}$$

不难看出

$$c_k = \frac{1}{2\pi} \tag{1}$$

　　根据最一般解的形式，可以得到在任意时刻、任意空间的点上，粒子波函数的振幅是

$$\psi(t, x) = \frac{1}{2\pi} \int_{-\infty}^{+\infty} \mathrm{d}k \; \mathrm{e}^{-\frac{\mathrm{i}\hbar k^2}{2m}t + \mathrm{i}kx}$$

对此上一节结尾，不难看出，这里求解的就是 $\Phi(t, x)$ 。通过对比，我们可以更好地理解为什么说"传播子描述一点处波包的演化结果"。积分中的指数是一个关于 k 的二次多项式，所以一般可以对它进行配平方，转化成高斯积分来计算

$$\begin{aligned}
\psi(t, x) \;&= \frac{1}{2\pi} \int_{-\infty}^{+\infty} \mathrm{d}k \; \mathrm{e}^{-\frac{\mathrm{i}\hbar k^2}{2m}t + \mathrm{i}kx} \\
&= \frac{1}{2\pi} \int_{-\infty}^{+\infty} \mathrm{d}k \; \mathrm{e}^{-\frac{\mathrm{i}\hbar t}{2m}\left[k^2 - \frac{2mx}{\hbar t}k + \left(\frac{mx}{\hbar t}\right)^2 - \left(\frac{mx}{\hbar t}\right)^2\right]} \\
&= \frac{1}{2\pi} \mathrm{e}^{\frac{\mathrm{i}mx^2}{2\hbar t}} \int_{-\infty}^{+\infty} \mathrm{d}k \; \mathrm{e}^{-\frac{\mathrm{i}\hbar t}{2m}\left(k - \frac{mx}{\hbar t}\right)^2}
\end{aligned}$$

平移一下积分变量，得到

$$\psi(t, x) = \frac{1}{2\pi} e^{\frac{imx^2}{2ht}} \int_{-\infty}^{+\infty} du\ e^{-\frac{iht}{2m}u^2} \tag{2}$$

此时积分部分具有与高斯积分几乎一致的形式。

　　高斯积分常见于对热传导或扩散等过程的求解中，积分结果为

$$\int_{-\infty}^{+\infty} du\ e^{-au^2} = \sqrt{\frac{\pi}{a}} \tag{3}$$

值得注意的是，在证明式（3）的过程中，我们已经要求常数 a 是实数。然而在式（2）中，对应的参数 a 是一个纯虚数，结论不能复用，只能重新加以证明。类比于实参数高斯积分的证明过程，首先同样记

$$\varphi(u) = \int_{-\infty}^{+\infty} du\ e^{-iau^2} \tag{4}$$

注意，这里为了表述明确，已经显式地把复数单位写在指数上。对式（4）求平方，然后变换到极坐标下，可以得到

$$\begin{aligned}\varphi^2(u) &= \int_{-\infty}^{+\infty}\int_{-\infty}^{+\infty} dxdy\ e^{-ia(x^2+y^2)} \\ &= \int_0^{2\pi} d\theta \int_0^{+\infty} dr\ re^{-iar^2}\end{aligned}$$

这里需要小心的是，第二个等号中涉及两个积分的交换次序。由于原积分公式（4）是收敛的而非绝对收敛的，为了保证推导的合理性，需要引进被称为"正规化"的特殊处理。

　　所谓正规化，是引入一个小量 $\epsilon \ll 1$，使得参数 a 可以改写为复数

$$a \to a - i\epsilon$$

然后在计算末尾将小量置 0，即可得到结果。在做正规化时，小量 ϵ 保证了积分的绝对收敛，也就保证了积分交换次序的合理性。交换积分次序后，整个式子是角度无关的，所以可以先把角度部分积分，得到

$$\varphi^2(u) = 2\pi \int_0^{+\infty} dr\ re^{-i(a-i\epsilon)r^2}$$

再进行一次换元 $t = ar^2$，可以得到

$$\begin{aligned}\varphi^2(u) &= 2\pi \int_0^{+\infty} \mathrm{d}(ar^2)\, \frac{1}{2a}\, \mathrm{e}^{-\mathrm{i}ar^2 - \epsilon r^2} \\ &= \frac{\pi}{a} \int_0^{+\infty} \mathrm{d}t\, \mathrm{e}^{-\mathrm{i}t - \epsilon t/a}\end{aligned}$$

可以看到，如果不引入正规化，即保持 $\epsilon = 0$，那么剩下的是不收敛的、对振荡函数的积分。事实上，早在《张朝阳的物理课》第二卷第三部分中，我们在讨论折射率的微观起源时已碰到过类似的问题。借助彼时已详细讨论过的图形法，将未经正规化的积分近似看成在圆上一小步一小步地前进的加和

$$\int_0^{+\infty} \mathrm{d}t\, \mathrm{e}^{-\mathrm{i}t} \approx \sum_{n=0}^{\infty} \Delta\theta \mathrm{e}^{-\mathrm{i}n\Delta\theta} \tag{5}$$

其中每一项都对应复平面上一个模长为 $\Delta\theta$ 的向量。也就是说，这个积分等价于这样一个过程：一个人在不断向前迈步，而且每迈出一步都会转身同样的角度，结果这个人会在某个圆上不断绕圈走动（图 1 中红色箭头）。

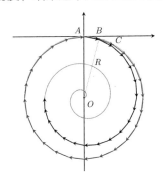
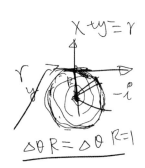

图 1　图形法求解虚参数高斯积分

但对于一个实际的物理过程，这种精准的"绕圈"是不真实的。想象一个人试图在沙漠中走出一个大圆，但他事实上很难控制每一次都能精准迈出同样的步伐。更多的时候，在迈出下一步时，步长总会不可避免地变短——这正是引入正规化参数 ϵ 的意义。结果就是，我们更倾向于在一边绕圈时，一边往内环收缩，直到走到圆心的位置（图 1 中黑色箭头及其轨迹），于是求积分的值就变成了求给定切矢的圆心位置。

接下来利用微元法的思想来求解这个几何问题，假设我们每一步偏转的角度 $\angle AOB = \Delta\theta$ 非常小，以至于图中 $\angle OAB$ 和 $\angle OBC$ 近似于直角。此时，

当 n 取 0 时，我们将沿着实轴正半轴方向迈出第一步，所以由垂直关系可知，圆心应当保持在虚轴的负半轴上。紧接着，每一次我们的步长恰好也为 $\Delta\theta$。在小角度近似下，应该有

$$\Delta\theta = \overline{AB} \approx \overset{\frown}{AB} = R\Delta\theta$$

解得圆半径 $R = 1$，所以不难推知圆心在复平面上的坐标为

$$z_{\mathrm{c}} = 0 - \mathrm{i} = \frac{1}{\mathrm{i}}$$

代回上面的计算，可以证明

$$\int_{-\infty}^{+\infty} \mathrm{d}u\ \mathrm{e}^{-\mathrm{i}au^2} = \sqrt{\frac{\pi}{\mathrm{i}a}}$$

结果与实参数的高斯积分公式有一致的形式。

利用所证明的积分公式，从式（2）中可以求出任意时刻的波函数

$$\psi(t,x) = \frac{1}{2\pi}\mathrm{e}^{\frac{\mathrm{i}mx^2}{2\hbar t}}\sqrt{\frac{\pi}{\dfrac{\mathrm{i}\hbar t}{2m}}} = \sqrt{\frac{m}{2\mathrm{i}\pi\hbar t}}\mathrm{e}^{\frac{\mathrm{i}mx^2}{2\hbar t}}$$

对应地，可以求出经过时间 t 后，仪器在某点 x 上能找到这个粒子的概率

$$\mathcal{P}(t,x) = \frac{m}{2\pi\hbar t}$$

值得一提的是，这个概率只与时间成反比，与空间位置无关。即同一时刻，我们在整个空间上任意一点发现这个粒子的可能性是相等的。再细想，这一计算结果也预示着，量子世界中不存在稳定的自由"点粒子"。即使在某时刻我们的确制备了一个点粒子，但将其释放后，它将在下一瞬间均匀弥散到整个空间。

为了更好地理解 δ 波包的"刹那间弥散"的过程，我们可以将视角转向动量空间（k 空间）。根据式（1），δ 波包在动量空间中的波函数是

$$\phi(k) = \frac{1}{2\pi}$$

它表明，虽然"点粒子"没有空间上的延展性，但从动量空间的角度，它是由动量从负无穷到正无穷的所有可能的取值对应的波函数叠加而来的，且取

到不同分量的贡献是均等的。这恰好是量子系统满足不确定性原理的一个实例，在初始时刻，我们精确知道了粒子处在某一点上，所以得不到关于动量的任何信息。无穷大动量意味着无穷大速度，即使经过任意小的时间，比如 $0.0000\cdots1\mathrm{s}$，粒子都有可能跑到世界上的任意一个角落——哪怕是无穷远的天涯。所以，粒子开始演化之后，在任意地方找到粒子的概率都是相等的。由于薛定谔方程并没有引入任何关于相对论的假设，即使其计算结果违背了现在我们熟知的光速最大原理，在当前的理论框架中也仍是自洽的。

二、一个高斯波包的自由演化

"点粒子"模型在量子世界中行不通，表明任何微观粒子在空间上必有相应的展宽。为了更好地理解粒子的自由演化和不确定性原理在其中起到的作用，让我们转而再讨论一个相对真实但又不过于复杂的模型——高斯波包（Gaussian wave packet）。考虑初始时刻，系统的波函数取为

$$f(x) = \left(\frac{2a}{\pi}\right)^{1/4} \mathrm{e}^{-ax^2}$$

根据从 δ 波包中得到的经验，我们同时从动量空间和坐标空间分析它的物理性质。为了表述简洁，我们记 $A = \left(\dfrac{2a}{\pi}\right)^{1/4}$，先求其傅里叶变换

$$
\begin{aligned}
\phi(k) &= \frac{1}{2\pi} \int \mathrm{d}y f(y)\, \mathrm{e}^{-iky} = \frac{A}{2\pi} \int \mathrm{d}y\, \mathrm{e}^{-ay^2}\, \mathrm{e}^{-iky} \\
&= \frac{A}{2\pi} \int \mathrm{d}y\, \mathrm{e}^{-a\left[y^2 + \frac{iky}{a} + \left(\frac{ik}{2a}\right)^2 - \left(\frac{ik}{2a}\right)^2\right]} \\
&= \frac{A}{2\pi} \mathrm{e}^{a\left(\frac{ik}{2a}\right)^2} \int \mathrm{d}y\, \mathrm{e}^{-a\left(y + \frac{ik}{2a}\right)^2}
\end{aligned}
$$

取换元

$$z = y + \frac{ik}{2a}$$

再利用高斯积分的结果，即有

$$\phi(k) = \frac{A}{2\pi} \mathrm{e}^{a\left(\frac{ik}{2a}\right)^2} \int \mathrm{d}z\, \mathrm{e}^{-az^2} = \frac{A}{2\pi} \sqrt{\frac{\pi}{a}} \mathrm{e}^{-\frac{k^2}{4a}}$$

对两个结果取模方，求得坐标空间内的概率密度是

$$\mathcal{P}(x) \propto e^{-2ax^2}$$

在动量空间中是

$$\mathcal{P}(k) \propto e^{-\frac{k^2}{2a}}$$

二者都服从高斯分布。

　　高斯分布意味着，虽然这个粒子的波函数还是所有可能的能量或动量本征函数叠加的结果，但是其中起主导作用的仅仅是围绕在原点附近的少许部分（如图 2 中虚线所围内部）。将其与之前分析的 δ 函数在图像上做对比，可以清晰地看出两者之间的区别。

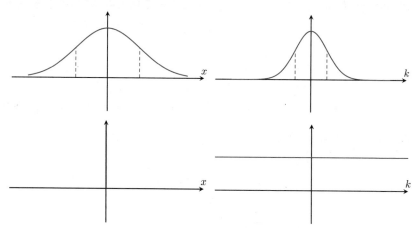

图 2　高斯波包（上）及 δ 波包（下）在坐标空间（左）与动量空间（右）上的分布

　　主导部分占比可以用波包的宽度来描述，数学上，它用方均根来表征。给定一个物理量 X，它的方均根是

$$\sigma_X = \sqrt{\langle X^2 \rangle - \langle X \rangle^2}$$

其中 $\langle \cdot \rangle$ 是取概率平均。这两个概率密度都是关于 y 轴对称分布的，所以

$$\langle x \rangle = \langle k \rangle = 0$$

而对于一个形如 $A e^{-\beta x^2}$ 的高斯分布，有

$$\langle x^2 \rangle = \frac{\int A x^2 \mathrm{e}^{-\beta x^2}}{\int A \mathrm{e}^{-\beta x^2}} = \frac{-\dfrac{\partial}{\partial \beta} \int \mathrm{e}^{-\beta x^2}}{\int \mathrm{e}^{-\beta x^2}}$$

利用高斯积分公式，可以求得

$$\langle x^2 \rangle = \frac{-\dfrac{\partial}{\partial \beta} \sqrt{\dfrac{\pi}{\beta}}}{\sqrt{\dfrac{\pi}{\beta}}} = \frac{1}{2\beta}$$

将结果分别应用到动量空间和坐标空间的概率密度分布上，可以得到

$$\sigma_k = \sqrt{a}, \qquad \sigma_x = \frac{1}{2\sqrt{a}}$$

将它们相乘，可以验证不确定性原理（Uncertainty principle）

$$\sigma_x \sigma_p = \hbar \sigma_x \sigma_k = \frac{\hbar}{2}$$

恰好有等号成立。这是一个非常神奇且漂亮的结果——多次测量一个满足高斯分布的粒子的位置和动量，将得到自然允许我们达到的最精确的结果。

将高斯波包作为初始条件，代入上一节得到的自由粒子波函数的一般形式

$$\psi(t,x) = \int \mathrm{d}y\, \Phi(t, x-y) f(y) = \int \mathrm{d}y \left(\frac{m}{2\mathrm{i}\pi\hbar t} \right)^{1/2} \mathrm{e}^{\frac{\mathrm{i}m(x-y)^2}{2\hbar t}} A \mathrm{e}^{-ay^2}$$

首先记 $b = \dfrac{m}{2\hbar t}$，可以将积分改写成

$$
\begin{aligned}
\psi(t,x) &= A\sqrt{\frac{b}{\mathrm{i}\pi}} \int \mathrm{d}y\, \mathrm{e}^{(-a+\mathrm{i}b)y^2 - 2\mathrm{i}bxy + \mathrm{i}bx^2} \\
&= A\sqrt{\frac{b}{\mathrm{i}\pi}} \int \mathrm{d}y\, \mathrm{e}^{(-a+\mathrm{i}b)[y^2 - \frac{2\mathrm{i}bx}{-a+\mathrm{i}b}y + (\frac{\mathrm{i}bx}{-a+\mathrm{i}b})^2 - (\frac{\mathrm{i}bx}{-a+\mathrm{i}b})^2] + \mathrm{i}bx^2} \\
&= A\mathrm{e}^{-\frac{b^2 x^2}{a-\mathrm{i}b} + \mathrm{i}bx^2} \sqrt{\frac{b}{\mathrm{i}\pi}} \int \mathrm{d}y\, \mathrm{e}^{(-a+\mathrm{i}b)(y - \frac{\mathrm{i}bx}{-a+\mathrm{i}b})^2} \\
&= A\mathrm{e}^{\frac{\mathrm{i}abx^2}{a-\mathrm{i}b}} \sqrt{\frac{b}{\mathrm{i}\pi}} \int \mathrm{d}y\, \mathrm{e}^{(-a+\mathrm{i}b)(y - \frac{\mathrm{i}bx}{-a+\mathrm{i}b})^2}
\end{aligned}
$$

做变量替换 $z = y - \dfrac{ibx}{-a+ib}$，将积分写为一个高斯积分。此时，参数既有实部，也有虚部，而且实部 $a > 0$，所以积分是收敛的，不需要额外引入正规化方法来处理。同样利用图形法，可以求得

$$\int_{-\infty}^{+\infty} dz\, e^{(-a+ib)z^2} = \sqrt{\frac{\pi}{a-ib}}$$

于是，给定时刻的波函数可以被表达为

$$\psi(t,x) = A e^{\frac{iabx^2}{a-ib}} \sqrt{\frac{b}{i\pi}} \sqrt{\frac{\pi}{a-ib}}$$

分离出指数部分的虚部和实部，得到

$$\psi(t,x) = A e^{\frac{ia^2bx^2}{a^2+b^2}} e^{-\frac{ax^2}{1+a^2/b^2}} \sqrt{\frac{b}{i(a-ib)}}$$

对应的概率密度为

$$\mathcal{P}(t,x) = \frac{A^2 b}{\sqrt{a^2+b^2}} e^{-\frac{2ax^2}{1+a^2/b^2}}$$

按照同样的办法可以求出这个高斯分布的方均根

$$\sigma_x(t) = \frac{1}{\sqrt{2 \cdot \dfrac{2a}{1+a^2/b^2}}} = \frac{1}{2\sqrt{a}} \sqrt{1+\left(\frac{a}{b}\right)^2} = \frac{1}{2\sqrt{a}} \sqrt{1+\frac{4\hbar^2 t^2}{m^2}a^2}$$

在坐标空间中可以看到，这个波包的展宽随着时间的推移在逐渐变大。换言之，一个高斯波包在演化中会逐渐往四周弥散，正如之前研究过的 δ 波包。不同的是，高斯波包宽度不会从 0 突变到无穷大，而是以有限速度在不断增长。

另外，可以发现在动量空间上的波包并不随时间推移而延展。随着时间的演化，

$$\phi(t,k) = \frac{A}{2\pi} \sqrt{\frac{\pi}{a}} e^{-\frac{k^2}{4a}} e^{i\frac{\hbar k^2 t}{2m}}$$

仅与初始波函数有一个相位上的区别，从概率密度的角度看没有任何变化。这是由于，自由粒子的各动量组分保持独立演化，正如上一节所述。于是，

动量空间上的波包宽度保持为

$$\sigma_k(t) = \sqrt{a}$$

再次将两个展宽相乘

$$\sigma_x(t)\sigma_p(t) = \hbar\sigma_x(t)\sigma_k(t) = \frac{\hbar}{2}\sqrt{1 + \frac{4\hbar^2 t^2}{m^2}a^2} \geqslant \frac{\hbar}{2}$$

随着时间的流逝，微观粒子的演化依然满足不确定性原理。但是值得注意的是，在开始演化后，这个量子系统的不确定性关系并不总是取等号，而是以一种双曲函数的趋势逐渐增加。

小结
Summary

本节讨论了在量子力学中自由粒子的数学表示。我们首先讨论了牛顿力学中惯用的"点粒子"模型的适用性，由于物理对象总要求满足不确定性关系，这一模型在量子力学中存在较大缺陷。一个不具备空间延展性的 δ 波包，可以等概率地拥有任何动量。进而，波包将在一瞬间均匀弥散到整个空间。对自由粒子更恰当的建模是将其表达为一个有一定展宽 σ_x 的高斯波包。对应到动量空间上，这样一个粒子的动量也服从高斯分布，展宽为 σ_p，恰好可以令不确定性关系取等号。随着时间的流逝，粒子动量在空间上的分布保持不变，而在坐标空间上的分布将逐渐变宽。坐标空间上的弥散现象是自由薛定谔方程的一大特征。

势场中的粒子会消失或者突然跃迁吗
——含势能的薛定谔方程、测量公设与定态[1]

摘要： 在本节中，我们将讨论受相互作用粒子遵循的薛定谔方程。在方程中，相互作用被表述为一个势场。当它不随时间改变时，仍可利用分离变量法求得方程解的一般形式。但不同于自由粒子，势场中的粒子能量一般只允许分立取值，因此我们在前两节中学习的技巧要稍作修正，粒子的运动演化方式也会截然不同。

自由运动的粒子一般以波包的形式存在，一边传播，一边弥散。"弥散"意味着在空间内的某一点上发现粒子的概率是随着时间变低的。由于空间无限广延，是不是所有粒子都会渐渐"消失不见"？对于一个自由粒子，薛定谔方程肯定了这一结果。幸运的是，在自然界中，万事万物更多时候是在相互作用。粒子感受到的保守力作用，最终会以势场的形式表达在薛定谔方程中。在《张朝阳的物理课》第一卷第五部分中，我们已经讨论了无限深方势阱、氢原子库仑势，以及谐振子势中的粒子如何形成分立能级。在本节中，我们计划进一步讨论势场中的粒子如何随时间演化，又在实验上如何被观测到。

一、势场中微观粒子波函数的一般形式

从数学的角度分析了许多具体案例后，让我们首先回顾一下其中具体的

---

[1] 整理自搜狐视频 App "张朝阳"账号/作品/物理课栏目中的第 132 期视频，由陈广尚执笔。

物理意义。在量子力学的理论框架下，一个粒子或者一个物理系统用取复值的波函数 $\psi(t,x)$ 来刻画。但值得注意的是，波函数本身仅仅是一个数学工具，与具体的物理观测不相关。有物理意义的是它的模方

$$\mathcal{P} = |\psi|^2 = \psi^*\psi$$

玻恩提出，波函数的模方表征某点处发现粒子的概率密度（Probability density）。如果这一函数在整个空间上是可积的，那么自然地会要求，在整个空间上找到这个微观粒子的概率是

$$\int_{-\infty}^{+\infty} \psi^*\psi\,\mathrm{d}x = 1$$

该等式又被称为归一化条件。同时，量子力学中的物理量可用作用于波函数的算符来表达，一个例子是动量算符定义为对空间的求导

$$\hat{p} = \frac{\hbar}{\mathrm{i}}\frac{\partial}{\partial x}$$

另一个例子是自由粒子的哈密顿算符（Hamiltonian）

$$\hat{H} = -\frac{\hbar^2}{2m}\frac{\partial^2}{\partial x^2} = \frac{\hat{p}^2}{2m}$$

这里"自由"指该哈密顿算符仅有动能部分，没有势能的参与——换句话说，它所描述的物理体系不受外力的作用。

反之，如果引入势场 $V(x)$，那么相应的哈密顿算符应该写为

$$\hat{H} = \frac{\hat{p}^2}{2m} + V(x) = -\frac{\hbar^2}{2m}\frac{\partial^2}{\partial x^2} + V(x)$$

再次利用分离变量法，我们需要求解本征方程

$$\left[-\frac{\hbar^2}{2m}\frac{\partial^2}{\partial x^2} + V(x) \right]\psi_n(x) = \hbar\omega_n\psi_n(x)$$

这里引入下标 $n \in \mathbb{N}$ 来区分不同的本征值和对应的本征函数。当讨论粒子的受力运动时，我们会更倾向于关注粒子的束缚态。顾名思义，束缚态指粒子的运动区域——由概率密度表征——集中在一个有限大的区域中。远离该区域后，粒子概率密度一般会出现指数衰减。束缚态边界条件使得体系的能量

只能取到若干分立值，在《张朝阳的物理课》第一卷第五部分中，我们所讨论的无限深方势阱、氢原子库仑势和谐振子势就是很好的例子。

一旦知道了哈密顿算符的所有本征值和本征波函数，根据偏微分方程的线性性，它的一般解将是不同模式 $e^{i\omega_n t}\psi_n(x)$ 的线性叠加。这里还可以将求得的结果和自由粒子的一般解进行比较

$$
\begin{array}{ccccc}
\text{势场中} & \psi(t,x) = & \displaystyle\sum_n & c_n & e^{-i\omega_n t} & \psi_n(x) \\
& \updownarrow & \updownarrow & \updownarrow & \updownarrow \\
\text{自由的} & \psi(t,x) = & \displaystyle\int dk & \phi(k) & e^{-i\omega(k)t} & e^{ikx}
\end{array}
\tag{1}
$$

不难看到两者有类似的数学形式。差别在于，对于自由粒子，因为不存在边界条件的束缚，哈密顿算符的本征值（能量）可以有连续的取值，以实数 k 标记。同时，做线性叠加时，由于取值是连续的，需要相应地把求和改写为积分。当没有势场存在时，函数 e^{ikx} 恰好既是动量算符的本征函数，也是哈密顿算符的本征函数。但是这个结论对在势场中运动的粒子不再成立。可以这样来理解：以氢原子为例，这时电子在库仑势场中运动，它的基态波函数像云一样弥散在空间上。但是在半径不同的地方，库仑势能的取值不同，当电子出现在不同点时，对应的动能也会有所差别。所以，对处在基态的电子来说，动量的取值不再是确定的，而是相当随机的，更谈不上是动量算符的本征态。

二、正交归一条件与测量公设

可以看到，在求解含时薛定谔方程时，第一步仍是求解哈密顿算符的本征方程。对于本征方程，为了使用方便，一般还要求各本征函数之间是正交归一的。对势场中的分立束缚态，正交归一指要求以 n、m 标记的本征函数之间满足

$$
\langle \psi_n | \psi_m \rangle \equiv \int_{-\infty}^{+\infty} \psi_m^* \psi_n \, dx = \delta_{mn} = \begin{cases} 1, & m = n \\ 0, & m \neq n \end{cases}
\tag{2}
$$

"归一"和前面提到的"归一化"是一个意思，而"正交"是指粒子处于不同本征态时不会互相干涉。如果谈论的是自由粒子，那么由于一般其波函数

模方对全空间积分不收敛，式（2）所提的正交归一方案不再适用。取而代之的是，一般要求

$$
\begin{aligned}
\langle \psi_n | \psi_m \rangle &\equiv \int_{-\infty}^{+\infty} \psi_{k'}^*(x)\psi_k(x)\mathrm{d}x \\
&= \int_{-\infty}^{+\infty} \mathrm{e}^{\mathrm{i}(k'-k)x}\mathrm{d}x \\
&= 2\pi\delta(k'-k)
\end{aligned}
$$

又被称为 δ-正交归一化条件，这可以被视为式（2）的扩展。

有了正交归一化条件后，即可讨论如何用求解偏微分方程的"第二板斧"——初始条件，来确定式（1）中的展开系数 c_n。给定初始时刻的波函数 $\psi(t=0,x)$，不难看到

$$
\psi(t=0,x) = \sum_n c_n \psi_n(x)
$$

即初始时刻的波函数总可以写为本征函数的线性叠加形式。利用式（2）中的正交归一条件，将上式两边乘以某本征态的复共轭 $\psi_m(x)$，然后对全空间积分，即有

$$
\begin{aligned}
\int_{-\infty}^{+\infty} \psi_m^*(x)\psi(t=0,x)\mathrm{d}x &= \sum_n c_n \int_{-\infty}^{+\infty} \psi_m^*(x)\psi_n(x)\mathrm{d}x \\
&= \sum_n c_n \delta_{mn} \\
&= c_m
\end{aligned}
$$

同样也可以将这一结果与自由粒子相比较

$$
\begin{aligned}
\text{势场中} \quad c_n &= \int \mathrm{d}x \quad \psi_m(x) \quad \psi(t=0,x) \\
&\qquad\qquad \updownarrow \qquad\quad \updownarrow \\
\text{自由的} \quad \phi(k) &= \int \mathrm{d}x \quad \mathrm{e}^{-\mathrm{i}kx} \quad \psi(t=0,x)
\end{aligned}
$$

$\phi(k)$ 的模方被解释为粒子动量的概率分布，类似地，系数 c_n 的模方也有概率的意义。

为了更好地诠释这一点，首先来看归一化条件，代入波函数的一般表达式，有

$$\int_{-\infty}^{+\infty} \mathrm{d}x \psi^*(t,x)\psi(t,x) = \int_{-\infty}^{+\infty} \mathrm{d}x \left(\sum_m c_m \mathrm{e}^{-\mathrm{i}\omega_m t} \psi_m(x) \right)^* \left(\sum_n c_n \mathrm{e}^{-\mathrm{i}\omega_n t} \psi_n(x) \right)$$

$$= \int_{-\infty}^{+\infty} \mathrm{d}x \left(\sum_m c_m^* \mathrm{e}^{\mathrm{i}\omega_m t} \psi_m^*(x) \right) \left(\sum_n c_n \mathrm{e}^{-\mathrm{i}\omega_n t} \psi_n(x) \right)$$

其中，求和系数和时间的相位部分与积分变量 x 无关，所以可以被提到前面，整理得到

$$\int_{-\infty}^{+\infty} \mathrm{d}x \psi^*(t,x)\psi(t,x) = \sum_m \sum_n c_m^* c_n \mathrm{e}^{\mathrm{i}(\omega_m - \omega_n)t} \int_{-\infty}^{+\infty} \mathrm{d}x \psi_m^*(x)\psi_n(x)$$

注意积分部分与正交归一条件一致，所以

$$\int_{-\infty}^{+\infty} \mathrm{d}x \psi^*(t,x)\psi(t,x) = \sum_m \sum_n c_m^* c_n \mathrm{e}^{\mathrm{i}(\omega_m - \omega_n)t} \delta_{nm}$$

$$= \sum_n c_n^* c_n$$

$$= \sum_n |c_n|^2$$

于是利用哈密顿算符的本征函数，可以将归一化条件重写为

$$\sum_n |c_n|^2 = 1 \tag{3}$$

由此不难看出，系数的模方类似于一个离散概率。

进一步，可以再看与物理量观测相关的一个计算过程，我们知道对微观粒子的观测结果是"随机"的，如果能够对一个粒子做多次重复观测，那么就可以讨论可观测量的期望值（Expectation value of observable）。以能量为例，如果粒子的波函数是 $\psi(t,x)$，则能量的期望值定义为

$$\langle E \rangle \equiv \langle \psi | \hat{H} | \psi \rangle$$

$$\equiv \int_{-\infty}^{+\infty} \psi^* \hat{H} \psi \mathrm{d}x$$

$$= \int_{-\infty}^{+\infty} \mathrm{d}x \left(\sum_m c_m \mathrm{e}^{-\mathrm{i}\omega_m t} \psi_m \right)^* \hat{H} \left(\sum_n c_n \mathrm{e}^{-\mathrm{i}\omega_n t} \psi_n \right)$$

因为哈密顿算符是线性的，可以让它依次作用到求和中的各项本征函数，再利用本征方程可以得到

$$\begin{aligned}
\langle E \rangle &= \int_{-\infty}^{+\infty} \mathrm{d}x \left(\sum_m c_m \mathrm{e}^{-\mathrm{i}\omega_m t} \psi_m \right)^* \left(\sum_n c_n \mathrm{e}^{-\mathrm{i}\omega_n t} \hat{H} \psi_n \right) \\
&= \int_{-\infty}^{+\infty} \mathrm{d}x \left(\sum_m c_m \mathrm{e}^{-\mathrm{i}\omega_m t} \psi_m \right)^* \left(\sum_n c_n \mathrm{e}^{-\mathrm{i}\omega_n t} \hbar \omega_n \psi_n \right)
\end{aligned}$$

接下来的计算过程与之前计算归一化时是一致的，只不过在第二个求和号中多了一项。整理后，它的结果是

$$\langle E \rangle = \sum_n \hbar \omega_n \, | \, c_n \, |^2 = \sum_n E_n \, | \, c_n \, |^2 \tag{4}$$

这个式子可以这样表述：能量的期望值等于粒子可能取到的不同能级，以对应系数模方为权重作加权平均。与概率论中的期望值定义相比较，不难再次确认 $| \, c_n \, |^2$ 的概率意义。

进一步，结合式（3）与式（4），可以很自然地引出这样一个解释：如果一个波函数可以按观测量（比如能量）本征函数分解

$$\psi(x) = \sum_n c_n \psi_n(x)$$

那么当我们进行观测时，仪器给出对应观测值（比如某个能级 E_k）的概率应该恰好为展开系数的模方

$$\mathcal{P}(E = E_k) = | \, c_k \, |^2$$

在量子力学中，这一结论是作为基本假设被提出的，也是玻恩的概率诠释的另一种表达方式，其正确性已经由众多实验结果验证。

三、定态波函数——以无限深方势阱为例

特别地，如果在初始时刻，粒子就处于某一个特定本征态上

$$\psi(t = 0, x) = \psi_{n_0}(x)$$

也就是在解的式（1）中，系数取为

$$c_n = \begin{cases} 1 & n = n_0 \\ 0 & n \neq n_0 \end{cases}$$

随着时间的流逝，任意时刻的波函数

$$\psi(t,x) = \mathrm{e}^{-\mathrm{i}\omega_{n_0}t}\psi_{n_0}(x) \tag{5}$$

和初始时刻波函数只有一个相位的差别。对应的概率密度

$$\mathcal{P}(t,x) = |\psi_{n_0}(x)|^2$$

与时间无关。也就是说，如果粒子在初始时刻处于某个本征态上，那么此后它将一直保持在这个态上，而且与实际观测相联系的概率密度也不随时间改变。它是量子力学中能量守恒的直接推论，如果初始时刻粒子具有确定的能量，那么这个能量的取值不应该随着时间的流逝而改变。

进一步不难证明，如果系统的波函数为式（5），那么多次观测任意力学量——以算符 $\hat{O}$ 表示——所得结果的期望值

$$\begin{aligned} \langle\hat{O}\rangle &= \int \psi^*(t,x)O\psi(t,x)\mathrm{d}x \\ &= \int \psi_{n_0}^*(x)O\psi_{n_0}(x)\mathrm{d}x \end{aligned}$$

也不随时间变化。更精细地，如果已知 O 的本征值 o_n 对应的正交归一本征波函数为 $\phi_n(x)$，那么按照概率诠释，单次测量结果得到 o_n 的概率是展开系数

$$\begin{aligned} d_n &= \int \phi_n^*(x)\psi(t,x)\mathrm{d}x \\ &= \mathrm{e}^{-\mathrm{i}\omega_{n_0}t}\int \phi_n^*(x)\psi_{n_0}(x)\mathrm{d}x \end{aligned}$$

的模方。不难看出，这也是个不依赖时间的量。出于这三个观察，哈密顿算符的本征态式（5）又被称为定态。在没有外来相互作用的干扰时，对实验观测而言，处于定态的粒子或者物理系统将一直保持不变。现在可以来回答前言中的问题了。万幸的是，通常，微观粒子并非是自由的，而是处于特定的势场中，比如电子会被质子俘获，两者形成氢原子。而当形成束缚态后，系统就可能最终稳定在某个定态上，在不受外力干扰时，物理性质不再改变。正如不受外界电磁场干扰时，基态的氢原子将一直保持在基态，而不会像自由粒子一样逐渐弥散。

四、一个实例：无限深方势阱

为了更好地理解本节的内容，我们可以举一个简单的例子——无限深方势阱。无限深方势阱是指粒子被局限在这样一个势场

$$V(x) = \begin{cases} 0 & 0 < x < a \\ +\infty & \text{其他} \end{cases}$$

中。形象地说，我们在 $x < 0$ 和 $x > a$ 的区域分别放一堵坚实的高墙，坚实到粒子完全无法穿越或者渗透进去，即

$$\psi(x) = 0 \qquad x < 0 \text{ 或 } x > a$$

在两堵墙之间，粒子的运动服从自由粒子薛定谔方程，但是需要满足边界条件

$$\psi(0) = \psi(a) = 0$$

为了得到一般解，首先我们要解相应哈密顿算符的本征方程：

$$-\frac{\hbar^2}{2m}\frac{\partial^2 \psi_n(x)}{\partial x^2} = \hbar\omega_n \psi_n(x), \qquad 0 < x < a$$

在《张朝阳的物理课》第一卷第五部分中，我们已经详细地分析过粒子在这样一个势阱中的能级取值和对应的波函数的形式。同时，从微分方程的角度，不难发现这一问题和第二卷中讨论的热传导的狄利克雷（Dirichlet）边界问题在数学形式上是一致的。

首先我们可以从这一线性微分方程求出两个齐次解 $\cos k_n x$ 和 $\sin k_n x$，其中常数 $k_n = \sqrt{\frac{2m\omega_n}{\hbar}}$。在 $x = 0$ 处的边界条件首先排除了余弦解，再利用 $x = a$ 处的边界条件，要求 $k_n = \frac{n\pi}{a}$，其中 $n \in \mathbb{N}$。于是可以得到

$$\psi_n(x) = \sqrt{\frac{2}{a}} \sin\left(\frac{n\pi}{a}x\right)$$

对应的能量本征值为

$$E_n = \hbar\omega_n = \frac{\hbar}{2m}\frac{n^2\pi^2}{a^2}$$

而前面的系数可以通过归一化条件求得

$$A_n = \sqrt{\frac{2}{a}}$$

直接计算即可验证各本征态之间的正交性。

将解得的本征态加上时间相位后再线性叠加起来，可以得到粒子波函数最一般的形式是

$$\psi(t,x) = \sqrt{\frac{2}{a}} \sum_n c_n \mathrm{e}^{-\mathrm{i}\omega_n t} \sin\left(\frac{n\pi}{a} x\right)$$

如果知道了初始时刻

$$\psi(t=0,x) = f(x)$$

那么利用正交归一化条件可以求出分解系数

$$c_n = \sqrt{\frac{2}{a}} \int_0^a f(x) \sin\left(\frac{n\pi}{a} x\right) \mathrm{d}x$$

进而可以讨论这样一个粒子在无限深方势阱中如何随时间演化。

小结
Summary

　　本节讨论了处于势场中粒子的量子行为，首先介绍了含势能的薛定谔方程，以及用分离变量法得到了其解的一般形式，并将结果与自由粒子进行对比。二者的差异在于，势场中的处于束缚态的粒子能量一般只允许分立取值。基于这一点，我们重新阐释了玻恩的概率诠释，发现波函数按一组本征函数展开时，展开系数的模方构成一组有物理意义的离散概率分布。按照测量公设，当我们测量某个力学量时，测量结果取到某个本征值的概率恰好是展开系数的模方。进一步，我们讨论了初始时刻处于某特定能量本征态的粒子的演化过程，发现随时间改变的只有一个相位因子，而与测量相关的物理量都不随时间改变。基于这一结果，我们又将能量本征态称为"定态"。如果不受外力作用，那么定态粒子将永远保持原有的物理性质。最后，我们将本节介绍的方法用到了计算无限深方势阱的例子上。

运动的波包如何演化（上）
——运动的波包及其两类速度的定义[1]

摘要：在本节中，我们将把注意力重新投向自由粒子，尝试考虑一个具有初速度的粒子的演化。首先我们将证明，这一结果并不是简单地由对高斯波包做变量替换得到的，而是应当由动量空间波函数的物理诠释导出。紧接着，我们尝试厘清波包运动中的"速度"概念，并讨论其中的物理内涵。

一般来说，在薛定谔方程主导的量子力学框架下，任何真实存在的物理对象都应当以一个线度有限、速度也有限的波包来刻画。对一个静止的自由粒子是如此，对一个正在匀速运动的自由粒子也应是如此。但当我们提到"匀速运动的粒子"时，首先要注意到的一个问题是：怎么描述一个波包的运动？这正是本节希望厘清的内容。

一、描述匀速向前传播的粒子

在《张朝阳的物理课》前两卷中，我们曾仔细研究过机械波和电磁波的传播过程。根据以往的经验，如果在初始时刻，我们所测得的是一个高斯波包：

$$f(t = 0, x) = e^{-\alpha x^2}$$

那么可以猜测随时间演化的波包会变形为

---

1 整理自搜狐视频 App"张朝阳"账号/作品/物理课栏目中的第 131 期视频，由陈广尚执笔。

$$\psi(t,x) = A\mathrm{e}^{-a(x-vt)^2}$$

然而这样一个直截了当的猜想是否正确呢？答案是否定的。如果将这个波包分别对时间求一阶偏导数和对空间求二阶偏导数

$$\frac{\partial \psi}{\partial t} = -2Aav(x-vt)\mathrm{e}^{-a(x-vt)^2}$$

$$\frac{\partial^2 \psi}{\partial x^2} = 2Aa[2a(x-vt)^2-1]\mathrm{e}^{-a(x-vt)^2}$$

将它们代回自由粒子薛定谔方程，容易验证方程两边并不相等。也就是说，我们所猜测的波包并非薛定谔方程的一个解，自然它无法描述一个微观粒子的演化过程。这其中更深刻的物理原因是，琴弦振动和真空电磁波等波动的波形不会随着时间改变，只会向前传播。然而，在第一节的讨论中，我们知道相比于波动方程，薛定谔方程更像扩散方程，满足薛定谔方程的物质波会随着时间逐渐弥散变形。单纯引入替换 $x \to x-vt$ 或许可以描述波传播的过程，但并不能体现出波函数弥散这一行为。

为了描述一个向前传播的波包，让我们再次回顾自由粒子薛定谔方程一般解的形式

$$\psi(t,x) = \int_{-\infty}^{+\infty} \mathrm{d}k\, \varphi(k)\mathrm{e}^{-\mathrm{i}\frac{\hbar k^2}{2m}t}\mathrm{e}^{\mathrm{i}kx}$$

注意，在这里我们试图探讨最一般的表达形式，$\varphi(k)$ 是 k 空间上的任意分布，而不局限于高斯分布。如果记

$$\omega = \frac{\hbar k^2}{2m}$$

那么波函数又可以写为

$$\psi(t,x) = \int_{-\infty}^{+\infty} \mathrm{d}k\, \varphi(k)\mathrm{e}^{\mathrm{i}(kx-\omega t)}$$

事实上，除量子力学的物质波外，经典力学中的声波、光波也具有同样的数学形式。不同的是，在经典力学中，声波和光波 $u(t,x)$ 满足波动方程

$$\frac{\partial^2 u}{\partial t^2} = v^2 \frac{\partial^2 u}{\partial x^2}$$

其中，v 刻画了波的传播速度。将单色平面波解

$$u(t,x) = \mathrm{e}^{\mathrm{i}(kx-\omega t)}$$

代入方程，可以得到

$$\omega^2 = v^2 k^2$$

即

$$\omega = \pm vk$$

可以看到，在这里时间频率 ω 和空间频率 k 之间满足线性关系。

同样，我们用传播子或者格林函数法，可以求得波动方程的解可以归为两类：前向传播解与后向传播解，分别对应时间频率 ω 的正负号

$$u(t,x) = \int \mathrm{d}k\, \varphi_{\mp}(k) \mathrm{e}^{\mathrm{i}(kx \pm vkt)} = \int \mathrm{d}k\, \varphi_{\mp}(k) \mathrm{e}^{\mathrm{i}k(x \pm vt)}$$

由傅里叶变换的定义不难看出，一个初始时刻波形为 $f(x)$ 的波包，在单向传播中，波函数

$$u(t,x) = f(x \pm vt)$$

即前述经典波在传播中波形不变的数学表达式。所以在经典力学中，在 $t > 0$ 时刻的波函数可以直接通过取替换

$$x \rightarrow x \pm vt$$

来得到。更通俗地讲，它意味着经典光波和声波在传播过程中，其波形不会发生改变——它们只是在做简单的平移。这也是我们能够清晰地听见一段距离外的人的声音而不会失真、能够看到一段距离外的物体而不会模糊的原因。相反，在没有干扰时，如果人在不同位置能够听到不同的声音、看到扭曲的图像，那么这一结果就与我们的日常经验矛盾了。

在上面的推导中，关键的一步是利用了 ω 与 k 之间的线性关系，从而可以将积分中指数项中的 k 提到括号外

$$\mathrm{e}^{\mathrm{i}(kx-\omega t)} = \mathrm{e}^{\mathrm{i}k(x \pm vt)}$$

此后括号内的项和积分的计算再无关系。物理量 ω 与 k 之间的关系如此重要，使得研究波动性质的学者给它起了个特别的称呼——色散关系（Dispersion relation）。在量子力学中，薛定谔方程给出的色散关系是一个二次关系

$$\omega = \frac{\hbar k^2}{2m}$$

这也就解释了为何简单的替换在量子力学中不再是合理的。幸运的是，在上一节课中我们认识到，在随时间演化的过程中，微观粒子在 k 空间上的分布保持不变。利用这一点，再回顾 k 空间的分布描述的是粒子动量（对应着速度）取某值对应的概率密度，提示我们可以考虑在 k 空间中的平移波函数——而不是 x 空间中，即初始时刻改变粒子波函数为

$$\varphi(k) \to \varphi(k - k_0)$$

以高斯波包为例，即初始时刻波函数

$$\varphi(k) = Ne^{-\frac{k^2}{4a}} \to Ne^{-\frac{(k-k_0)^2}{4a}} \tag{1}$$

其中 N 是归一化因子，此时粒子在动量空间的分布不再是相对于 y 轴对称的，而是偏向 k_0 一侧。根据量子力学中与实验测量相关的基本原理，与经典力学量相对应的是多次测量结果的平均值。不难验证，此时 $\langle \hat{p} \rangle = \hbar k_0$，即给定波函数描述的恰是一个有初速度的粒子。回到坐标空间中，动量空间中的高斯分布（1）对应的波函数为

$$\psi(t, x) = N\int dk\, e^{-\frac{(k-k_0)^2}{4a}} e^{-i\frac{\hbar k^2}{2m}t} e^{ikx}$$

它描述的是一个一边向前传播，一边扩散的微观粒子。

二、刻画波包的运动：群速度与相速度

让我们再一次回到最一般的情况

$$\psi(t, x) = \int dk\, \varphi(k) e^{i(kx - \omega t)}$$

这里的"一般"既指动量空间分布 $\varphi(k)$ 可以是任意的，也指当前我们讨论的既可能是量子力学中的物质波，也可能是经典力学关心的光波或者声波。事

实上，对波或者波包，无论它是经典的还是量子的，我们都采用同一套数学语言来描述。区别只在它们满足不同理论确立的方程或者色散关系 $\omega(k)$，以及函数的值域。

群速度与相速度的定义如图 1 所示。在展开讨论前，让我们再多引入一个合理的假设：波包的频谱或者波包在 k 空间的分布仅局限在某个值 k_0 附近，当 k 稍微偏离 k_0 时，$\varphi(k)$ 会迅速衰减为 0。于是在计算积分时，偏离太远的区域不再对最后的积分结果有贡献。这样，任意一个光滑的色散关系 $\omega(k)$ 都可以用它在 $k = k_0$ 附近的泰勒展开式来近似表达：

$$\omega(k) \approx \omega(k_0) + \frac{\mathrm{d}\omega}{\mathrm{d}k}\Big|_{k_0} \Delta k \equiv \omega_0 + \omega' k_1$$

这里 k_0 是一个给定的常数，并且重新记 $k_1 = \Delta k$，$\omega' = \dfrac{\mathrm{d}\omega}{\mathrm{d}k}\Big|_{k_0}$。观察到，积分中的指数部分可以分解和重新组合为

$$\begin{aligned}\psi(t,x) &= \int \mathrm{d}(k_0 + k_1)\varphi(k_0 + k_1)\mathrm{e}^{\mathrm{i}(k_0+k_1)x - \mathrm{i}(\omega_0 + \omega' k_1)t} \\ &= \int \mathrm{d}k_1\, \varphi(k_0 + k_1)\mathrm{e}^{\mathrm{i}(k_0 x - \omega_0 t)}\mathrm{e}^{\mathrm{i}(k_1 x - \omega' k_1 t)}\end{aligned}$$

其中，与 k_0 和 ω_0 相关的部分和积分再无关系，可以提到积分符号外。而剩下的与 k_1 相关的部分，可以整理为

$$\psi(t,x) = \mathrm{e}^{\mathrm{i}(k_0 x - \omega_0 t)}\int \mathrm{d}k_1\, \varphi(k_0 + k_1)\mathrm{e}^{\mathrm{i}k_1(x - \omega' t)}$$

积分部分是一个以 $x - \omega' t$ 为变量的函数，即

$$\psi(t,x) = \mathrm{e}^{\mathrm{i}(k_0 x - \omega_0 t)} f(x - \omega' t)$$

如果这里 ψ 描述一个经典波，它可以被这样解释：首先注意指数部分

$$\mathrm{e}^{\mathrm{i}(k_0 x - \omega_0 t)} = \mathrm{e}^{\mathrm{i}k_0\left(x - \frac{\omega_0}{k_0}t\right)}$$

是一个向前传播的正弦波，它的速度是

$$v_\mathrm{p} = \frac{\omega_0}{k_0}$$

这个速度被称为相速度（Phase velocity），它描述的是波上某一点往前传播的速度。这个正弦波会有一个波幅上的修正 f，而且这个修正并不是静止的，

而是随时间传播的。既然是传播的，自然可以谈及振幅因子的传播速度。让我们以更具象的方式来说明这一速度的定义：首先，在初始时刻取波振幅大小为常数 A 的任意一点。在图像上，可以认为是做一条与 x 轴保持水平的横线，并取其与波函数的某一交点。或者更为具体地，可以想象这样一个过程：我们做一条长杆，在上面穿进一个小球，随着波——比如水面的波浪——向前传播，这个小球会被推动，沿着杆往前行进。振幅因子的传播速度被定义为波上以振幅大小标记的某一点随着时间偏移的速度，即交点在所做横线上偏移的速度，或者小球前进的速度。

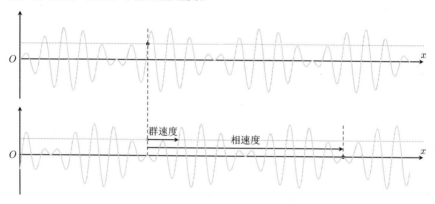

图 1　群速度与相速度的定义。群速度是波包与等振幅线交点移动的速度，
相速度是波包上特定点的移动速度

　　如果记交点或者小球的轨迹为 $x(t)$，那么在任意时刻，按定义要求满足

$$f(x(t) - \omega' t) = \text{constant}$$

由于轨迹已经确定函数 f 事实上只依赖时间，两边对时间 t 求全导数，应该有

$$\frac{\mathrm{d}f}{\mathrm{d}t} = 0$$

但同时，考虑到 f 在形式上可以被视为关于时间和空间的多元函数，利用链式法则应该有

$$\frac{\mathrm{d}f}{\mathrm{d}t} = \frac{\partial f}{\partial x}\frac{\mathrm{d}x}{\mathrm{d}t} + \frac{\partial f}{\partial t} = 0$$

比较上面两式，可以得到点或者小球的前进速度

$$v_{\text{g}} \equiv \frac{\mathrm{d}x}{\mathrm{d}t} = -\frac{\partial f}{\partial t} \bigg/ \frac{\partial f}{\partial x}$$

这个速度被称为群速度（Group velocity）。进一步，对形如 $f(x - \omega't)$ 函数求偏导，满足关系

$$\frac{\partial f}{\partial x} = -\frac{1}{\omega'} \cdot \frac{\partial f}{\partial t}$$

于是又能得到

$$v_{\text{g}} = \omega'$$

如果 ψ 描述一个量子力学中的物质波，注意，它只有概率密度

$$\mathcal{P} = \left| \psi^* \psi \right| = g(x - \omega't)$$

是有物理意义的。这里 g 是一个关于 $x - \omega't$ 的实函数，也是一个传播幅度。同样的逻辑，我们可以得到它的群速度是

$$v_{\text{g}} = \frac{\mathrm{d}\omega}{\mathrm{d}k}$$

薛定谔方程给出的色散关系为

$$\omega = \frac{\hbar k^2}{2m}$$

考虑 $p = \hbar k$ ，也就是非相对论力学的质能关系。利用这一关系，能够计算出群速度为

$$v_{\text{g}} = \frac{\hbar k}{m} = \frac{p}{m} = v_{\text{particle}}$$

和粒子的经典运动速度恰好保持一致。而对应的相速度

$$v_{\text{p}} = \frac{\omega}{k} = \frac{p}{2m} = \frac{1}{2} v_{\text{g}}$$

也就是对一个非相对论的自由的微观粒子，它的相速度恰好为群速度的一半。

三、波包的速度可以超光速吗

在上一节对 δ 波包的讨论中提到，薛定谔方程是基于非相对论力学的理论，允许粒子"以无穷大的速度运动"。更直接地，薛定谔方程的非相对论性也体现在色散关系中。如果我们考虑一个以相对论性速度运动的微观粒子，应当转而取爱因斯坦给出的质能关系

$$(pc)^2 + (m_0 c^2)^2 = E^2$$

为色散关系，以代替薛定谔方程给出的结果。这里，m_0 为粒子的静止质量。如果在左边对 p 加上一个微扰，使其变为 $p + \Delta p$，右边对 E 加上一个微扰，使其变为 $E + \Delta E$，近似到微扰线性项，可以得到

$$c^2 2p \cdot \Delta p = 2E \cdot \Delta E$$

整理后即

$$\frac{c^2 p}{E} = \frac{\Delta E}{\Delta p} \qquad (2)$$

当微扰非常小时，可以将其视为求微分，于是

$$\frac{\Delta E}{\Delta p} \approx \frac{\mathrm{d}E}{\mathrm{d}p} = \frac{\mathrm{d}\omega}{\mathrm{d}k} \qquad (3)$$

注意，这里利用了德布罗意关系

$$E = \hbar\omega, \qquad p = \hbar k$$

根据上面引入的定义，结合式（2）和式（3），可以求得波包的群速度为

$$v_\mathrm{g} = \frac{c^2 p}{E}$$

进一步，注意到相对论性粒子

$$p = mv, \qquad E = mc^2$$

这里以 m 指代动质量，以区别静止质量，再以 v 指代粒子运动速度。代入群速度计算结果有

$$v_\mathrm{g} = \frac{c^2 p}{E} = \frac{c^2 mv}{mc^2} = v < c$$

即物质波的群速度仍为粒子运动的速度，与薛定谔方程给出的结果一致。同时可知，群速度一定小于光速。

而另一方面，粒子的相速度为

$$v_p = \frac{\omega}{k} = \frac{E}{p} = \frac{mc^2}{mv} = c\frac{c}{v} > c$$

它将比光速更大！这违反相对论吗？答案是否定的。注意，这里要区分两种速度的不同意义，相速度只是波函数上某点自身的前进速度，表征的是一个相位的偏移，不能传递任何真实的信息。而群速度则相反，它直接与波包和外部相互作用相关，传递物理的、真实的信息，它才对应着物理意义上的波包行进速度。如果对象是经典波，还可以借助上面提到的套杆小球模型来理解这一点。波动本身的某点，只在经过杆的瞬间和小球相互作用，向小球传递能量，并推动它前进。与小球分开后，即使速度再大，也不再与外界有所联系。通过计算可以发现，群速度将永远保持小于光速，可见波包的运动并不违反相对论光速最大原理。

小结
Summary

本节讨论了如何在量子力学框架下描述和理解具有初速度的自由粒子的演化。我们首先回顾了在经典波动力学中，如何通过变量替换得到电磁波、声波的行波解，并尝试将同一思路运用到对物质波的研究中。然后，通过仔细计算表明，该方法得到的波函数并不满足薛定谔方程。究其原因，是相比于经典波动方程，自由薛定谔方程的一大特征是波包的弥散。二者的差别也可从色散关系中看出来。为了得到正确的波函数，我们需要利用粒子在动量空间上的波函数及其物理诠释，最后得到的应当是一个边传播、边扩散的波包。其后，我们讨论了波包的"速度"这一物理概念。对于波动，我们可以同时定义它的相速度和群速度。如果考虑一个以接近光速运动的相对论性粒子，不难看到前者竟然是超光速的。但事实上，真正具有物理意义的是描述波包包络线（轮廓）传播的群速度，它与物理测量、做功和信息传递直接相关。这一速度将始终小于光速，并不会出现违背相对论原理的结果。

运动的波包如何演化（下）
——高斯波包的严格解及其反射[1]

摘要： 在本节中，我们将延续对匀速运动的高斯波包的讨论。为了更好地理解波包，我们将仔细计算波包的严格解，以准确刻画它边传播、边弥散的行为。其后，我们进一步考虑波包与高墙的相互作用，分析波包的入射和反射，以及粒子在墙附近区域的干涉现象。对后者的分析，将进一步加深我们对粒子的波动性的理解。

在上一节中，我们讨论了如何正确描述一个向前运动的波包，并用群速度与相速度两个量大致刻画了它的行为。然而，仅靠两个简单的物理量并不能完整地描述波包的演化。最直接的原因是，由于我们只将色散关系展开到一阶导数项，物质波的自由弥散这一特性在上节讨论中并未得到体现。为了完整地描述高斯波包的演化，在本节中我们尝试仔细地计算动量空间积分，以期获得完整的波函数，再展开具体的讨论。

一、向前运动的高斯波包

在上一小节的讨论中，我们已经知道，应当在动量空间中描述一个向前匀速运动的高斯波包。所谓波包的运动速度，最恰当的理解是它的群速度，也恰好等于它的动量期望值（这里记为 k_0）所对应的运动速度。于是可以想象这样一个过程：如果我们以同一速度匀速跑动着观察这个波包，那么波包

1　整理自搜狐视频 App "张朝阳" 账号/作品/物理课栏目中的第 133、134 期视频，由陈广尚执笔。

对于我们来说就是静止的。一个静止的高斯波包可以写为

$$\varphi_s(k_1) = \frac{A}{2}\frac{1}{\sqrt{\pi a}}\mathrm{e}^{-\frac{k_1^2}{4a}}$$

这里我们用 k_1 标记在跑动时测量到的波数。然而，某一静止的观察者测量到的波数为 k，根据伽利略原理，它们之间的相差为 $k = k_1 + k_0$，于是

$$\varphi_t(k) = \varphi_s(k - k_0)$$

这里用下标 s 表达一个静止（static）的波包，用下标 t 表示一个行进中（travelling）的波包，以示区分。这里相当于在 k 空间上做平移，利用了"在不考虑相对论效应时，粒子本身的状态不应该因观察者自身的运动而发生改变"这一事实。

在这个基础上，我们可以加入相位，然后做傅里叶逆变换，以求得波包在左边空间上的表达式

$$\begin{aligned}
\psi_t(x,t) &= \int \mathrm{d}k\, \varphi_t(k)\mathrm{e}^{\mathrm{i}kx}\mathrm{e}^{-\mathrm{i}\omega t} \\
&= \int \mathrm{d}k\, \varphi_s(k - k_0)\mathrm{e}^{\mathrm{i}kx}\mathrm{e}^{-\mathrm{i}\omega t} \\
&= \frac{A}{2}\frac{1}{\sqrt{\pi a}}\int \mathrm{d}k_1\, \mathrm{e}^{-\frac{k_1^2}{4a}}\mathrm{e}^{\mathrm{i}(k_0+k_1)x}\mathrm{e}^{-\mathrm{i}\frac{\hbar t}{2m}(k_0+k_1)^2}
\end{aligned}$$

这里我们用了变量替换，将原本对 k 的积分转变为对 $k_1 = k - k_0$ 的积分，而上下限不变。接下来可以先对指数项稍做整理，把与积分无关的项提到积分外，再合并关于积分变量的一次项，得到

$$\psi_t(x,t) = \mathrm{e}^{\mathrm{i}k_0 x - \mathrm{i}\frac{k_0^2}{4b}}\frac{A}{2}\frac{1}{\sqrt{\pi a}}\int \mathrm{d}k_1\, \mathrm{e}^{-\frac{k_1^2}{4a}}\mathrm{e}^{\mathrm{i}k_1(x - v_g t)}\mathrm{e}^{-\mathrm{i}\frac{k_1^2}{4b}}$$

其中，$b = \dfrac{m}{2\hbar t}$。注意到此时提到最前面的就是一个整体，以速度 v_g 向前传播的相位因子，而整理后的积分在形式上与前面的静止高斯波包含时波函数

$$\psi_s(t,x) = \frac{A}{2}\frac{1}{\sqrt{\pi a}}\int_{-\infty}^{+\infty} \mathrm{d}k\, \mathrm{e}^{-\frac{k^2}{4a}}\mathrm{e}^{\mathrm{i}kx}\mathrm{e}^{-\mathrm{i}\frac{k^2}{4b}}$$

是一致的，仅相差一个代换

$$x \to x - v_{\mathrm{g}}t$$

利用静止波包的计算结果，立刻可以得到

$$\psi_{\mathrm{t}}(t,x) = \mathrm{e}^{\mathrm{i}k_0 x - \mathrm{i}\frac{k_0^2}{4b}} A \sqrt{\frac{b}{\mathrm{i}(a-\mathrm{i}b)}} \mathrm{e}^{\mathrm{i}\frac{b(x-v_{\mathrm{g}}t)^2}{1+(b/a)^2}} \mathrm{e}^{-\frac{a(x-v_{\mathrm{g}}t)^2}{1+(a/b)^2}}$$

对应的概率密度为

$$\mathcal{P}_{\mathrm{t}}(t,x) = |A|^2 \frac{b}{\sqrt{a^2+b^2}} \mathrm{e}^{-\frac{2a(x-v_{\mathrm{g}}t)^2}{1+(a/b)^2}}$$

仔细观察不难看到，这一结果正如我们预期。指数上的分子表明，波包中心点在以群速度向前行进；而分母表明，整个波包的宽度也同时在逐渐变大，弥散的速率与静止波包恰好是一致的。

二、高斯波包的反射与自我干涉

有了自由传播的高斯波包的严格解，我们就能讨论一个更有意思的问题。假设在 $x \geqslant l$ 处有一堵无限高的墙，而在初始时刻，在原点处有一个以群速度 $v_{\mathrm{g}} = \dfrac{\hbar k_0}{m}$ 向右传播的高斯波包，它在传播时不可避免地会撞到墙上，接下来会发生什么事情呢？

首先分析加入墙带来的影响，由求解无限深方势阱的经验可以知道，无限高的墙意味着

$$\psi(t, x \geqslant l) = 0$$

当取等号时，它便等价于要求波函数满足的边界条件，而在 $x \leqslant l$ 部分，波函数的演化仍遵循自由粒子的薛定谔方程。其次，回忆在第二卷中求解热传导问题时用过的"奇延拓"这一技巧，我们可以这样求解这个问题：首先将墙"压缩"到一个点上，然后假设整个系统以墙为轴是对称的。换句话说，假设在墙的"另一面"也不存在势场

$$V(x > l) = V(x < l) = 0$$

如果墙的左侧有一个波包 $\psi_{左}(t, x)$，在墙右侧对称的位置有一个完全相同的

波包 $\psi_{右}(t,x)$ ，而我们想要求解的波函数是它们的叠加

$$\psi(t,x) = \psi_{左}(t,x) - \psi_{右}(t,x)$$

这样构造的波函数自然满足边界条件 $\psi(t,x=l)=0$ 。

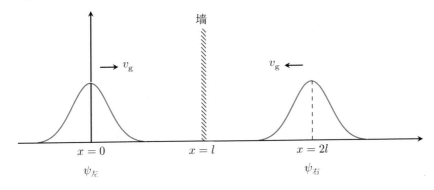

图 1 利用"奇延拓"法求解受高墙约束的波包

从前面的计算中，我们可以直接写出

$$\psi_{左}(t,x) = \mathrm{e}^{\mathrm{i}k_0 x - \mathrm{i}\frac{k_0^2}{4b}} A \sqrt{\frac{b}{\mathrm{i}(a-\mathrm{i}b)}} \mathrm{e}^{\mathrm{i}\frac{b(x-v_g t)^2}{1+(b/a)^2}} \mathrm{e}^{-\frac{a(x-v_g t)^2}{1+(a/b)^2}}$$

对于墙右侧的波包，我们希望能够在墙左侧波包的基础上，通过一些简单的变化来得到相应的数学表达式。首先，它顶点的位置和左侧的波包关于墙对称，于是应当引入变换

$$x \to x - 2l$$

其次，两者相对而行，所以它们的群速度（或者说初始的波数）之间应该满足变换

$$k_0 \to -k_0$$

这样，我们就得到

$$\psi_{右}(t,x) = \mathrm{e}^{-\mathrm{i}k_0(x-2l) - \mathrm{i}\frac{k_0^2}{4b}} A \sqrt{\frac{b}{\mathrm{i}(a-\mathrm{i}b)}} \mathrm{e}^{\mathrm{i}\frac{b(x-2l+v_g t)^2}{1+(b/a)^2}} \mathrm{e}^{-\frac{a(x-2l+v_g t)^2}{1+(a/b)^2}}$$

把这两个波函数组合起来，经过繁杂但相当直接的整理化简后，可以得到

$$\psi(t,x) = \mathrm{e}^{\mathrm{i}k_0 x - \mathrm{i}\frac{k_0^2}{4b}} A\sqrt{\frac{b}{\mathrm{i}(a-\mathrm{i}b)}} \mathrm{e}^{\mathrm{i}\frac{b(x-v_g t)^2}{1+(b/a)^2}} \mathrm{e}^{-\frac{a(x-v_g t)^2}{1+(a/b)^2}}$$

$$- \mathrm{e}^{-\mathrm{i}k_0(x-2l)-\mathrm{i}\frac{k_0^2}{4b}} A\sqrt{\frac{b}{\mathrm{i}(a-\mathrm{i}b)}} \mathrm{e}^{\mathrm{i}\frac{b(x-2l+v_g t)^2}{1+(b/a)^2}} \mathrm{e}^{-\frac{a(x-2l+v_g t)^2}{1+(a/b)^2}}$$

$$= A\sqrt{\frac{b}{\mathrm{i}(a-\mathrm{i}b)}} \mathrm{e}^{-\mathrm{i}\frac{k_0^2}{4b}} \left(\mathrm{e}^{\mathrm{i}k_0 x} \mathrm{e}^{\mathrm{i}\frac{b(x-v_g t)^2}{1+(b/a)^2}} \mathrm{e}^{-\frac{a(x-v_g t)^2}{1+(a/b)^2}} - \mathrm{e}^{-\mathrm{i}k_0(x-2l)} \mathrm{e}^{\mathrm{i}\frac{b(x-2l+v_g t)^2}{1+(b/a)^2}} \mathrm{e}^{-\frac{a(x-2l+v_g t)^2}{1+(a/b)^2}} \right)$$

结果稍嫌庞杂。为了理解这一结果，我们可以考虑一些特殊情形下——比如墙的位置 l 无穷远和时间 t 无穷长时——解的渐近行为。而后"窥一斑而知全豹"，再想象并理解中间过程中系统的行为。首先，可以假设 l 很大，也就是在 $t=0$ 时刻，波包应该在距离墙非常远的地方，以至于感受不到墙的存在。此时，在我们关心的区域（$x \leqslant l$）内，可以将两个波函数近似取为

$$\psi_{左} \propto \mathrm{e}^{-\frac{ax^2}{1+(a/b)^2}}$$

$$\psi_{右} \propto \mathrm{e}^{-\frac{a(x-2l)^2}{1+(a/b)^2}} \approx \mathrm{e}^{-\frac{4al^2}{1+(a/b)^2}}$$

当然这里我们还假定了 $t \approx 0$，即波包刚开始向前运动。显然有

$$\psi_{左} \gg \psi_{右}$$

此时近似地只有左侧波包有贡献

$$\psi(t,x) \approx \psi_{左}(t,x)$$

可以将它看成一个自由向右传播的波包。

另外，继续保持 l 很大这一假设，但转而考虑在很长一段时间后（$t \to +\infty$），有

$$\psi_{左} \propto \mathrm{e}^{-\frac{a(x-v_g t)^2}{1+(a/b)^2}} \approx \mathrm{e}^{-\frac{a(v_g t)^2}{1+(a/b)^2}}$$

$$\psi_{右} \propto \mathrm{e}^{-\frac{a(x-2l+v_g t)^2}{1+(a/b)^2}} \approx \mathrm{e}^{-\frac{a(v_g t-2l)^2}{1+(a/b)^2}}$$

于是有

$$\psi_{左} \ll \psi_{右}$$

正相反,此时近似只有右侧波包有贡献

$$\psi(t,x) \approx \psi_{右}(t,x)$$

也就是可以将其看成一个自由反向传播的波包。换句话说,也可以这样解释"奇延拓"技巧:左边的波包即入射的原始波包,右边的波包即被墙反射之后离开的反射波包,总的波包是二者的叠加。

于是可以想象这样一个过程:在开始时刻,波包看不到墙的存在,近似做自由运动。其后它将"撞墙反射",逐渐远离墙,再次近似做反方向的自由运动。而在时间不大不小,也就是在经典碰撞时间

$$t_c \approx \frac{l}{v_g}$$

附近时,不难推知墙左右两侧的波包应当同等重要。接下来,考虑计算波函数对应的概率密度。需要特别指出的是,在计算单个波包的概率密度时,我们习惯了直接把相位忽略掉。但在波包"撞墙"的中间过程,这一做法行不通。因为此时整个波函数由两个波包叠加而成,它们的相位并不一致。相反,两个波包间的相对相位的变化有极其深刻的意义,它将带来干涉现象。为了更清晰地看到这一点,我们可以借助计算机把这个反射过程画出来,如图2所示。

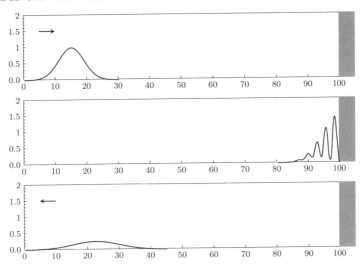

图 2 高斯波包行进的三个阶段:(上)近似自由的入射波包;
(中)入射波与反射波的干涉;(下)近似自由的反射波包

在图 2 中，我们将"墙"设置在 $x = l = 100$ 处。不难看到，在初始和末尾时刻，波包几乎是一个自由行进的高斯波包。而在经典碰撞时间附近，同一个粒子的入射波包和反射波包之间会产生强烈的相互干涉，产生类似于光学中"干涉条纹"的现象。

小结
Summary

　　本节继续讨论运动的高斯波包，首先通过略嫌复杂但相当直接的计算方式得到了运动波包的严格解，从数学上证明了波包会一边运动，一边扩散。然后考虑在波包行进路线上加入一堵高墙，数学上等效于在解方程时加入了一个边界条件约束。利用"奇延拓"这一技巧，我们可以相当直接地求解有约束条件下的波函数。为了理解得到的结果，我们考虑将墙放到相当远的位置（$l \gg 1$），发现当波包运动开始时，近似是向前传播的高斯波包；很长时间后变为向后传播的高斯波包。不难推测，高墙起到了反射波包的作用。为了进一步研究波包与墙的相互作用，我们利用计算机模拟了碰撞时刻，发现入射波包和反射波包在墙附近区域会发生强烈的干涉。

02

量子隧穿效应
与α衰变

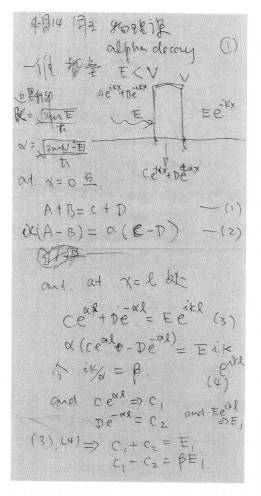

4月14 ① 周三 张朝阳

alpha decay ①

一维 势垒 E < V

$K = \dfrac{\sqrt{2mE}}{\hbar}$

$\alpha = \dfrac{\sqrt{2m(V-E)}}{\hbar}$

$Ae^{ikx} + Be^{-ikx}$ E V Ee^{ikx}

$Ce^{+\alpha x} + De^{-\alpha x}$

at $x = 0$ 点.

$$A + B = C + D \qquad —(1)$$
$$\alpha(A - B) = \alpha(C - D) \qquad —(2)$$

and. at $x = l$ 处.

$$Ce^{\alpha l} + De^{-\alpha l} = Ee^{ikl} \quad (3)$$
$$\alpha(Ce^{\alpha l} - De^{-\alpha l}) = Eik \, e^{ikl}$$

令 $ik/\alpha = \beta$ $\qquad (4)$

and $Ce^{\alpha l} \Rightarrow C_1$
$De^{-\alpha l} = C_2$ and $Ee^{ikl} \Rightarrow E_1$

$(3), (4) \Rightarrow C_1 + C_2 = E_1$
$\qquad\qquad C_1 - C_2 = \beta E_1$

$A = \left[\cosh\alpha l - \dfrac{1}{2}\dfrac{\alpha}{ik}\left(1 - \dfrac{k^2}{\alpha^2}\right)\sinh\alpha l\right] Ee^{ikl}$ ③

$\left|\dfrac{E}{A}\right| = \dfrac{1}{\cosh^2\alpha l + \dfrac{1}{4k^2}\alpha^2\left(1 - \dfrac{k^2}{\alpha^2}\right)^2 \sinh^2\alpha l}$

$= \dfrac{1}{4k^2(1 + \sinh^2\alpha l) + \sinh^2\alpha l \cdot \alpha^2\left(1 - \dfrac{k^2}{\alpha^2}\right)^2}$

$= \dfrac{4k^2}{4k^2 + \sinh^2\alpha l \cdot \dfrac{V^2}{\alpha^2}}$

$= \dfrac{4k^2\alpha^2}{4k^2\alpha^2 + V^2\sin^2\alpha l}$

$= \dfrac{4E(V-E)}{E(V-E) + V^2\sin^2\alpha l}$

$\alpha = \dfrac{\sqrt{2m E \cdot E}}{\hbar^2}$

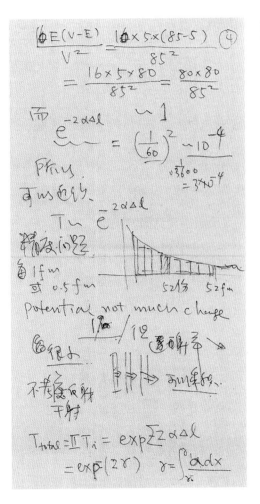

Page ④ (left):

$$\frac{16E(V-E)}{V^2} = \frac{16 \times 5 \times (85-5)}{85^2}$$

$$= \frac{16 \times 5 \times 80}{85^2} = \frac{80 \times 80}{85^2}$$

而 ~ 1

$$e^{-2\alpha\Delta l} = \left(\frac{1}{60}\right)^2 \sim 10^{-4}$$

$$\frac{1}{3600} = 3 \times 10^{-4}$$

P.T.U.9.

有可以忽略.

$$T \sim e^{-2\alpha\Delta l}$$

积分出来.

每 1 fm

或 0.5 fm   52 $\tilde r_3$ 52 fm

potential not much change

不考虑分界

干扰

$$T_{total} = \prod T_i = \exp\sum 2\alpha\Delta l$$

$$= \exp(2\gamma) \qquad \gamma = \int_{r_1} \alpha \, dx$$

Page ⑤ (right):

$$\int_{r_0 r_1} \left[2m(V-E)\right]^{1/2} dr$$

$$= \frac{1}{\hbar}\sqrt{2mE} \int_{r_0}^{r_1} \left(\frac{r_1}{r} - 1\right)^{1/2} dr$$

$$= \frac{1}{\hbar}\sqrt{2mE} \int_{r_0}^{r_1} \frac{1}{y^2}\left(r_1 y - 1\right)^{1/2} dy \qquad \frac{1}{r} = y \quad r_1$$

$$= \frac{1}{\hbar}\sqrt{2mE} \int \frac{\sqrt{r_1 y - 1}}{y}$$

$$\frac{dy}{a + bx} \qquad b = r_1 \quad a = -1$$

$$= \frac{1}{\hbar}\sqrt{2mE}\left[-\frac{\sqrt{r_1 y - 1}}{y} \Big|_{y_0}^{y_1} \right.$$

$$\left. + \frac{r_1}{2}\int \frac{dy}{y\sqrt{r_1 y - 1}} \right]$$

$$= \frac{1}{\hbar}\sqrt{2mE}\left[+\frac{\sqrt{r_1 y_0 - 1}}{y_0} + \frac{r_1}{2}\frac{2}{\sqrt{1}}\arctan\sqrt{r_1 y - 1} \Big|_{r_0} \right]$$

$$= \frac{1}{\hbar}\sqrt{2mE}\left[\frac{\left(\frac{r_1}{r_0} - 1\right)^{1/2}}{\frac{1}{r_0}} + r_1 \tan \right]$$

$$(0 - r_1 \tan\sqrt{\frac{r_1}{r_0} - 1})$$

$$= \frac{1}{\hbar}\sqrt{2mE}\left[\left(r_0 r_1 - r_0^2\right)^{1/2} - r_1 \tan\sqrt{\frac{r_1}{r_0}} \right]$$

$$= \frac{1}{\hbar}\sqrt{2mE}\left[\sqrt{r_0 r_1} - r_1\left(\frac{\pi}{2} - \sqrt{\frac{r_0}{r_1}}\right) \right]$$

$$= \frac{1}{\hbar}\sqrt{2mE}\left[2\sqrt{r_0 r_1} - r_1\frac{\pi}{2} \right]$$

量子力学如何理解电流
——浅谈量子力学中的概率密度与概率流[1]

摘要：在《张朝阳的物理课》第二卷第三部分中，我们已经知道运动的电荷会引起电流。在经典力学的视角下，点电荷运动产生的磁效应近似地用点电荷的速度和电荷量来刻画，即电流元模型。然而，在量子力学中，我们无法再沿用经典力学对运动的位置矢量进行描述。取而代之，微观粒子必须被描述为关系到其在空间各处分布的概率分布的复概率幅。在本节中，我们将着手建立量子力学中概率与概率流的概念，并研究几个典型的实例来展示这种概率流的物理图像。

一、量子力学中的概率密度与概率流及其守恒方程

过去，我们已经熟悉了如何在量子力学中处理单个粒子的运动。以薛定谔的观点，一般地，微观粒子由作为空间位置 x 和时刻 t 的波函数 $\psi(x,t)$ 来描述。例如，一个对应着粒子拥有确定动量的波函数拥有平面波的形式，即

$$\psi_{\text{p.w.}}(x,t) = A\mathrm{e}^{\mathrm{i}(kx-\omega t)}$$

其中，k 和 ω 通过德布罗意关系联系到粒子的动量和动能——我们这里暂时考虑一维运动的粒子，因此不讨论 x 和 k 的矢量特性。根据玻恩诠释，波函数直接关系到在空间位置 x 附近找到粒子的概率密度，

---

1 整理自搜狐视频 App"张朝阳"账号/作品/物理课栏目中的第 135 期视频，由陈广尚、王朕铎执笔。

即

$$P(x,t) = |\psi(x,t)|^2 = \psi^*(x,t)\psi(x,t)$$

它的含义是对于在区间 $[x, x+dx]$ 中找到粒子的事件，其概率为 $d\mathbb{P} = P(x,t)dx$。对于平面波的情形，我们容易发现在全空间各处找到粒子的概率密度都是相同的，也正对应着不确定性关系中，明确知道粒子的动量将导致完全无法确定粒子的位置这样的论述。然而，让我们回想波包的运动，它大致描述了粒子是如何从空间中的一点运动到另一点的。不同于经典力学中我们可以精确谈论粒子的位置，量子力学中我们只能模糊地感受到波包描述的粒子位于空间中有限大小的体积中。这种运动特征需要粒子在空间中有着非凡的概率分布，因此无法用平面波来刻画。那么，有没有一种恰当的方式，可以描绘这种运动的特征呢？我们很容易想到流体运动中的连续性方程

$$\frac{\partial \rho}{\partial t} + \nabla \cdot \boldsymbol{J} = 0$$

其中，ρ 代表某点处的流体密度，$\boldsymbol{J}$ 代表流体的流密度，它正是流体密度和当地速度场矢量的乘积。这种连续性方程反映了流体质量的守恒性：当地的流体质量的减少量，一定等同于离开关注空间的流体质量。类似的连续性方程也出现在电荷守恒定律中。如果我们将量子力学中的概率密度解释为相同地位的 ρ，那么是否能够找到对应的 $\boldsymbol{J}$ 的表达式呢？答案是肯定的。在一维情形下，我们有概率密度 ρ 的时间导数

$$\frac{\partial \rho}{\partial t} = \frac{\partial}{\partial t}\left(\psi^*\psi\right) = \psi^*\frac{\partial \psi}{\partial t} + \frac{\partial \psi^*}{\partial t}\psi = \psi^*\frac{\partial \psi}{\partial t} + \left(\frac{\partial \psi}{\partial t}\right)^*\psi$$

通过一维粒子的薛定谔方程

$$i\hbar\frac{\partial \psi}{\partial t} = \frac{-\hbar^2}{2m}\frac{\partial^2 \psi}{\partial x^2} + V\psi$$

其中，m 表示粒子的质量；V 表示所处的外势场。我们可以将 ρ 的时间导数同波函数的空间导数联系在一起，即

$$\frac{\partial \rho}{\partial t} = \psi^*\left(\frac{i\hbar}{2m}\frac{\partial^2}{\partial x^2} + \frac{1}{i\hbar}V\right)\psi + \text{c.c.}$$

其中，记号 c.c. 表示对前面的项取复共轭。注意到势场 V 总是实值函数，这导致

$$\frac{\partial \rho}{\partial t} = \frac{i\hbar}{2m}\left(\psi^*\frac{\partial^2 \psi}{\partial x^2} - \psi\frac{\partial^2 \psi^*}{\partial x^2}\right) = \frac{\partial}{\partial x}\left(\frac{i\hbar}{2m}\left(\psi^*\frac{\partial \psi}{\partial x} - \psi\frac{\partial \psi^*}{\partial x}\right)\right)$$

对比一维情形下的连续性方程，我们可以定义一维情形中的

$$J = -\frac{i\hbar}{2m}\left(\psi^*\frac{\partial \psi}{\partial x} - \psi\frac{\partial \psi^*}{\partial x}\right)$$

那么就能够论证对势场中的一维粒子，薛定谔方程直接导致

$$\frac{\partial \rho}{\partial t} + \frac{\partial J}{\partial x} = 0$$

这个结论不难推广到三维情形，即有概率流密度矢量

$$\boldsymbol{J} = -\frac{i\hbar}{2m}\left(\psi^*\boldsymbol{\nabla}\psi - \psi\boldsymbol{\nabla}\psi^*\right)$$

借用动量算符 $\hat{\boldsymbol{p}} = -i\hbar\boldsymbol{\nabla}$，我们也可以将其写为

$$\boldsymbol{J} = \frac{\psi^*\hat{\boldsymbol{p}}\psi - \psi\hat{\boldsymbol{p}}\psi^*}{2m}$$

从连续性方程来看，它的物理意义正是粒子概率分布随着时间演化的流密度，也就是给定三维空间中的体积 Ω 和它对应的边界封闭曲面 Σ，在这个体积中找到粒子的概率是时间 t 的函数 $\mathbb{P}(\Omega)$，则应当有

$$\frac{d\mathbb{P}(\Omega)}{dt} = -\oint_\Sigma \boldsymbol{J}\cdot d\boldsymbol{S} = -\oint_\Sigma \frac{\psi^*\hat{\boldsymbol{p}}\psi - \psi\hat{\boldsymbol{p}}\psi^*}{2m}\cdot d\boldsymbol{S}$$

其中，$d\boldsymbol{S}$ 表示 Σ 上的有向面积微元。可见，如果我们将概率想象成某种实际分布的连续体密度，概率流 $\boldsymbol{J}$ 就描述了这种连续体流动的流密度。

二、概率流的若干实例

为了更直观地理解概率密度和概率流的物理意义，我们举一些具体的算例。首先是一维平面波的情形，此时应当有

$$\rho_{\text{p.w.}} = |\psi_{\text{p.w.}}|^2 = |A|^2$$

注意，由于平面波的波函数无法在全空间归一化，因此我们只能物理地将之解释为一种相对概率。但这种问题尚不会为我们理解概率流带来困难。计算其概率流可以得到

$$
\begin{aligned}
J_{\text{p.w.}} &= -\frac{\mathrm{i}\hbar}{2m}\left(A^* \mathrm{e}^{-\mathrm{i}(kx-\omega t)} \frac{\partial}{\partial x} A \mathrm{e}^{\mathrm{i}(kx-\omega t)} - A \mathrm{e}^{\mathrm{i}(kx-\omega t)} \frac{\partial}{\partial x} A^* \mathrm{e}^{-\mathrm{i}(kx-\omega t)} \right) \\
&= \frac{-\mathrm{i}\hbar}{2m}|A|^2 \left(\mathrm{e}^{-\mathrm{i}(kx-\omega t)} \mathrm{i}k \mathrm{e}^{\mathrm{i}(kx-\omega t)} - \mathrm{e}^{\mathrm{i}(kx-\omega t)}(-\mathrm{i}k)\mathrm{e}^{-\mathrm{i}(kx-\omega t)} \right) \\
&= |A|^2 \frac{\hbar k}{m}
\end{aligned}
$$

对于平面波，$\hbar k = p$ 正是其动量，因此 $\hbar k / m$ 拥有粒子运动速度的含义（在这里事实上是群速度）。这个乘积的表达式可被解释为粒子相对概率密度和常量速度的乘积，描述了一种全空间中均匀的"流动"。这个结果符合我们对平面波的预期。而更好地描述一个有限宽的粒子分布的手段显然是我们过去研究的高斯波包。我们指出其计算方式是相同的，将高斯波包的概率流留给感兴趣的读者作为习题，这里不加证明地指出它同样具有高斯函数的形式。

另一个有意思的例子当属一维粒子遇到台阶形势的透射和反射，如图 1 所示。

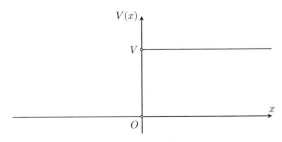

图 1 一维台阶形状的势场

数学上，这样的势可以写为

$$V\left(x\right)=\begin{cases}0 & x<0 \\ V & x>0\end{cases}$$

对于 $x=0$ 处的突变，由于势是有限的，因此不会影响我们的讨论。我们当然可以考虑一个波包从左边过来，遇到这个台阶，进而继续演化。但是不同于高墙，波包遇到阶梯这个过程在计算上非常困难。但常数的势拥有非常简单的能量本征态，即平面波。针对不同形状的波包，我们总可以对其进行傅里叶变换来研究各个平面波成分的演化，而整体的时间演化正是各个分量的线性组合。因此，这个势场中的定态薛定谔方程的解拥有形式

$$\psi\left(x\right)=\begin{cases}A\mathrm{e}^{ik_1x}+B\mathrm{e}^{-ik_1x} & x<0 \\ C\mathrm{e}^{ik_2x}+D\mathrm{e}^{-ik_2x} & x>0\end{cases}$$

其中，波矢 k_1、k_2 满足

$$E=\frac{\hbar^2k_1^2}{2m}=\frac{\hbar^2k_2^2}{2m}+V$$

而 E 正是波函数所对应的能量本征值，用于描述一个确定能量 E 的粒子从左边向右边入射，然后透射进 $x>0$ 的区域的波函数将有 $D=0$。在 $x=0$ 处，通过波函数的值连续和一阶导数连续，我们给出剩余几个系数的关系：

$$\begin{cases}A+B=C \\ ik_1\left(A-B\right)=ik_2C\end{cases}$$

求解得到

$$\frac{B}{A}=\frac{k_1-k_2}{k_1+k_2}$$

$$\frac{C}{A}=\frac{2k_1}{k_1+k_2}$$

如果入射粒子的能量 E 高于势的高度 V，那么我们进一步有 $k_1>k_2>0$。此时，粒子有一定的概率被反射回左边，同时也有一定的概率穿过 $x=0$ 的边界进入右边，如图 2 所示。

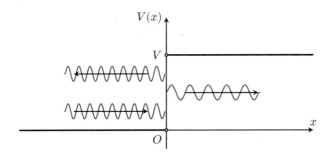

图 2　一维台阶形状的势场中粒子的入射波和反射波
透射波。势函数非零的位置波长变得更长

粒子以相反的动量返回，而以更小的动量或更长的波长进入右边区域。通过
进一步的分析还会看到：

$$\frac{C}{A} = \frac{2k_1}{k_1 + k_2} > 1$$

这难道暗示着透射波的振幅比入射波更大？其实不然。回忆前面概率流的定
义，这个过程中真正重要的应当是粒子的概率流的大小，它才对应于我们的
反射、入射图像。定义透射概率流和入射概率流之比为透射率，有

$$T = \frac{J_\mathrm{t}}{J_\mathrm{i}} = \frac{|C|^2 \, k_2}{|A|^2 \, k_1} = \frac{4k_1 k_2}{(k_1 + k_2)^2} < 1$$

可见，它正确地满足了小于 1 的要求。同时，我们也可以研究反射概率流对
应的反射率，即

$$R = \frac{J_\mathrm{r}}{J_\mathrm{i}} = \frac{|B|^2 \, k_1}{|A|^2 \, k_1} = \frac{(k_1 - k_2)^2}{(k_1 + k_2)^2}$$

我们进一步发现，存在

$$T + R = 1$$

的特性，而这事实上也就对应着 $x = 0$ 附近的概率流守恒性质。这再次证明
了对波函数的概率诠释的合理性。

小结
Summary

在本节中，我们建立了量子力学中波函数的概率流概念，并针对若干具体实例展开了讨论，明确了其物理意义。概率诠释是量子力学体系中最重要的组成部分之一。到目前为止，这种理解微观粒子的方式得到了大量实验的支持。然而，在量子力学建立初期，这种粒子空间各个位置随机出现的图像是新奇的、不易被接受的。在未来会看到，概率流工具有助于我们将经典力学中熟悉的概念迁移到量子力学中，其衍生的量子力学的流体动力学视角也在学界中产生了深远的影响。

氢原子的轨道磁矩
——量子力学对原子磁矩的解释[1]

摘要：利用量子力学中的概率流概念，我们可以建立量子力学下电子运动的图像。电子的空间运动的概率流对应于电流，而这种电流同样会对原子磁矩进行贡献。在《张朝阳的物理课》第二卷第三部分中，我们用电子的经典图像即速度和电荷量来刻画电流，并且计算了磁矩。而利用量子力学，我们会发现基于玻尔原子模型的处理实际上与量子力学是一致的。

一、氢原子本征波函数的概率流和磁矩

氢原子由质子和电子组成，我们可以将其近似看作一个有着约化质量 m_r 的单体系统。当然，考虑到质子的质量比电子大三个数量级，约化质量事实上近似等于电子的质量 $m_r \approx m_e$。考虑库仑势场

$$V(r) = -\frac{q^2}{4\pi\epsilon_0}\frac{1}{r} = -\frac{e^2}{r}$$

氢原子的电子轨道实际上是在这样一个球对称势场中运动电子的束缚态轨道。我们知道，这样的电子本征态可以用三个量子数来描述，而其波函数在球坐标下可以用连带勒让德函数进行表达，即

$$\Psi_{nlm}(r,\theta,\phi) = A_{lm}\psi_{nl}(r)P_l^m(\cos\theta)e^{im\phi}$$

---

1 整理自搜狐视频 App "张朝阳"账号/作品/物理课栏目中的第 136 期视频，由陈广尚、王朕铎执笔。

其中，A_{lm} 是归一化系数，而径向函数 $\psi_{nl}(r)$ 的模方与 r^2 的乘积在 $r>0$ 区域是归一化的。量子数 $n=1,2,\cdots$ 被称为主量子数，而 $l=0,\cdots,n-1$ 为角量子数，$m=0,\pm1,\cdots\pm l$ 是磁量子数。我们接下来将讨论磁量子数和轨道磁矩之间的关系。注意到波函数中除去一个复数相位之外均为实值函数，因此我们将其记作

$$\Psi_{nlm}(r,\theta,\phi)=f(r,\theta)\mathrm{e}^{im\phi}$$

注意到概率流密度表达式

$$\boldsymbol{J}=-\frac{i\hbar}{2m_{\mathrm{r}}}\left(\Psi^*\nabla\Psi-\Psi\nabla\Psi^*\right)$$

其中，实值函数 f 的偏导数会在复共轭相减中被消除掉，因此只有对 ϕ 的偏导数会留下来，可以计算得到

$$\boldsymbol{J}=-\frac{i\hbar}{2m_{\mathrm{r}}}\boldsymbol{e}_\phi\left(f^2\mathrm{e}^{-im\phi}\frac{1}{r\sin\phi}\partial_\phi\mathrm{e}^{im\phi}-f^2\mathrm{e}^{im\phi}\frac{1}{r\sin\phi}\partial_\phi\mathrm{e}^{-im\phi}\right)$$

$$=\frac{m\hbar}{m_{\mathrm{r}}}\frac{f^2(r,\theta)}{r\sin\theta}\boldsymbol{e}_\phi$$

可以看到这是一个绕着 z 轴的环流，且强度分布和 ϕ 无关。因此，在坐标 (r,θ) 处电子概率流的贡献相当于一个均匀电流环，即 $\boldsymbol{j}=q\boldsymbol{J}$。如图 1 所示。

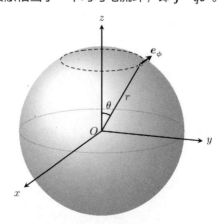

图 1 波函数所拥有的非零概率流密度表现为绕 z 轴的环流

对于截面积微元 $r\mathrm{d}\theta\mathrm{d}r$，这段电流环贡献的电流强度 I 正是 $\mathrm{d}I=\left|\boldsymbol{j}\right|r\mathrm{d}\theta\mathrm{d}r$。

而且这个电流环贡献的磁矩方向也是沿着 z 轴方向的。我们知道的磁矩的大小等于电流环的电流强度乘以它的面积，因此这一小段电流对整体磁矩的贡献就是

$$\mathrm{d}\mu = \mathrm{d}I\pi r^2\sin^2\theta = \frac{qm\pi\hbar}{m_{\mathrm{r}}}f^2(r,\theta)r^2\sin\theta\mathrm{d}r\mathrm{d}\theta$$

对全空间积分，其中注意到可以通过补上对 ϕ 的积分来构造波函数模方的体积分，因此立即通过归一化条件有

$$
\begin{aligned}
\mu &= \int_0^\infty r^2\mathrm{d}r\int_0^\pi\sin\theta\,\mathrm{d}\theta\frac{qm\pi\hbar}{m_{\mathrm{r}}}f^2(r,\theta) \\
&= \frac{1}{2\pi}\int_0^\infty r^2\mathrm{d}r\int_0^\pi\sin\theta\,\mathrm{d}\theta\int_0^{2\pi}\mathrm{d}\phi\frac{qm\pi\hbar}{m_{\mathrm{r}}}\mid f(r,\theta)\mathrm{e}^{im\phi}\mid^2 \\
&= \frac{qm\hbar}{2m_{\mathrm{r}}}\iiint r^2\sin\theta\mathrm{d}r\mathrm{d}\theta\mathrm{d}\phi\mid\Psi_{nlm}(r,\theta,\phi)\mid^2 \\
&= \frac{1}{2}\frac{q}{m_{\mathrm{r}}}m\hbar
\end{aligned}
$$

可以看到，磁矩的大小取决于电子本征态的磁量子数大小。注意到 $m\hbar$ 对于电子本征态来说正是 z 方向角动量分量的本征值，因此轨道磁矩也直接和角动量向量之间建立起了联系。

二、与经典电子轨道模型的对应

现在我们来通过玻尔模型给出电子轨道磁矩的半经典计算，我们会看到这个计算的结果和上面利用量子力学的本征态计算结果是一致的。在玻尔模型中，电子围绕质子做匀速圆周运动。同样地，其约化质量为 m_{r}。电子在圆周轨道上需要满足玻尔-索末菲量子化条件，即其轨道周长应当是德布罗意波长的整数倍，即

$$2\pi r = \frac{mh}{p} \Rightarrow m_{\mathrm{r}}rv = m\hbar$$

这样的匀速圆周运动电子所对应的电流强度为

$$I = \frac{q}{T} = q\cdot\left(\frac{2\pi r}{v}\right)^{-1} = \frac{qv}{2\pi r}$$

因此，可以计算其磁矩

$$\mu = I\pi r^2 = \frac{1}{2}qvr = \frac{1}{2}\frac{q}{m_{\mathrm{r}}}m\hbar$$

立即看到半经典模型和严格按照量子力学计算结果的一致性。当然，在玻尔模型中，m 的物理意义仍不够明确，也不像量子力学预测的那样存在三个独立的量子数来描述电子的运动。

小结
Summary

在本节中，我们深入探讨了量子力学的概率流概念，并将其应用于氢原子轨道磁矩的计算。同时，我们还借助经典的玻尔模型进行了对比计算，并讨论了两者结果的一致性。我们认识到经典力学与量子力学之间的对应关系是深刻而微妙的。一个良好的经典模型，如玻尔模型，能够给出自洽的结果，并为量子力学描述的物理过程提供形象的解释。但是以玻尔模型为首的旧量子论毕竟不是真正的量子力学，读者在体会两者之间的联系时切忌沉浸其中，而忽视了对现行量子理论的理解。

波函数的反射
——量子力学中的"穿墙术"[1]

摘要：在经典世界中，我们对球的弹射并不陌生。乒乓球面对球拍，网球面对球场地面，这些场景都涉及某个质点对一面无法穿过的墙的弹射。从能量的角度来看，这意味着粒子的动能不足以支持它穿过一个很高的势垒。然而，与我们的经典视角不同，在量子力学中，即使是超过微观粒子动能的势垒，粒子仍然能够在一定程度上渗透进势垒。这也是导致反射波的粒子波函数发生一定相位改变的原因。在这一节中，我们将对粒子面对经典无法穿过的势垒时的反射展开讨论。

一、粒子动能小于阶梯势垒高度时的反射

我们曾计算过阶梯势垒的透射和反射的情况，且有针对势

$$V(x) = \begin{cases} 0 & x < 0 \\ V & x > 0 \end{cases}$$

的讨论和最终的结果

$$\psi(x) = \begin{cases} Ae^{ik_1 x} + Be^{-ik_1 x} & x < 0 \\ Ce^{ik_2 x} & x > 0 \end{cases}$$

---

1 整理自搜狐视频 App "张朝阳"账号/作品/物理课栏目中的第 137 期视频，由陈广尚、王朕铎执笔。

其中，波矢满足

$$E = \frac{\hbar^2 k_1^2}{2m} = \frac{\hbar^2 k_2^2}{2m} + V$$

并且有

$$\frac{B}{A} = \frac{k_1 - k_2}{k_1 + k_2}$$

$$\frac{C}{A} = \frac{2k_1}{k_1 + k_2}$$

我们指出，这些方程并不假设 $E > V$。事实上，对于势垒高度高于 E 的情形，我们需要做出的修改无非是将 k_2 改写为纯虚数。即引入

$$\alpha = \frac{1}{\hbar}\sqrt{2m(V - E)}$$

从而有 $k_2 = \mathrm{i}\alpha$。接下来，令 $k = k_1$，则我们可以计算这个反射情形的反射率

$$R = \frac{J_\mathrm{r}}{J_\mathrm{i}} = \frac{|B|^2\, k_1}{|A|^2\, k_1} = \frac{|k - \mathrm{i}\alpha|^2}{|k + \mathrm{i}\alpha|^2} = 1$$

这意味着粒子完全得到反射，并没有穿进势场的概率流。不过，这并不意味着在经典的禁绝区（即 $x > 0$）中波函数总是为 0。我们给出此处的波函数

$$\psi_\mathrm{t}(x) = \frac{2Ak}{k + \mathrm{i}\alpha}\mathrm{e}^{-\alpha x} = 2A\sqrt{\frac{E}{V}}\mathrm{e}^{-\alpha x - \mathrm{i}\theta}$$

其中，相位角 $\theta = \arg(k + \mathrm{i}\alpha)$。可见，在这个区域中，波函数的模随着深入势垒是呈指数减小的，一个特征的长度即 $1/\alpha$，它大致描述了粒子穿入势垒的深度。相位角 θ 同样会出现在反射波函数中，在 $x < 0$ 区域，入射波和反射波叠加，其中反射波函数有

$$\psi_\mathrm{r}(x) = A\mathrm{e}^{-\mathrm{i}kx - 2\mathrm{i}\theta}$$

可见，由于粒子穿透势垒的现象，反射波同入射波之间出现了 2θ 的延迟相位。这个两倍的延迟相位可以被形象地解释为粒子跑进势垒，再原路折

返的过程，就像粒子的"打洞"。不同于坚不可摧的无限高势垒，粒子非常努力地试图"深入敌后"，可惜台阶势的"墙"厚度无穷大，"挖"了一段时间后，粒子发现根本跑不过去，只好"回头是岸"。所以，总的结果是，所有的粒子都会被"遣返"，也就是一个全反射的结果。

二、穿透和延迟相位的物理意义

过去我们讨论过，平面波事实上描述的粒子处在其坐标完全无法确定的状态，一个在坐标空间和动量空间都比较局域的粒子状态应当由一个波包来描述。在这种情况下，经历了反射之后的波包不过是其各个平面波成分分别附带上了延迟相位的效果，即

$$\psi(x,t) = \int dk\phi(k)\left(e^{ikx-i\omega(k)t} + e^{-2i\theta(k)-ikx-i\omega(k)t}\right)$$

注意，一般的相位延迟是波矢 k 的函数，这里展示了这一点。积分中的第一项代表了入射的正常向前传播的分量，第二项则是其对应的反射波。同我们过去对波包的讨论一致，这里 $\phi(k)$ 即粒子在动量空间的分布是一个很狭窄的函数，它只在 $k = k_0 = \dfrac{\sqrt{2mE_0}}{\hbar}$ 附近的一个窄区间 Δk 中不为 0。当然，中心能量 $E_0 < V$。

对于这样的波包，起主要作用的是波包的群速度。回忆我们当时的讨论，群速度可以从波包的时空局域的中心的运动行为上看到。为此，我们对入射波和反射波分别处理：

$$\begin{aligned}\psi_i(x,t) &= \int dk\phi(k)e^{ikx-i\omega(k)t}\\&= e^{ik_0x-i\omega(k_0)t}\int d\delta k\phi(k_0+\delta k)\exp\left(i(x-v_g t)\delta k\right)\\&= e^{ik_0x-i\omega(k_0)t}f(x-v_g t)\end{aligned}$$

其中，$v_g = \omega'(k_0)$，是频率对波矢的导数。这个处理事实上正是对相位进行了在 k_0 附近的泰勒展开，并略去高阶项。当我们以 v_g 来追踪波包时，看到的波包形状短时间内几乎不发生变化。这也就是群速度 v_g 的物理意义。但这个处理对反射波会出现不同的效果，这一点可以立即看到

$$\psi_r(x,t) = \int dk \phi(k) e^{-2i\theta(k)-ikx-i\omega(k)t}$$

$$= e^{-ik_0-i\omega(k_0)t} f\left(x+v_g t+2\theta'(k_0)\right)$$

$$= e^{-ik_0-i\omega(k_0)t} f\left(x+v_g \cdot \left(t+\frac{2\theta'(k_0)}{v_g}\right)\right)$$

可见，相位延迟带来了一定量的时间延迟，其延迟的具体时长为

$$\tau = -\frac{2\theta'(k_0)}{v_g}$$

考虑幅角被定义为

$$k+i\alpha = \frac{\sqrt{2mV}}{\hbar} e^{i\theta}$$

从而立即有

$$\cos\theta = \frac{k\hbar}{\sqrt{2mV}}$$

对两边求关于 k 的导数，我们可以得到

$$\frac{d\theta}{dk} = -\frac{\hbar}{\sqrt{2mV}}\frac{1}{\sin\theta} = -\frac{1}{\alpha}$$

从而可以将延迟时间化简为

$$\tau = \frac{2}{\alpha v_g}$$

或者利用自由粒子的动能满足 $\omega(k) = \dfrac{\hbar k^2}{2m}$，得到 $v_g = \dfrac{\hbar k_0}{m}$，将其进一步写为

$$\tau = \frac{2m}{\hbar k_0 \sqrt{k_V^2-k_0^2}}$$

其中，$k_V = \dfrac{\sqrt{2mV}}{\hbar}$。它的物理意义在于粒子的入射波确实在阶梯内部驻留了一段时间，然后形成反射波。这个驻留的时间差体现在波函数上，即在计算中得到的额外的相位偏移，所以我们又称之为延迟相位。

小结
Summary

　　在本节中，我们讨论的粒子动能小于阶梯势垒高度时的反射情况，指出粒子虽无法穿过势垒，但波函数会渗透进势垒并产生反射波。不同于经典世界，这里的粒子并非瞬间离开墙壁，而是会在其中穿透一定时间之后再形成反射波，这带来了反射波函数中的延迟相位，揭示了量子力学中粒子与势垒相互作用的独特性质。

量子隧穿效应
——原子核 α 衰变现象背后的物理规律[1]

　　摘要：我们已经看到量子世界和经典世界之间的显著差异：能量不足的粒子仍然有可能进入经典力学所不允许的区域中。这种现象也被称为量子隧穿效应。这种效应在微观世界中普遍存在，今天我们甚至利用这种效应发明了扫描隧道显微镜来探查原子和分子的领域。在这一节，我们对量子隧穿效应的最简单模型——一维方势垒的散射展开讨论。这种讨论最有价值的一点是，它允许我们对原子核过程的 α 衰变现象进行较粗糙的估算，但这种估算却很好地把握了背后的物理机制和数量级的认识。

一、一维方势垒的散射

考虑如下的方势垒

$$V(x) = \begin{cases} V & 0 \leqslant x \leqslant l \\ 0 & \text{其他} \end{cases}$$

它可以简单地用图 1 来展示：

---

1 整理自搜狐视频 App "张朝阳" 账号/作品/物理课栏目中的第 138、139 期视频，由李松、王朕铎执笔。

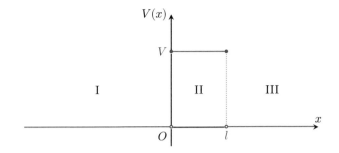

图 1　一维方势垒的形状

可以看出，它将一维空间分成了三个区域：区域I、III中的势为 0，而区域II中的势为 V。考虑粒子从区域I中以平面波形式入射，其能量小于势垒高度。因此，在三个区域中，波函数应具有以下形式

$$\psi(x) = \begin{cases} A_1 \mathrm{e}^{\mathrm{i}kx} + B_1 \mathrm{e}^{-\mathrm{i}kx} & x < 0 \\ A_2 \mathrm{e}^{\alpha x} + B_2 \mathrm{e}^{-\alpha x} & 0 \leqslant x \leqslant l \\ A_3 \mathrm{e}^{\mathrm{i}kx} & x > l \end{cases}$$

其中，$k = \dfrac{\sqrt{2mE}}{\hbar}, \alpha = \dfrac{\sqrt{2m(V-E)}}{\hbar}$。由于我们关心粒子穿过整个势垒的问题，因此在区域III中我们没有引入沿负方向传播的波。很容易写出各个边界上波函数及其导数连续的边界条件。在 $x = 0$ 处，应当有

$$\begin{cases} A_1 + B_1 = A_2 + B_2 \\ \mathrm{i}k(A_1 - B_1) = \alpha(A_2 - B_2) \end{cases}$$

定义 $\beta = \dfrac{\mathrm{i}k}{\alpha}$，从而将第二个方程两边除以 $\mathrm{i}k$ 后和第一个方程相加并消去 B_1 可得

$$A_1 = \frac{1}{2}\left[\left(1 + \frac{1}{\beta}\right)A_2 + \left(1 - \frac{1}{\beta}\right)B_2\right]$$

而在 $x = l$ 处，同样有边界条件

$$\begin{cases} A_2 \mathrm{e}^{\alpha l} + B_2 \mathrm{e}^{-\alpha l} = A_3 \mathrm{e}^{\mathrm{i}kl} \\ \alpha(A_2 \mathrm{e}^{\alpha l} - B_2 \mathrm{e}^{-\alpha l}) = \mathrm{i}k A_3 \mathrm{e}^{\mathrm{i}kl} \end{cases}$$

类似地，可以求解得到

$$
\begin{cases}
A_2 = \dfrac{1}{2}\left(1+\beta\right)A_3 \mathrm{e}^{ikl-\alpha l} \\[2mm]
B_2 = \dfrac{1}{2}\left(1-\beta\right)A_3 \mathrm{e}^{ikl+\alpha l}
\end{cases}
$$

将之代入到前面关于 A_1 的表达式中，可以求解 A_3 是如何依赖于 A_1 的，即

$$
A_1 = \frac{1}{4\beta}\Big[2\beta\left(\mathrm{e}^{\alpha l}+\mathrm{e}^{-\alpha l}\right)-\left(1+\beta^2\right)\left(\mathrm{e}^{\alpha l}-\mathrm{e}^{-\alpha l}\right)\Big]A_3 \mathrm{e}^{ikl}
$$

利用双曲三角函数，可以将之进一步写为

$$
A_1 = \left[\cosh\left(\alpha l\right)-\frac{\alpha}{2ik}\left(1-\frac{k^2}{\alpha^2}\right)\sinh\left(\alpha l\right)\right]A_3 \mathrm{e}^{ikl}
$$

从而利用概率流公式，可以计算粒子穿过整个势垒进入区域Ⅲ的概率为

$$
T = \frac{|A_3|^2}{|A_1|^2} = \frac{4k^2}{4k^2\cosh^2\left(\alpha l\right)+\alpha^2\left(1-\dfrac{k^2}{\alpha^2}\right)^2\sinh^2\left(\alpha l\right)}
$$

利用双曲三角函数的性质 $\cosh^2 x - \sinh^2 x = 1$ 以及 k,α 的定义，我们可以进一步将 T 表达为

$$
T = \frac{4E\left(V-E\right)}{4E\left(V-E\right)+V^2\sinh^2\left(\alpha l\right)}
$$

二、原子核的 α 衰变

我们知道，原子核由中子和质子组成，核力努力将众多核子束缚在一起，而核子之间的电磁相互作用使它们相互排斥。当二者达到平衡时，原子核就形成了。但作为强相互作用的剩余部分，核力的力程——也就是它起作用的距离——十分有限。当原子核容纳了越来越多的核子，尺寸变得越来越大时，核力的束缚效果逐渐衰减。与其相反，电磁相互作用比如典型的库仑力的作用范围可以延伸到无穷远。于是很自然地，随着尺寸的增大，库仑排斥逐渐压倒核力的束缚作用，原子核逐渐变得不稳定。比如在典型的重核铀 238 中，

238 个核子之间可能会有 2 个质子和 2 个中子一起形成相对独立的集团——即一个氦核，也被称为 α 粒子。接下来，这个氦核在库仑力的作用下逐渐向外行进，从结果上看，就是从铀 238 的原子核中发射出一个氦核：

$$^{238}_{92}U \rightarrow {}^{234}_{90}Th + \alpha$$

这个过程在物理学中被称为原子核的 α 衰变过程。

为什么原子核衰变出来的小核素大多是 α 粒子呢？这是因为氦核的结合能很大，同时核子数却很少。我们可以把原子核内部的核子看成是自由的，它们有时候会组合成团，如果不考虑结合能，必然是核子数较少的团越容易出现；考虑结合能后，则结合能越大的核素能量越低，从而更容易形成团——这就好比力学系统的稳定点是势能局部最低点一样。这两种因素综合起来导致氦核最容易在原子核中"出现"，所以原子核衰变出来的小核素大多是 α 粒子。

α 衰变现象在某种程度上并不是一个少见的现象。通常矿石中含有一部分钍-230，它会经过 α 衰变成为镭-226，半衰期长达七万多年；而镭-226 的主要衰变道也是 α 衰变，半衰期约为 1600 年，经过 α 衰变后，镭-226 会变成氡-222。氡-222 也是不稳定的，它会经过 α 衰变变成钋-218，半衰期仅为 3.8 天。原子核发生 α 衰变之后会放射出 α 粒子，也就是氦核。一般来说，我们的皮肤对低能的 α 粒子具有足够的防护作用，因此环境外的 α 衰变几乎不会对人体有什么影响。但是氡是一种气体，它混合在空气中会被人吸入肺中，并且在呼气之前就有可能发生 α 衰变，衰变产生的 α 粒子会破坏肺部细胞的结构，进而引发病变。与此同时，氡衰变链的最终产物是铅，它也会对人体健康构成威胁。据统计，氡气是第二大肺癌诱因，仅次于吸烟。因此，日常生活中我们应经常开窗通风，降低室内的氡气浓度。

值得注意的是，氦核逐渐远离并不是一个经典的物理过程，而是一个量子隧穿的过程。事实上，我们可以用一个简单的模型来描述氦核的运动。以上面谈到的铀原子核的 α 衰变为例，以原子核质心的位置为原点建立坐标系，首先在近距离处，氦核受到很强的核力，而库仑力的效果可以近似忽略。为了简化，我们用一个深势阱来表征这个束缚作用。而当氦核稍微越过核的边界（记为 r_0 处）时，核力会迅速衰减，此时变为库仑势起主导作用。如果我们忽略这个转变的细节，将核力作用部分处理成方势阱，即可以得到如图 2 所示的势场。

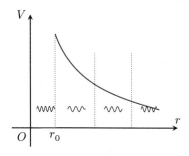

图 2   近似描述核力的势场，由外部的库仑势和内部的方势阱组成

我们的模型就是一个能量为 E 的氦核在这个势场上运动。首先由能量守恒和相对论质能公式

$$m_\text{U}c^2 = m_\text{Th}c^2 + m_\alpha c^2 + E$$

代入各个核的静质量，立即可以估计出 $E \approx 5\text{MeV}$ 。至于库仑势垒的高度，即其在 r_0 处的取值。我们关心 α 粒子离开其余 $A = 234$ 个核子（一个钍核）的吸引。这里的距离 r_0 可以利用中重核半径的经验公式来进行近似估计为

$$r_0 \approx 1.25 A^{\frac{1}{3}}\text{fm} \approx 7.7\text{fm}$$

而对应的库仑势即为

$$V_0 = \frac{2Ze^2}{4\pi\epsilon_0 r_0} \approx 34\text{MeV}$$

可见此时有 $E \ll V_0$ 。按照经典力学的观点 α 粒子根本不可能越过这堵高墙。然而，在量子力学支配的微观世界，这种过程是可能发生的。

这里我们先来利用推导过的方势垒透射概率公式来估计这种隧穿的概率。为此，我们将库仑势沿着径向近似地分割为若干方形势，而 α 粒子即携带着 E 的能量从内部出发，直到透射出所有的方势垒。对于方势垒透射公式

$$T = \frac{\dfrac{16E(V-E)}{V^2}}{16E(V-E)/V^2 + (\text{e}^{\alpha l} - \text{e}^{-\alpha l})^2}$$

在 $\alpha l \gg 1$ 的情况下，它主要由分母上的指数函数进行压低。因此这样计算的结果就相当于

$$\prod T \approx \prod e^{-2\alpha l} \approx \exp\left(-2\int \alpha(r)\mathrm{d}r\right)$$

那么这种近似的确可以使用吗？我们在这里进行一些数量级的估计。首先对于 α 的取值，我们采用势垒的最高点来进行估计，有

$$\alpha \approx \frac{1}{\hbar}\sqrt{2\times 4m_N\left(V_0 - E\right)} \approx 2.4\mathrm{fm}^{-1}$$

其中我们使用 4 个核子平均质量 $m_N c^2 \approx 938\mathrm{MeV}$ 来估计 α 粒子的质量。在经典力学下，拥有能量为 E 的粒子如果将其全部转化为电势能，对应的临界位置（同样也是经典禁绝区的边界）满足

$$E = \frac{2Ze^2}{4\pi\epsilon_0 r_c}$$

这样计算得到的半径 $r_c \approx 53\mathrm{fm}$。从 r_0 到 r_c，如果我们将势按照 $\Delta l = 1\mathrm{fm}$ 的规模进行分割，那么可以计算得到 $e^{2\alpha\Delta l} \approx 114$，至于其他的项，按照 V_0 进行估计会看到 $16E(V_0 - E)/V_0^2 \approx 2$。相比于指数项已经十分小了。

我们指出，尽管这里的讨论非常粗糙，但最后给出的这种形式的隧穿概率事实上是 WKB 近似（来自格雷戈尔·文策尔、汉斯·克拉默和莱昂·布里渊三位物理学家的姓名首字母）在一阶的结果。对于缓变势场的经典禁绝区域 $a < x < b$，其中 $V(a) = V(b) = E$，WKB 近似给出的隧穿概率为

$$T = \exp\left(-\frac{2}{\hbar}\int_a^b \sqrt{2m\left(V(x) - E\right)}\mathrm{d}x\right)$$

我们采取这个形式来为 α 衰变所导致的半衰期进行一定程度的讨论。利用上面计算出的运动范围 r_0 到 r_c，我们可以用上式来估计发生概率为

$$\begin{aligned} T &= \exp\left(-2\int_{r_0}^{r_c}\frac{\mathrm{d}r}{\hbar}\sqrt{2m_\alpha\left(V(r) - E\right)}\right) \\ &= \exp\left(\frac{-2\sqrt{2m_\alpha E}}{\hbar}\int_{r_0}^{r_c}\mathrm{d}r\sqrt{\frac{r_c}{r} - 1}\right) \end{aligned}$$

这个积分可以利用三角换元法来进行处理，这里给出其结果为（令 $P = e^{-2\gamma}$ ）

$$
\begin{aligned}
\gamma &= \frac{r_c\sqrt{2m_\alpha E}}{\hbar}\left(\arccos\sqrt{\frac{r_0}{r_c}} - \sqrt{\frac{r_0}{r_c}}\sqrt{1-\frac{r_0}{r_c}} \right) \\
&= \frac{r_c\sqrt{2m_\alpha E}}{\hbar}\left(\frac{\pi}{2} - 2\times\sqrt{\frac{r_0}{r_c}} + \cdots \right) \\
&\approx \frac{\sqrt{2m_\alpha E}}{\hbar}\left(\frac{\pi r_c}{2} - 2\sqrt{r_c r_0} \right)
\end{aligned}
$$

上式最后一个约等号是将其级数展开保留至一级项。利用 r_c 的定义，可以进一步将 γ 化简为

$$
\gamma = k_1\frac{Z}{\sqrt{E}} - k_2\sqrt{r_0 Z}
$$

其中， k_1, k_2 是和能量 E 与核电荷数 Z 无关的常数。我们指出， γ 或者说衰变概率事实上直接关系到核子的半衰期。如果我们采取经典的近似，即单位时间内， α 粒子碰撞势垒的次数近似为 $n = \dfrac{v}{2r_0}$ 。这使得单位时间年内发生 α 衰变的粒子数占据所有粒子的总数就应当是 $R = nP = ne^{-2\gamma}$ 。它的物理意义正是未发生 α 衰变的粒子数 $N(t)$ 应当满足

$$
\frac{1}{N}\frac{dN}{dt} = -R \Rightarrow N(t) = N(0)e^{-Rt}
$$

从而半衰期正是

$$
\tau = \frac{\ln 2}{R} \approx \frac{1.386 r_0}{v}e^{2\gamma}
$$

换言之，代入前面的结果，我们预期存在

$$
\ln\tau = \ln\frac{1.386 r_0}{v} + 2k_1\frac{Z}{\sqrt{E}} - 2k_2\sqrt{r_0 Z}
$$

即半衰期与核质子数的近似关系。

小结
Summary

在本节中，我们对量子隧穿现象展开了分析，通过简单的近似处理，给出了 WKB 近似计算透射概率的形式，并利用这个结果对 α 衰变进行了定量讨论。我们给出了核子半衰期同核质子数、衰变能等参数的关系，这些关系在原子核物理中有着广泛的应用。

03

粒子的散射

张朝阳手稿

$(\nabla_r^2 + k^2) f(r) = 0$ ③

定点这个问题新近行为

e^{ikz}, and $\sum (c_{em} Y_{em}) \dfrac{e^{ikr}}{r}$

$\Rightarrow \psi_{\vec{k}} = e^{ikz} + \dfrac{e^{ikr}}{r} g(\theta, \phi)$

$\sigma_{\text{散}\phi} = |g(\theta, \phi)|^2$

对于入射和散在之轴中

论对称沒ϕ. no ϕ dependence

$\sigma_{\text{散}\phi} = |g(\theta)|^2$

入今随便, 生 L^2 都是势的基底

$|K, \ell, 0\rangle$ 为ψ有定

$|0\rangle$ in ψ有定 ＋ 引入散在修在—

$e^{ikz} = \sum\limits_{\ell=0}^{\infty} (i)^{\ell} \sqrt{4\pi(2\ell+1)} \, j_{\ell}(kr) \, Y_{\ell 0}(\theta, \phi)$ phase shift

左边右边

$= \sum\limits_{\ell=0}^{\infty} (i)^{\ell} \sqrt{4\pi(2\ell+1)} \dfrac{(-1)}{2kri} \left(e^{-ikr+\frac{\pi}{2}\ell} - e^{ikr-\frac{\pi}{2}\ell} \right) Y_{\ell 0}$

布一个定的之后, 散作波 $|K, \ell, 0\rangle$ ④

$j_{\ell}(kr) \rightarrow f_{\ell}(kr)$

$\dfrac{(-1)}{2kri} \left(e^{-ikr+\frac{\pi}{2}\ell} - \underbrace{e^{+ikr-\frac{\pi}{2}\ell + i2\delta_{\ell}}}_{\underbrace{e^{i2\delta_{\ell}}}_{e^{i2\delta_{\ell}} = 1+2ic\sin\delta_{\ell}} = 1+2ic} \right)$

precipatise

$\Rightarrow e^{ikz} + \dfrac{e^{ikr}}{r} \sum\limits_{\ell} \dfrac{c}{k} e^{i\delta_{\ell}} \sin\delta_{\ell}$

$g(\theta) = \dfrac{1}{k} \sum\limits_{\ell} \sqrt{4\pi(2\ell+1)} \, \sin\delta_{\ell} \dfrac{e^{i\delta_{\ell}}}{Y_{\ell 0}}$

$\sigma_{\text{total}} = \displaystyle\int g^*_{\ell}(\theta) \, g_{\ell}(\theta) \, d\Omega$

$= \dfrac{4\pi}{k^2} \sum\limits_{\ell=0}^{\infty} (2\ell+1) \sin^2\delta_{\ell}$

Now 一个最简单例

假设 刚性球! r_0 Radius

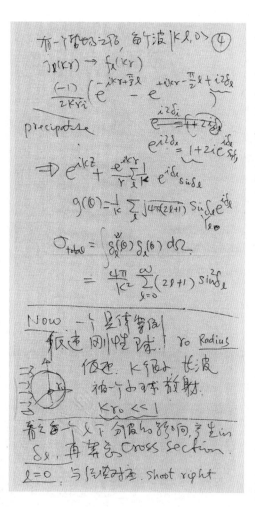

假设 K 很小 长波

被一个小球 散射

$Kr_0 \ll 1$

看之每一个ℓ下分展的影响，产生 in

δ_{ℓ} 再算它 Cross section.

$\ell = 0$ 与绝对座. shoot right

$$\sigma = \frac{4\pi}{k^2}$$

$$g_0(\theta) = \frac{1}{k}\sqrt{4\pi}\,(-\sin kr_0)e^{-ikr_0}\cdot\frac{1}{\sqrt{4\pi}}$$

$$= -\frac{1}{k}\sin kr_0\,e^{-ikr_0}$$

$$\sigma(\theta) = \frac{1}{k^2}\sin^2 kr_0$$

$$\sigma = \frac{4\pi}{k^2}(kr_0)^2$$

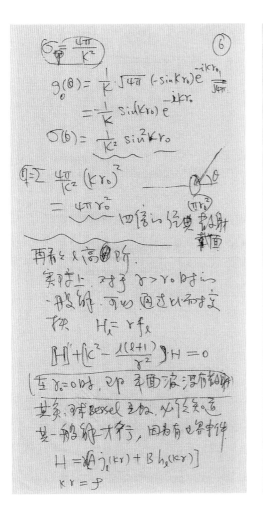

$$= 4\pi r_0^2$$

四倍的经典散射截面

再来是 l 高阶.

实际上,对于 $r > r_0$ 时这一
般都可以通过比较来定
换 $H_l = r f_l$

$$H'' + \left\{k^2 - \frac{l(l+1)}{r^2}\right\}H = 0$$

在 $r_0 = 0$ 时,即 平面波没有散射

其实,球Bessel主轴,必须知道
是一般解才够弄,因为有边界条件

$$H = r[A j_l(kr) + B h_l(kr)]$$

$$kr = \rho$$

$$j_l(\rho) = (-1)^l \rho^l \left(\frac{d}{\rho d\rho}\right)^l \frac{\sin\rho}{\rho} \quad ⑦$$

$$h_l(\rho) = (-1)^l \rho^l \left(\frac{d}{\rho d\rho}\right)^l \frac{\cos\rho}{\rho}.$$

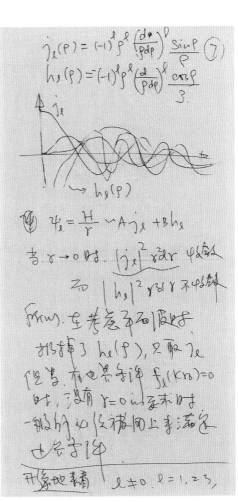

$$\psi_l = \frac{H}{r} \sim A j_l + B h_l$$

当 $r \to 0$ 时. $\int |j_l|^2 r\,dr$ 收敛

而 $\int |h_l|^2 r\,dr$ 不收敛

发散. 在考虑不到原点

那舍掉了 $h_l(\rho)$,只取 j_l
但是,有也等于说 $f_l(kr_0) = 0$
时,没有 $r = 0$ 的要求时
一般情况必须接回去手滑足
也会卡住

开象地看 $l \neq 0$. $l = 1,2,3,$

中心力场下粒子的散射（上）
——量子散射问题与散射截面[1]

摘要： 在前面的章节中，我们利用平面波解探讨了大量一维问题，包含概率流与透射反射、一维势垒的穿透与 α 衰变等问题。这类问题在某种意义上都可以归为量子散射问题。在高能物理实验中，我们经常需要了解两个粒子对撞后分离、各自离开的过程，这种过程的量子力学模型就是散射。要处理散射问题，从底层理论中提取散射截面信息并通过实验检验，已经成为研究高能物理问题的主要方法。在本节中，我们将展开对三维空间中心力场的散射问题的讨论。

散射过程是微观粒子发生的最主要的物理过程之一，也是经典碰撞过程在量子力学中的对应。不同于束缚态问题，散射过程涉及的波函数通常在无穷远处不趋向于 0。同时，不同于定态问题，散射过程的直观对应是一个动力学过程：远方具有相对确定的动量和坐标的入射粒子遇到散射势场——例如卢瑟福散射实验中金原子核提供的库仑势，或者其他散射问题中可能出现的相互作用——描述粒子状态的波包被散射势场影响，从而改变其运动行为，在未来飞向无穷远处。然而，正如前面讨论的那样，尽管动力学问题看似与定态问题要求解的方程完全不同——一个是含时薛定谔方程，一个是哈密顿算符的本征问题，一旦我们能够得到哈密顿算符的所有本征态和本征

1 整理自搜狐视频 App"张朝阳"账号/作品/物理课栏目中的第 140 期视频，由李松、王朕铎执笔。

值，动力学问题原则上也就得到了解答，只需要将初态按照本征态展开，接下来的时间演化不过是在各个分量上乘上一个随时间改变的相位因子（如果哈密顿算符不显含时间的话）。因此，即使是散射问题，讨论散射相互作用的哈密顿算符的本征态也是有价值的。

回忆我们在一维反射和透射问题中的处理流程，首先我们将入射波设置为平面波 e^{ikx}，但这个波函数一般来说并非哈密顿算符的本征态。接下来我们额外加入反射波和透射波的成分，通过求解定态薛定谔方程和边界条件来确定全空间中的本征态形式。通过在这些本征态上计算概率流密度，我们可以知道入射粒子有多大的概率会被反射或透射。如果入射粒子的状态是局域波包，那么原则上需要将其投影到各个本征态上来计算时间演化的结果，而只有少数例子才能够得到解析形式的解——例如前面讨论的高斯波包的自由运动和被无穷高势垒的反射。然而，由于散射问题的特殊结构——我们只关心去往无穷远的波函数成分，而且它们应当贡献以 $1/r^2$ 衰减的概率流密度（对三维情形所下的断言）。这些特点允许我们对散射问题的解进行相当程度的讨论，即使具体的定态波函数没有完全求得。

一、散射定态的渐近行为

正如前面的讨论，我们从求解定态薛定谔方程开始。特别地，在下面的讨论中，我们关注球对称的势场 $V(r)$。这种势场能够很好地刻画自然界中大量存在的各向同性散射过程。球对称势场下的定态薛定谔方程具有如下形式：

$$\left[-\frac{\hbar^2}{2m}\nabla^2 + V(r)\right]\psi = E\psi$$

在散射问题的设置中，在无穷远处，V 将会趋向于 0。我们关心远方拥有平面波形式的入射波，在三维空间中，我们能够使用三维矢量的波矢 $\boldsymbol{k}$ 来描述平面波，其携带的能量自然是

$$E = \frac{\hbar^2 \boldsymbol{k}^2}{2m}$$

而入射波函数的形式正是

$$\psi_i(r) = e^{ik \cdot r}$$

我们希望能够通过求解定态薛定谔方程，来找到能量和入射波相同的本征态。那么散射问题的定态就能够成为该平面入射波和散射结果的反射波（接下来也直接称为散射波，因为在三维空间中，不再出现过去一维问题中的"透射波"）的叠加形式。为此，令 k 代表波矢的大小，引入 $U(r) = 2mV(r)/\hbar^2$，那么定态薛定谔方程就成为

$$(\nabla^2 + k^2)\psi - U(r)\psi = 0$$

在球坐标中，我们可以将拉普拉斯算子写为

$$\nabla^2 = \frac{1}{r^2}\frac{\partial}{\partial r}\left(r^2\frac{\partial}{\partial r}\right) + \frac{1}{r^2\sin\theta}\frac{\partial}{\partial\theta}\left(\sin\theta\frac{\partial}{\partial\theta}\right) + \frac{1}{r^2\sin^2\theta}\frac{\partial^2}{\partial\phi^2}$$

就像求解氢原子时一样，我们知道存在角度部分的本征函数——球谐函数，满足

$$\left[\frac{1}{\sin\theta}\frac{\partial}{\partial\theta}\left(\sin\theta\frac{\partial}{\partial\theta}\right) + \frac{1}{\sin^2\theta}\frac{\partial^2}{\partial\phi^2}\right]Y_l^m(\theta,\phi) = -l(l+1)Y_l^m(\theta,\phi)$$

利用分离变量法，将函数 ψ 表达为径向函数和球谐函数的乘积，即 $\psi(r,\theta,\phi) = f(r)Y_l^m(\theta,\phi)$。进而可以得到关于径向函数 $f(r)$ 的方程：

$$\frac{1}{r^2}\frac{d}{dr}\left(r^2\frac{df}{dr}\right) + k^2 f(r) - U(r)f(r) - \frac{l(l+1)}{r^2}f(r) = 0$$

在无穷远附近，势 $U(r)$ 和 $l(l+1)/r^2$ 项将会趋于零。此时引入函数 $h(r) = rf(r)$，上述方程可以进一步简化为

$$h''(r) + k^2 h(r) = 0$$

这样的方程的解我们非常熟悉，它正是 $e^{\pm ikr}$ 的线性组合。因此无穷远处径向函数 $f(r)$ 的渐近解有着球面波的形式：

$$f(r) \propto \frac{Ae^{ikr} + Be^{-ikr}}{r}$$

我们希望最后的解能够和一维问题一样，以入射平面波和散射波的叠加

的形式出现。因此，我们必须将 $\mathrm{e}^{-\mathrm{i}kr}/r$ 项舍弃，因为它刻画的是从无穷远处聚拢到原点的球面波。

让我们对目前的结果进行适当的总结：我们对球对称势场的散射问题的定态薛定谔方程进行了求解，在入射平面波能量（或者说波矢）给定的情况下，定态薛定谔方程的解渐近地呈现出一族球面波的结构。最一般地，我们需要的定态薛定谔方程的解在无穷远处具有形式

$$\psi = \mathrm{e}^{\mathrm{i}kz} + g\left(\theta,\phi\right)\frac{\mathrm{e}^{\mathrm{i}kr}}{r}$$

其中，我们假设入射波是从 z 轴的负半轴无穷远处入射的平面波，因此有着 $\mathrm{e}^{\mathrm{i}kz}$ 的形式，而函数 $g\left(\theta,\phi\right)$ 表示关于角度的函数，它应当能够利用球谐函数进行展开研究。注意，这里我们讨论的是散射定态波函数在无穷远附近的行为，这个形式当然并不在原点（即势场中心）附近成立。

二、散射截面及其物理意义

让我们多花一些功夫讨论上面得到的一般形式的渐近解携带的信息。项 $\mathrm{e}^{\mathrm{i}kz}$ 对应入射的平面波，另一项则代表被散射到无穷远处，渐近地成为球面波结构的散射波。但不要忘了，虽然我们描述区分了"入射"和"反射"，似乎它们是先后存在的。但事实上，它们并不携带任何同时间或者因果关系相关的要素：这两个函数的和成为散射问题哈密顿算符的本征态——在无穷远处附近。而且并不是所有的本征态都拥有这样的形式（思考将所有的 k 取负号，它显然也会是一个本征态）。那么，这个图像是如何同实际的散射实验相联系起来的呢？这个答案藏在"定态"之中。按照含时薛定谔方程，哈密顿算符的本征态在时间演化上只会出现一个全局的依赖时间的相位因子。换句话说，定态波函数的模方在空间中的分布，将不会随着时间演化而发生改变。因此，上面所求得的波函数渐近形式描述了这样一种稳恒状态：不断地有粒子以平面波入射，同时不断地有粒子作为球面波离开原点。

而在真实实验中发生的很难恰好和本征态所描述的物理图像相吻合。实际中往往是一个空间上较局域的波包——它包含着多种平面波的成分，通过有限长的时间演化变成了向各个方向出射的波。但只要波包遭受势场作用的时间远小于它自由运动的时间，即经过充足的时间来让各个成分的散射贡献

都足够远地离开势场，那么在远处的散射行为，尤其是长时间平均下来的概率流密度，就近似能够用入射波中心波矢所对应的散射定态的概率流分布来描写。

精确刻画入射概率流到出射概率流转移的物理量是微分散射截面。为了写出它的具体形式，我们讨论上面一般的渐近散射定态各个成分的概率流密度。入射波的概率流正是平面波的结果，即 $J_{\mathrm{in}} = \hbar k e_z / m$，其中 e_z 为 z 方向的单位向量。我们关心散射波的概率流，为此，必须利用 Nabla 算子在球坐标下的形式，为

$$\nabla = e_r \frac{\partial}{\partial r} + \frac{e_\theta}{r} \frac{\partial}{\partial \theta} + \frac{e_\phi}{r\sin\theta} \frac{\partial}{\partial \phi}$$

从而可以计算散射波的概率流密度。我们指出，角向上的概率流因为总由 $1/r^3$ 因子压制，因此最主要的贡献来自于径向上 e^{ikr} 的导数带来的 $1/r^2$ 项，这些项构成了无穷远处最主要的概率流。我们展开计算如下：

$$J_{\mathrm{out}} \approx -\frac{i\hbar}{2m} e_r \left(\frac{e^{-ikr}}{r} \frac{\partial}{\partial r} \frac{e^{ikr}}{r} - \frac{e^{ikr}}{r} \frac{\partial}{\partial r} \frac{e^{-ikr}}{r} \right) |g(\theta,\phi)|^2 = \frac{\hbar k}{m} \frac{|g(\theta,\phi)|^2}{r^2} e_r$$

微分散射截面被定义为单位概率流密度入射时，通过由角坐标 (θ,ϕ) 确定的方向上的立体角微元 $\mathrm{d}\Omega = e_r \cdot \mathrm{d}S / r^2$ 的出射概率流密度的通量。换言之，有

$$\sigma(\theta,\phi)\mathrm{d}\Omega = \frac{J_{\mathrm{out}}}{|J_{\mathrm{in}}|} \cdot \mathrm{d}S = |g(\theta,\phi)|^2 \frac{e_r \cdot \mathrm{d}S}{r^2} = |g(\theta,\phi)|^2 \, \mathrm{d}\Omega$$

微分散射截面 σ 拥有面积的量纲，这是由概率流密度的量纲所导致的。直观地，微分散射截面刻画了入射粒子中相对地有多少概率会被散射到 (θ,ϕ) 的角方向。从它的计算表达式中我们立即看出它同函数 g 的关系满足

$$\sigma(\theta,\phi) = |g(\theta,\phi)|^2$$

另一个重要概念是微分散射截面对全空间立体角的积分，即

$$\sigma = \int \sigma(\theta,\phi)\mathrm{d}\Omega$$

它同样具有面积的量纲，按照其物理意义，它描述了垂直入射粒子的概率流密度上，有多大面积的入射会受到势场散射的影响。从这个意义上讲，

它也刻画了势场的有效面积大小。在以散射过程为主的高能物理实验中，微分散射截面是最重要也是唯一的实验可观测的物理量。

小结
Summary

在本节中，我们深入探讨了量子力学中散射过程的理论基础，特别是针对球对称势场下的散射问题。通过对定态薛定谔方程的求解，揭示了散射波函数在无穷远处的渐近行为，表现为入射平面波与散射球面波的叠加。文中进一步阐释了微分散射截面与角度函数 $g(\theta,\phi)$ 之间的关系，并指出微分散射截面的物理意义在于量化了入射粒子在特定角度方向上被散射的概率。此外，我们还讨论了散射截面在实验观测中的重要性，强调了它是高能物理实验中关键的可测量物理量。通过对散射问题的数学处理和物理意义的阐释，本文为理解量子散射现象提供了坚实的理论基础。

中心力场下粒子的散射（中）
——分波法[1]

　　摘要：有了普遍的对三维散射定态波函数渐近行为的讨论，我们能够更加细致地讨论散射截面的求解过程。正如渐近波函数的结构所暗示的那样，中心力场的哈密顿算符本征态具有特殊的球对称性，因此一组好的力学量是角动量的大小和某个方向的分量（事实上，在中心力场问题中，哈密顿算符、角动量的大小，以及 z 方向的角动量分量组成了力学量完全集）。而平面波均不是角动量及其 z 方向分量的本征波函数。为了找到散射截面和中心势场的定量关系，我们必须将入射平面波放在同哈密顿算符相匹配的对称性的形式下进行考虑。而做到这一点的方法就被称为分波法。具体地，我们将会讨论如何用球面波展开平面波，进而利用展开表达式的特点来找到一般的散射定态结构，以及它同散射截面的关系。

一、利用球面波展开平面波

　　为了得到散射截面更精细的信息，我们无法仅在无穷远处讨论问题，为此必须更加深入地讨论散射定态的结构。要在中心力场中求解量子问题，最好是在角动量本征态的视角下处理问题。对散射波部分，函数 $g(\theta,\phi)$ 可以展开成大量球谐函数的叠加，然而入射波 $e^{ikz} = e^{ikr\cos\theta}$ 却并不方便。而分波法

---

1 整理自搜狐视频 App "张朝阳" 账号/作品/物理课栏目中的第 141 期视频，由李松、王朕铎执笔。

就是对此展开处理的方法，顾名思义，我们需要利用一族球面波来对平面波进行展开，这种数学手段就是分波法。

让我们从平面波所满足的最一般的自由粒子的定态薛定谔方程出发，它事实上就是波动方程 $\left(\nabla^2 + k^2\right)\psi = 0$。当然，它也有着球面波的解。既然我们需要找到用球面波表示平面波的方法，那么不妨让我们在球坐标下考虑这个方程。利用球谐函数分离变量后，我们可以得到一般的径向方程满足

$$\frac{1}{r^2}\frac{\mathrm{d}}{\mathrm{d}r}\left(r^2\frac{\mathrm{d}f}{\mathrm{d}r}\right) + k^2 f(r) - \frac{l(l+1)}{r^2}f(r) = 0$$

利用变量替换 $\rho = kr$，则可以将其简化为

$$\rho^2 f'' + 2\rho f' + \left[\rho^2 - l(l+1)\right]f = 0$$

这类方程的解被称为球贝塞尔函数，记作 $\mathrm{j}_l(\rho)$，而它可以用分数阶的贝塞尔函数 J_α 表示，一般这样的函数拥有性质

$$\mathrm{j}_l(\rho) = \sqrt{\frac{\pi}{2\rho}}\mathrm{J}_{l+\frac{1}{2}}(\rho) = (-1)^l \rho^l (\frac{\mathrm{d}}{\rho\mathrm{d}\rho})^l \frac{\sin\rho}{\rho}$$

数学知识告诉我们，波动方程的任何一个解都可以表达为这样分离变量的特解的线性组合。那么平面波自然也不例外，一般地，这样的展开具有形式

$$\mathrm{e}^{\mathrm{i}kz} = \mathrm{e}^{\mathrm{i}kr\cos\theta} = \sum_{l=0}^{\infty} c_l \mathrm{j}_l(kr)\mathrm{Y}_l^0(\theta,\phi)$$

注意，在这里我们应用了平面波关于 ϕ 角的转动对称性，进而消除了所有 $m \neq 0$ 的球谐函数分量。其叠加系数 c_l 可以通过球谐函数的正交性关系来得到，有（详细计算过程参看本节附录）

$$c_l = \frac{1}{\mathrm{j}_l(kr)}\int \mathrm{e}^{\mathrm{i}kr\cos\theta}\mathrm{Y}_l^{0*}(\theta,\phi)\mathrm{d}\Omega = \mathrm{i}^l\sqrt{4\pi(2l+1)}$$

换言之

$$\mathrm{e}^{\mathrm{i}kr\cos\theta} = \sum_{l=0}^{\infty}\mathrm{i}^l\sqrt{4\pi(2l+1)}\mathrm{j}_l(kr)\mathrm{Y}_l^0(\theta,\phi) \tag{1}$$

从这个表达式还看不出球面波的痕迹，为此我们考查在无穷远即 $r \to \infty$ 附近处，球贝塞尔函数的渐近行为。这一点可以从球贝塞尔函数的高阶导数形式看出：

$$
\begin{aligned}
j_l(\rho) &= (-1)^l \rho^l \left(\frac{\mathrm{d}}{\rho \mathrm{d}\rho} \right)^l \frac{\sin\rho}{\rho} \\
&\approx (-1)^l \frac{1}{\rho} \frac{\mathrm{d}^l}{\mathrm{d}\rho^l} \sin\rho \\
&= \frac{1}{\rho} \sin\left(\rho - \frac{l\pi}{2} \right)
\end{aligned}
$$

其中，我们忽略了求导操作作用在 $1/\rho$ 上的所有项，因为它们总是会带来次数比 $1/\rho$ 更高的项，而这些项都只能贡献出在无穷远处平庸的概率流（拥有 $1/\rho^2$ 平方的等级，但来自于 j_l 的二次项）。最终，唯一能产生非平庸贡献的只有将所有求导操作作用给三角函数的那些项，而这个渐近行为对应于球面波，有

$$
j_l(kr) \approx \frac{1}{2ikr} \left(e^{ikr - i\pi l/2} - e^{-ikr + i\pi l/2} \right)
$$

换言之，在无穷远处，平面波渐近地呈现出如下形式：

$$
e^{ikr\cos\theta} \approx \sum_{l=0}^{\infty} \frac{i^{l-1}}{2k} \sqrt{4\pi(2l+1)} Y_l^0(\theta, \phi) \left(\frac{e^{ikr - i\pi l/2}}{r} - \frac{e^{-ikr + i\pi l/2}}{r} \right) \qquad (2)
$$

其中，求和部分右边括号中的第一项对应着发散到无穷远去的球面波，第二项则对应着汇聚到原点的球面波。渐近的平面波有着这样的图像：通过适当的相位偏移（这里是 πl），汇聚到原点和发散往无穷远的球面波能够组成平面波的形式，当然也带有球谐函数形式的角分布。

二、一般势场的讨论

当中心势场消失时，我们关心的散射定态（事实上这时根本没有发生散射）正是平面波的样子。渐近地，离开原点和指向原点的球面波成分之间总相差相位 πl。设想现在引入中心势场，散射定态满足的方程成为

$$
\left[\nabla^2 + k^2 - U(r) \right] \psi = 0
$$

类似地，在无穷远处，我们关心的散射定态也应当能够成为汇聚球面波和发散球面波的线性组合，即

$$\psi(r,\theta,\phi) \approx \sum_{l=0}^{\infty} \left(\frac{A_l}{r} \mathrm{e}^{-\mathrm{i}kr} - \frac{B_l}{r} \mathrm{e}^{\mathrm{i}kr} \right) \mathrm{Y}_l^0(\theta,\phi)$$

其中，求和部分括号里的项对应于向原点和向无穷远的球面波，不存在 m 的项来自系统关于角度 ϕ 的旋转对称性。当 A_l / B_l 的幅角为 πl 时，这个渐近形式对应于 $U=0$ 即全空间平面波的情况。而 A_l / B_l 的模长对应于角量子数为 l 的分量去往原点的概率流密度和去往无穷远的概率流密度之比。对于角动量守恒的中心力场，我们自然要求这一比值应当为 1，这在 $U=0$ 的情形中也是成立的。因此我们可以将系数参数化为

$$B_l = A_l \mathrm{e}^{-\mathrm{i}l\pi} \mathrm{e}^{2\mathrm{i}\delta_l} \equiv C_l \mathrm{e}^{-\mathrm{i}l\pi/2} \mathrm{e}^{2\mathrm{i}\delta_l}$$

而渐近的波函数行为就成为

$$\psi(r,\theta,\phi) \approx \sum_{l=0}^{\infty} \frac{C_l}{r} \left(\mathrm{e}^{-\mathrm{i}kr+\mathrm{i}\pi l/2} - \mathrm{e}^{\mathrm{i}kr-\mathrm{i}\pi l/2+2\mathrm{i}\delta_l} \right) \mathrm{Y}_l^0(\theta,\phi)$$

对比前面平面波的展开形式，上式最主要的区别就在于相移 δ_l。如果 $\delta_l = 0, C_l = \mathrm{Const.}$，我们立即发现这个表达式不过就是平面波的展开，联系到过去对于散射定态的一般性讨论，我们预期 $g(\theta,\phi) = 0$，即根本不存在散射。此时也就对应着 $U(r) = 0$ 的情形，粒子以平面波入射，以平面波出射。因此，这样的相移 δ_l 取决于中心势场的具体形式。对不同势的散射细节，相移一般来说是不同的。

但这样写出的渐近定态波函数的形式仍然没有满足我们的要求，即具有如下形式

$$\psi = \mathrm{e}^{\mathrm{i}kz} + g(\theta,\phi) \frac{\mathrm{e}^{\mathrm{i}kr}}{r}$$

为了实现这一点，我们需要使用到上面将平面波展开成球面波的结果，即式（1），然后和式（2）相比较，来取得 C_l 的取法。这一点可以从下面的计算看出：

$$g(\theta,\phi)\frac{e^{ikr}}{r}$$

$$= \psi(r,\theta,\phi) - e^{ikz}$$

$$\approx \sum_{l=0}^{\infty}\left\{\left[\frac{C_l}{r}\left(e^{-ikr+i\pi l/2} - e^{ikr-i\pi l/2+2i\delta_l}\right)\right] - i^l\sqrt{4\pi(2l+1)}j_l(kr)\right\}Y_l^0(\theta,\phi)$$

$$\approx \sum_{l=0}^{\infty}\left\{\frac{C_l}{r}\left(e^{-ikr+i\pi l/2} - e^{ikr-i\pi l/2+2i\delta_l}\right) - \frac{i^{l-1}\sqrt{4\pi(2l+1)}}{2kr}\left(e^{ikr-i\pi l/2} - e^{-ikr+i\pi l/2}\right)\right\}Y_l^0(\theta,\phi)$$

对于最后一个约等号，我们选择了 $r \to \infty$ 处球贝塞尔函数的展开。为了让等号两边成立，只能要求等号右边所有关于 e^{-ikr} 的项都为 0，这导致

$$C_l + \frac{i^{l-1}\sqrt{4\pi(2l+1)}}{2k} = 0 \Rightarrow C_l = -\frac{i^{l-1}\sqrt{4\pi(2l+1)}}{2k}$$

从而有

$$
\begin{aligned}
g(\theta,\phi) &= \sum_{l=0}^{\infty}\frac{i^{l-1}\sqrt{4\pi(2l+1)}}{2k}\left(e^{2i\delta_l - i\pi l/2} - e^{-i\pi l/2}\right)Y_l^0(\theta,\phi)\\
&= \sum_{l=0}^{\infty}\frac{\sqrt{4\pi(2l+1)}}{2ik}\left(e^{2i\delta_l} - 1\right)Y_l^0(\theta,\phi)\\
&= \frac{1}{k}\sum_{l=0}^{\infty}\sqrt{4\pi(2l+1)}\sin\delta_l e^{i\delta_l}Y_l^0(\theta,\phi)
\end{aligned}
$$

这个表达式就将散射截面同势的作用（ δ_l ）联系了起来。我们甚至可以计算总散射截面，只需要对其遍历全立体角积分即可，利用球谐函数的正交性，立即可以证明

$$\sigma = \int \sigma(\theta,\phi)\,d\Omega = \frac{4\pi}{k^2}\sum_{l=0}^{\infty}(2l+1)\sin^2\delta_l$$

按照前面建立起来的散射截面的描述，这里的总散射截面满足

$$\sigma|J_{in}| = \int J_{out}\cdot dS$$

散射截面的含义更加清晰： σ 描述了势的某种"有效面积"。入射粒子垂直于其入射方向上只有在这个面积内才会发生对应的散射。 σ 越大，意味着散射势起作用的面积越大，也就是说对越多入射粒子产生了散射效果。而

在这个面积之外，就像是入射粒子同势场中心的偏离过大，因此几乎"感受不到"势的存在，也并不发生散射过程。

现在，通过分波法来求解散射问题的流程就变得十分清晰了。首先，我们需要根据具体的势场形式，采取角动量大小作为好量子数（即球坐标中的分离变量）来求解定态问题，然后将解得的有着确定角量子数 l 的定态波函数在无穷远处进行渐近展开，找到如式（2）形式的相移 δ_l，最后根据上面散射截面的表达式来计算散射截面。

小结
Summary

在本节中，我们深入分析了量子力学中散射截面的计算方法，特别是分波法在中心力场下的应用。本节首先指出，为了获得散射截面的详细信息，必须超越仅在无穷远处的讨论，转而深入探讨散射定态的结构。我们讨论了如何将入射平面波展开为球面波的线性组合，并且发现了在无穷远处，平面波的渐近形式揭示了其作为汇聚和发散球面波的叠加。而这项技术支持我们对一般势场展开讨论，通过对其定态波函数的渐近行为展开分析，最终将影响散射截面的核心因素锁定到了相移 δ_l 上，而这个相移深刻依赖于具体的中心势场。最后，我们总结了如何采用分波法来求解散射问题，给出了一般性的求解流程。

附 录

我们将会在这里对前面使用过的积分结果

$$\frac{1}{j_l(kr)} \int e^{ikr\cos\theta} Y_l^{0*}(\theta,\phi) \, d\Omega = i^l \sqrt{4\pi(2l+1)}$$

进行证明。利用球谐函数的定义，并通过适当的坐标替换，这事实上等价于证明

$$\int_{-1}^{1} e^{i\rho x} P_l(x) dx = 2i^l j_l(\rho)$$

其中，P_l 是勒让德多项式，最方便的定义是作为高阶导数出现的：

$$P_l(x) = \frac{1}{2^l l!} \frac{d^l}{dx^l} (x^2 - 1)^l$$

将这个高阶导数代入上面的积分中，并进行分部积分，我们会得到

$$\int_{-1}^{1} e^{i\rho x} \frac{d^l}{dx^l} (x^2-1)^l dx = e^{i\rho x} \frac{d^{l-1}}{dx^{l-1}} (x^2-1)^l \bigg|_{-1}^{1} - \int_{-1}^{1} \frac{de^{i\rho x}}{dx} \frac{d^{l-1}}{dx^{l-1}} (x^2-1)^l dx$$

注意到 $(x^2 - 1)^l$ 的任何小于 l 阶的导数都会在 -1 和 1 处消失，因此我们可以重复这个过程，直到将所有的求导操作"转移"到指数函数上。最终可以得到（注意我们补回了前面的系数）

$$\int_{-1}^{1} e^{i\rho x} P_l(x) dx = \frac{(-i\rho)^l}{2^l l!} \int_{-1}^{1} (x^2-1)^l e^{i\rho x} dx$$

联想到球贝塞尔函数的形式，我们尝试将积分号里的部分对 ρ 进行求导，可以得到

$$\frac{d}{d\rho} \int_{-1}^{1} (x^2-1)^l e^{i\rho x} dx = i\int_{-1}^{1} (x^2-1)^l e^{i\rho x} x dx = \frac{i}{2(l+1)} \int_{-1}^{1} e^{i\rho x} d(x^2-1)^{l+1}$$

再次使用分部积分，这一次我们得到

$$\frac{d}{d\rho} \int_{-1}^{1} (x^2-1)^l e^{i\rho x} dx = \frac{\rho}{2(l+1)} \int_{-1}^{1} (x^2-1)^{l+1} e^{i\rho x} dx$$

稍作整理，我们就得到了一个递推公式

$$\int_{-1}^{1} (x^2-1)^l e^{i\rho x} dx = 2l \frac{1}{\rho} \frac{d}{d\rho} \int_{-1}^{1} (x^2-1)^{l-1} e^{i\rho x} dx$$

反复使用，我们可以将被积函数中的 l 降为 0，这就带来

$$\int_{-1}^{1} e^{i\rho x} P_l(x) dx = \frac{2l \cdot 2(l-1) \cdots (2)}{2^l l!} (-i\rho)^l \left(\frac{1}{\rho} \frac{d}{d\rho} \right)^l \int_{-1}^{1} e^{i\rho x} dx$$

直接积分就可以得到球贝塞尔函数的形式，即

$$\int_{-1}^{1} e^{i\rho x} P_l(x) dx = i^l (-\rho)^l \left(\frac{1}{\rho} \frac{d}{d\rho} \right)^l \frac{2\sin\rho}{\rho} = 2i^l j_l(\rho)$$

此即所证。

中心力场下粒子的散射（下）
——刚球势的散射截面[1]

摘要：在本节中，我们将深入探讨量子力学中的散射问题，特别是针对刚球势模型的散射截面进行了详尽的分析和计算。通过应用前文中提出的分波法的算法流程，我们针对刚球势这一特定情形进行具体化的处理。刚球势作为一种理想化的物理模型，提供了一个清晰的框架来研究粒子与势垒之间的相互作用。具体地，我们将在低速极限或势场范围无穷小的极限条件下，推导出散射截面的渐近表达式。这一渐近表达式不仅体现了量子力学中散射截面与经典物理预测的显著不同，也揭示了量子效应在微观尺度上的重要作用。在经典物理中，散射截面通常与物体的几何面积有关，而在量子力学中，散射截面受到波动性质和量子相干性的影响，表现出更为复杂的特性。

让我们回顾上一节中指出的利用分波法来求解散射问题的基本流程：首先，我们需要针对具体的势能函数 V 来计算其定态波函数，这个计算应当选择角动量的大小作为好量子数，找到对应角量子数为 l 的各级解；然后，我们将定态波函数在无穷远处，即 $r \to \infty$，进行展开，保留到关于 $1/r$ 的一阶项，找到一阶项系数所携带的相位移动 δ_l；最后，利用式

---

1 整理自搜狐视频 App"张朝阳"账号/作品/物理课栏目中的第 142 期视频，由李松、王朕铎执笔。

$$\sigma\left(\theta,\phi\right)=\frac{1}{k^2}\left|\sum_{l=0}^{\infty}\sqrt{4\pi\left(2l+1\right)}\sin\delta_l\mathrm{e}^{\mathrm{i}\delta_l}\mathrm{Y}_l^0\left(\theta,\phi\right)\right|^2$$

来计算微分散射截面，或者计算其总散射截面为

$$\sigma=\int\sigma\left(\theta,\phi\right)\mathrm{d}\Omega=\frac{4\pi}{k^2}\sum_{l=0}^{\infty}(2l+1)\sin^2\delta_l$$

接下来，我们将针对刚球势的具体情形进行计算。

刚球势的散射

刚球势，即无穷高球势垒，其势场满足

$$V\left(r\right)=\begin{cases}0 & r>r_0\\ \infty & r\leqslant r_0\end{cases}$$

我们先来求解这个势场下的定态方程

$$\left[\nabla^2+k^2-U\left(r\right)\right]\psi=0$$

其中，$U\left(r\right)=2mV\left(r\right)/\hbar^2$。考虑 $l=0$ 的贡献，此时角向波函数为 s-波，是各向同性的。而径向方程满足

$$\frac{1}{r^2}\frac{\mathrm{d}}{\mathrm{d}r}\left(r^2\frac{\mathrm{d}f_0}{\mathrm{d}r}\right)+k^2f_0\left(r\right)=0$$

这个方程的解自然是

$$f_0\left(r\right)=\frac{C_0}{r}\left(\mathrm{e}^{-\mathrm{i}kr}-\alpha\mathrm{e}^{\mathrm{i}kr}\right)$$

其中，C_0,α 表示待定系数。对于刚球势，边界条件要求 $f_0\left(r\leqslant r_0\right)=0$（事实上对任意阶的 l 都存在这个条件）。将边界条件代入方程，我们会得到待定系数所满足的方程为

$$\mathrm{e}^{-\mathrm{i}kr_0}-\alpha\mathrm{e}^{\mathrm{i}kr_0}=0$$

从中可以解出参数 α 的值为

$$\alpha=\mathrm{e}^{-2\mathrm{i}kr_0}$$

因此方程的解具有形式

$$f_0(r) = \frac{C_0}{r}\left(e^{-ikr} - e^{ikr-2ikr_0}\right)$$

对照渐近展开所要求的相移表达式

$$\psi(r,\theta,\phi) \approx \sum_{l=0}^{\infty} \frac{C_l}{r}\left(e^{-ikr+i\pi l/2} - e^{ikr-i\pi l/2+2i\delta_l}\right)Y_l^0(\theta,\phi)$$

可以断定 $\delta_0 = kr_0 + n\pi$，其中 n 为自然数。从而可以计算零级的总散射截面贡献。如果我们考查 $kr_0 \ll 1$ 的情形，即甚低速入射的粒子，由 $\sin kr_0 \approx kr_0$，可以得到

$$\sigma_0 = \frac{4\pi}{k^2}\sin^2(kr_0) \approx 4\pi r_0^2$$

根据之前对总散射截面的物理意义的讨论，在经典情形中，半径为 r_0 的刚球势只对面积为 πr_0^2 范围内的粒子产生散射；而在量子情形中，因为入射波的波长远大于球的半径，所以入射波在刚性球附近会发生显著的衍射，从而让散射截面变得更大。

当讨论一般的 l 级径向方程时，方程回到我们在上一节中讨论过的形式。我们已经知道，这种方程拥有球贝塞尔函数形式的解。然而，对于刚球势的情况，我们不再能够使用球贝塞尔函数来表达解的形式。究其原因，是因为球贝塞尔函数无法满足现在要求的边界条件。如图 1 所示的实线，在有限大的 kr_0 处，球贝塞尔函数的值 $j_l(kr_0)$ 一般来说不为零。尽管在几个零点附近才可以，但参数 kr_0 是能够任意选取的，我们不应该期待它们恰好是函数的零点。这时需要引入方程的另一组同球贝塞尔函数线性无关的解——球诺伊曼函数 y_l。它和球贝塞尔函数的关系类似于过去我们讨论过的贝塞尔函数和诺伊曼函数的关系。在图 1 中，我们绘制了前几级的球诺伊曼函数的图像，可以看到，球贝塞尔函数在原点处是良定义的，而球诺伊曼函数在原点处发散。这是为什么过去在讨论分波法展开平面波时不涉及这个特解的原因。

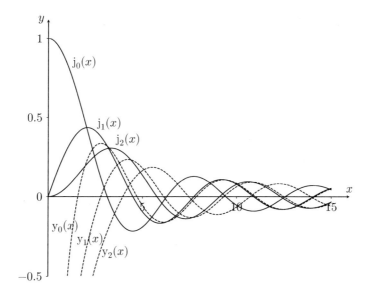

图 1 前三阶的球贝塞尔函数（实线）和球诺伊曼函数（虚线）的图像

而现在，由于刚球势的存在，波函数的定义域并不包含原点附近，因此为了实现刚球势边界条件的要求，我们必须将这个特解纳入考虑。此时应当有

$$f_l(r) = C_l \left(\mathrm{j}_l(kr) + \alpha \mathrm{y}_l(kr) \right)$$

边界条件要求满足

$$\alpha_l = -\frac{\mathrm{j}_l(kr_0)}{\mathrm{y}_l(kr_0)}$$

然后，进行无穷远的渐近展开将继续给出高阶项的相移贡献。对于 $l=1$ 的情况，有

$$f_1(r) = C_1 \left(\frac{\sin kr}{k^2 r^2} - \frac{\cos kr}{kr} + \alpha_1 \left(-\frac{\cos kr}{k^2 r^2} - \frac{\sin kr}{kr} \right) \right)$$

在渐近情况下可以发现

$$f_1(r) \approx C_1 \left(-\frac{\mathrm{e}^{\mathrm{i}kr} + \mathrm{e}^{-\mathrm{i}kr}}{2kr} - \alpha_1 \cdot \frac{\mathrm{e}^{\mathrm{i}kr} - \mathrm{e}^{-\mathrm{i}kr}}{2\mathrm{i}kr} \right) \approx \frac{C_1'}{r} \left(\mathrm{e}^{-\mathrm{i}kr} - \frac{1 - \mathrm{i}\alpha_1}{-1 - \mathrm{i}\alpha_1} \mathrm{e}^{\mathrm{i}kr} \right) \quad （1）$$

在甚低速的情况，我们将其按照 kr_0 的幂次进行展开，利用正弦函数和

余弦函数在原点附近进行泰勒展开的形式，我们可以得到（令 $z = kr_0$ ）

$$\alpha_1 = \frac{\dfrac{\sin z}{z^2} - \dfrac{\cos z}{z}}{\dfrac{\cos z}{z^2} + \dfrac{\sin z}{z}} \approx \frac{\dfrac{1}{z} - \dfrac{z}{6} - \left(\dfrac{1}{z} - \dfrac{z}{2}\right) + o\left(z^2\right)}{\dfrac{1}{z^2} - \dfrac{1}{2} + \left(1 - \dfrac{z^2}{6}\right) + o\left(z^2\right)} = \frac{z^3}{3} + o\left(z^3\right)$$

从而可以得知 $\alpha_1 \ll 1$ ，回到渐近形式的式（1）来计算相位移动，可以进行如下的近似：

$$\frac{1 - i\alpha_1}{-1 - i\alpha_1} \approx -1 + 2i\alpha_1 \approx e^{i\pi - 2i\alpha_1} = e^{-i\pi + 2i\delta_1} \Rightarrow \delta_1 = -\alpha_1 + n\pi$$

从而得到第一阶的总散射截面贡献为（将上面的 z 再次替换回 kr_0 ）

$$\sigma_1 \approx \frac{12\pi}{k^2}\alpha_1^2 = \frac{4\pi}{3k^2}(kr_0)^6 \ll \sigma_0$$

更高阶的总贡献将会按照 (kr_0) 的幂次迅速减小。这种减小也可以从第二类球贝塞尔函数 y_l 在原点附近发散来理解：随着阶数 l 的增加，y_l 在原点附近发散的越来越厉害。这导致关系到相位的 α_l 受分母上的 y_l 压制迅速减小，而分子的 j_l 总是有界的，从而刚球势的高阶修正会随着 (kr_0) 的减小而减小。

小结
Summary

　　在本节中，我们形式化地对球对称势场的散射问题展开了讨论，建立起了微分散射截面和总散射截面的概念并分析了它们的物理意义。利用分波法，我们能够将散射截面同势的作用效果联系起来，这是根据第一性原理计算散射截面的基础途径。我们用刚球势展示了这种方法是如何工作的，并且展示了量子力学中总散射截面同经典力学的不一致性，展示了量子力学的独特一面。

04

自旋及二能级系统

5.28 2023 周日 物理课 ①

What we learned for spin system

有关 $|+\rangle, |-\rangle$ State Vector

Operator: $\hat{S}_z, \hat{S}_x, \hat{S}_y$ $\pm$

$\pm\frac{\hbar}{2}$ $\pm\frac{\hbar}{2}$ $\pm\frac{\hbar}{2}$

$\hat{\sigma}_z$ $\hat{\sigma}_x$ $\hat{\sigma}_y$

在 $|\pm\rangle$ 表象下 $\rightarrow$ 2×2 Matrix

$$\sigma_x = \begin{pmatrix} 0 & 1 \\ 1 & 0 \end{pmatrix} \quad \sigma_y = \begin{pmatrix} 0 & -i \\ i & 0 \end{pmatrix} \quad \sigma_z = \begin{pmatrix} 1 & 0 \\ 0 & -1 \end{pmatrix}$$

对应本征值 ± 1 ± 1 ± 1

σ_x 与 σ_z 不对易, $|+\rangle, |-\rangle$ 不是 σ_x 的本征态.

$$|\sigma_x\rangle = \frac{1}{\sqrt{2}}\left(|+\rangle \pm |-\rangle\right)$$

$$\Rightarrow \begin{pmatrix} 1 \\ \pm 1 \end{pmatrix}$$

任意方向 $\vec{n}$

Operator: $\hat{\sigma}_n$ 可以展开成 $\sigma_x \sigma_y \sigma_z$

$$\Rightarrow \sigma_n = \begin{pmatrix} \cos\theta & \sin\theta\, e^{-i\phi} \\ \sin\theta\, e^{+i\phi} & -\cos\theta \end{pmatrix}$$

其对应的本征态 ②

$$\hat{\sigma} : |\psi_+\rangle = \cos\frac{\theta}{2} e^{-i\phi/2}|+\rangle + \sin\frac{\theta}{2} e^{+i\phi/2}|-\rangle$$

$$= \begin{pmatrix} \cos\frac{\theta}{2} e^{-i\phi/2} \\ \sin\frac{\theta}{2} e^{+i\phi/2} \end{pmatrix}$$

所以 任何 (归一的) 2×2 矩阵都可以看成由 $\sigma_z \Rightarrow (\theta, \phi)$ 转动而来 (待证明), 对应 (θ, ϕ) 因而可以看成是 在元方向有个磁场 引起的 自的附加值, 即 可以看成 $\vec{n}$ 方向的磁场引起了 能级 本征态. (定义了 $\vec{n}$)

Now: 一般假设经一般情况

E₁ 可以看成一个
与 spin对应的 H_0

E_2

中线 $\frac{1}{2}(E_1+E_2)$ 差 $\Delta = \frac{1}{2}(E_1 - E_2)$

$$H_0 |\psi_1\rangle = E_1 \quad H_0 |\psi_2\rangle = E_2$$

在 $(|\psi_1\rangle, |\psi_2\rangle)$ 表象下

$$H_0 = \begin{pmatrix} E_1 & 0 \\ 0 & E_2 \end{pmatrix}$$

W 是� $W^{*T} = W$ ⑤

$(W_{12} = W_{21}, \quad W_{11} \; W_{22}$ 是实数)

$$\hat{H} = \begin{pmatrix} E_1 & 0 \\ 0 & E_2 \end{pmatrix} + \begin{pmatrix} W_{11} & W_{12} \\ W_{21} & W_{22} \end{pmatrix}$$

$$= \begin{pmatrix} E_1 + W_{11} & W_{12} \\ W_{12}^* & E_2 + W_{22} \end{pmatrix}$$

令 $E_m' = \frac{1}{2}\left[(E_1 + W_{11}) + (E_2 + W_{22}) \right]$

$$\Delta' = \frac{1}{2}(E_1 + W_{11} - E_2 - W_{22})$$

$$\hat{H} = \hat{I} E_m' + \begin{pmatrix} \Delta & W_{12} \\ W_{12}^* & -\Delta \end{pmatrix} \neq \sigma_z$$

可看作由 $\vec{\sigma}_z$ 转动 θ, ϕ 所得结果,

$$\begin{pmatrix} \Delta' & W_{12} \\ W_{12}^* & -\Delta' \end{pmatrix} = \begin{pmatrix} \alpha\cos\theta & \alpha\sin\theta\, e^{-i\phi} \\ \alpha\sin\theta\, e^{+i\phi} & -\alpha\cos\theta \end{pmatrix}$$

$$\Delta' = \alpha\cos\theta$$

$$W_{12} = \alpha\sin\theta\, e^{-i\phi}$$

$(\Delta')^2 + |W_{12} e^{+i\phi}|^2 = \alpha^2$ ⑥

$$\alpha = \sqrt{\Delta'^2 + |W_{12}|^2}$$

$$\hat{H} = E_m' I + \alpha \begin{pmatrix} \cos\theta & \sin\theta\, e^{-i\phi} \\ \sin\theta\, e^{+i\phi} & -\cos\theta \end{pmatrix}$$

$\hat{\sigma}_n$ 的本征态

$$|\sigma_{n\uparrow}\rangle = \cos\frac{\theta}{2} e^{-i\phi/2} |\psi_1\rangle + \sin\frac{\theta}{2} e^{i\phi/2} |\psi_2\rangle$$

所以 $|\sigma_{n+}\rangle$ 对应 $|\psi\rangle$

$$\hat{H} |\sigma_{n+}\rangle = E_m' I |\sigma_{n+}\rangle + \alpha \hat{\sigma}_n |\sigma_{n+}\rangle$$

$$= (E_m' \pm \alpha) |\sigma_{n+}\rangle$$

$$E_+ = E_m' + \alpha \quad \rightsquigarrow |\psi_{\text{I}}\rangle$$

$$= \frac{1}{2}(E_1 + E_2 + W_{11} + W_{22})$$

$$+ \frac{1}{2}\sqrt{(E_1 + W_{11} - E_2 - W_{22})^2 + 4|W_{12}|^2}$$

$$E_- = E_m' - \alpha$$

线性代数如何帮助我们理解量子力学
——态矢、算符与矩阵力学[1]

摘要：在本节中，我们将介绍如何用线性代数表述量子力学。在量子力学中，系统的状态构成一个线性空间，而力学量被定义为该空间上的线性算符。选择可数个态为空间的基，任意态矢及算符可以用矩阵来表达，于是量子力学中的计算即矩阵运算。这是力学量只允许分立取值的直接结果。

　　自 1926 年发表后，薛定谔方程以及由波函数构成的"波动力学"便成为非相对论量子力学的公理和范式。然而值得提及的是，除薛定谔外，海森堡几乎同时提出了另一套处理量子体系的方法，并成功地从理论上解释了原子光谱。用现代语言表述，海森堡的方法依赖于被称为"矩阵"的数学工具，或者更一般地说，是基于线性代数理论的方法。经过多年的发展，现在我们知道，以微分方程为基础的"波动力学"，和以代数运算为基础的"矩阵力学"是等价的。在本章中，让我们把目光转向后者，尝试讨论量子力学中的代数运算。

一、波函数与态矢

　　在第 1 章中，我们知道，一个量子系统的物理状态是由波函数 $\psi(x)$ 来描述的。简单起见，这里我们将讨论局限到一维上，而三维的情况是类似的。

---

1 整理自搜狐视频 App"张朝阳"账号/作品/物理课栏目中的第 144、147 期视频，由李松、陈广尚执笔。

借助傅里叶变换，坐标空间上的波函数可以与动量空间中的一个波函数 $\phi(k)$ 相对应

$$\psi(x) = \frac{1}{\sqrt{2\pi}} \int \mathrm{d}k \mathrm{e}^{ikx} \phi(k) \qquad (1)$$

其中，e^{ikx} 是动量算符 $\hat{p}$ 或者波矢量算符 $\hat{k}$ 的本征态。波矢量算符是一个微分算符

$$\hat{k} = \frac{1}{\mathrm{i}} \frac{\partial}{\partial x}$$

而动量算符 $\hat{p} = \hbar\hat{k}$。将波矢量算符作用到 e^{ikx} 上可以验证该平面波函数确实是一个本征态，并求出对应的本征值

$$\hat{k}\mathrm{e}^{ikx} = \frac{1}{\mathrm{i}} \frac{\partial}{\partial x} \mathrm{e}^{ikx} = k\mathrm{e}^{ikx}$$

不同的本征值对应不同的本征态，由于动量可以取实数轴上的任意值，因此动量算符也相应有无穷多个可能的本征态。为了更清晰地标记它们，狄拉克引入了现在称为"狄拉克括号"（bra-ket）的记法，即利用对应的本征值将其记为

$$|k\rangle = \mathrm{e}^{ikx}$$

等式左边的记号称为右矢（ket），它的复共轭记为左矢（bra），符号是 $\langle k|$。量子力学的物理态满足叠加原理，即任意态函数可以写为一系列本征函数的线性展开。出于这一性质，可以认为所有（未归一的）本征波函数 $|k\rangle$ 都是一个矢量空间的基矢。这样的空间称为态空间，或者在数学上称为"希尔伯特空间"（Hilbert space）。它可以看成三维坐标空间的一种推广。在三维坐标空间中，我们可以选择三个方向的基矢 $\boldsymbol{i}$、$\boldsymbol{j}$、$\boldsymbol{k}$，其后任意矢量都可以表示为这三个基矢的线性和

$$\boldsymbol{v} = v_1\boldsymbol{i} + v_2\boldsymbol{j} + v_3\boldsymbol{k}$$

其中三个展开系数 v_1、v_2、v_3 称为矢量对应的坐标。态空间也有类似的性质，仍沿用上面的例子，如果所有的动量本征态 $|k\rangle$ 构成系统的态空间，则任意波函数 $\psi(x)$ 可以表述为它们的线性叠加，用狄拉克括号

$$|\psi\rangle = \sum_k \phi(k)|k\rangle = \int dk\, \phi(k)|k\rangle$$

注意，由于 k 可以连续取任意实数，所以求和要改写为积分形式。该式即傅里叶变换（1）的另一种写法，动量空间上的波函数 $\phi(k)$ 即相应的展开系数。用概率诠释，态空间上的"坐标"有具体的物理意义，它对应粒子按特点波数 k 运动的概率分布 $|\phi(k)|^2$。

在坐标空间中能定义两个矢量的内积，类似地，在态空间中也可以定义内积。在第 1 章中，我们回顾了波动力学形式的基本原理，在讨论中我们多次涉及了计算积分

$$\int_V \psi_1^*(\boldsymbol{r})\psi_2(\boldsymbol{r}) d^3\boldsymbol{r}$$

它事实上是态空间中的"内积"的表达。同理，利用波数作为变量，可以通过傅里叶变换将内积的定义改写为

$$\int_{V_k} \phi_1^*(\boldsymbol{k})\phi_2(\boldsymbol{k}) d^3\boldsymbol{k}$$

如果将 $\phi(\boldsymbol{k})$ 理解为态空间中的"坐标"，不难看出内积的定义与一般三维坐标空间中的定义保持一致：它们都是对坐标模方的求和。更一般地，我们可以不具体指定波函数变量（即不指定特定的一组基矢），利用狄拉克括号将内积记为一个左矢和一个右矢的乘积

$$\langle \psi_1 | \psi_2 \rangle$$

利用内积，可以讨论矢量的正交归一性。正交归一性可以帮助我们重新表达量子力学的概率诠释，这一点在第 1 章中已经讨论过，这里不再赘述。

除了按动量本征态进行展开，态空间中的某一个矢量还可以按能量本征态展开。能量本征态，顾名思义一般以能量本征值标记，写为 $|\psi_E\rangle$，满足本征方程

$$\hat{H}|\psi_E\rangle = E|\psi_E\rangle$$

如果系统处于束缚态，它的能量一般只能取到可数个分立的值。此时，可以用自然数作为下标来标记不同的能量，于是上式又可以改写为

$$\hat{H}|\psi_{E_i}\rangle = E_i|\psi_{E_i}\rangle$$

而正交归一化条件为

$$\langle \psi_{E_i} \mid \psi_{E_j} \rangle = \delta_{ij}$$

在第 1 章中，我们讨论过这个系统随时间演化的波函数有最一般的形式

$$|\psi(t)\rangle = \sum_i \mathrm{e}^{-iE_i t/\hbar} c_i \mid \psi_{E_i} \rangle$$

其中系数 c_i 由初始条件决定。由于 c_i 是可数多个数，因此我们可以将它们记录在一个列矢量中，比如，称

$$|\psi(0)\rangle \leftrightarrow \begin{pmatrix} c_1 \\ c_2 \\ c_3 \\ \vdots \end{pmatrix}$$

即一个态矢可以用一个列矢量对应表示[1]。

基矢无非是一组特别的态矢，由于

$$\mid \psi_{E_1} \rangle = 1 \mid \psi_{E_1} \rangle + 0 \mid \psi_{E_2} \rangle + 0 \mid \psi_{E_3} \rangle + \cdots$$

可以得到

$$\mid \psi_{E_1} \rangle \leftrightarrow \begin{pmatrix} 1 \\ 0 \\ 0 \\ \vdots \end{pmatrix}$$

基于同样的理由，每个基矢都可以写为只在对应行上取 1 的列矢量

$$\mid \psi_{E_2} \rangle \leftrightarrow \begin{pmatrix} 0 \\ 1 \\ 0 \\ \vdots \end{pmatrix}, \qquad \mid \psi_{E_3} \rangle \leftrightarrow \begin{pmatrix} 0 \\ 0 \\ 1 \\ \vdots \end{pmatrix}, \qquad \cdots$$

不难验证，矩阵的记法和线性展开式

---

[1] 需要注意的是，$|\psi(0)\rangle$ 的具体含义是希尔伯特空间中的某个矢量，直接将它与列向量划等号是不太严格的，不过简单起见，我们将忽略态矢与列矢量在概念上的差异。

$$|\psi(0)\rangle = \sum_i c_i |\psi_{E_i}\rangle$$

是自洽的。在这一记法下，与三维坐标空间的矢量记法相比较，展开系数的"坐标"意义更为清晰。

二、算符与矩阵

在量子力学的框架下，物理观测量对应一个厄米的线性算符，比如能量对应哈密顿算符 $\hat{H}$。在数学上，线性算符是从态空间到自身的一个映射。按照这一定义，算符作用到某个态矢上，所得的结果也是态空间中的一个态矢。所谓"线性"，则保证了当态矢可以写为多个矢量的线性叠加时，算子可以平等地作用在每一个组分上，比如

$$\hat{H}|\psi\rangle = \hat{H}\left(\sum_j c_j |\psi_{E_j}\rangle\right) = \sum_j c_j \left(\hat{H}|\psi_{E_j}\rangle\right)$$

基矢是态空间中一组特殊的、"有代表意义"的态矢。从上式中不难发现，为了研究算符对态矢的作用，可以先讨论 $\hat{H}$ 对基矢的作用。根据定义，由于算符作用所得结果也是态空间中的态矢，因此它应当也能被表示为基矢的叠加，即

$$\hat{H}|\psi_{E_j}\rangle = \sum_i h_{ij} |\psi_{E_i}\rangle$$

于是总的作用结果可以表示为

$$\hat{H}|\psi\rangle = \sum_i \left(\sum_j h_{ij} c_j\right) |\psi_{E_i}\rangle \tag{2}$$

从式（2）中不难看出，算符 $\hat{H}$ 的作用结果完全由展开系数 h_{ij} 决定，知道后者也就完全确定了前者。而展开系数不仅依赖于展开的基矢，还依赖于作用的对象，由两个下标共同标记。如果我们所选取的基矢是正交归一的，则利用内积，可以将系数表示为

$$h_{ij} = \langle \psi_{E_i} | \hat{H} | \psi_{E_j}\rangle$$

或者将它以特定的行列顺序，排列成矩阵的形式

$$\hat{H} \leftrightarrow \begin{pmatrix} h_{11} & h_{12} & h_{13} & \cdots \\ h_{21} & h_{22} & h_{23} & \cdots \\ h_{31} & h_{32} & h_{33} & \cdots \\ \vdots & \vdots & \vdots & \ddots \end{pmatrix}$$

于是我们说，确定一组基矢后，算符有对应的矩阵表示。特别地，当基矢选取为算符的本征态时，算符对应一个对角矩阵。比如在上面的例子中，事实上

$$\hat{H} = \begin{pmatrix} E_1 & 0 & 0 & \cdots \\ 0 & E_2 & 0 & \cdots \\ 0 & 0 & E_3 & \cdots \\ \vdots & \vdots & \vdots & \ddots \end{pmatrix}$$

这一点可以通过将它作用到各个 $|\psi_{E_i}\rangle$ 上来验证。由式（2）不难发现，如果将作用结果表示为列矢量，则作用的过程恰好满足矩阵相乘法则。以 $\hat{H}$ 作用于 $|\psi_{E_1}\rangle$ 为例，

$$\hat{H}|\psi_{E_1}\rangle \leftrightarrow \begin{pmatrix} E_1 & 0 & 0 & \cdots \\ 0 & E_2 & 0 & \cdots \\ 0 & 0 & E_3 & \cdots \\ \vdots & \vdots & \vdots & \ddots \end{pmatrix}\begin{pmatrix} 1 \\ 0 \\ 0 \\ \vdots \end{pmatrix} = E_1\begin{pmatrix} 1 \\ 0 \\ 0 \\ \vdots \end{pmatrix} \leftrightarrow E_1|\psi_{E_1}\rangle$$

这样，量子力学的变换、演化、观测结果，就都能通过相应的线性代数运算来求得。

这让我们发问：为何形式简洁、运算简单的线性代数如此核心？前面我们花费大力气讨论的解偏微分方程的技巧和结果还有意义吗？

在从经典世界观向量子世界观转变的历程中，有许多令人惊诧而又值得细细说道的观念革命，首屈一指的理应是"可观测量分立取值"这一认知。在经典力学中，一切可观测量都是连续取值、允许无穷小偏移的。比如月球绕地球旋转，它的轨道半径决定了它的"状态"，这个力学量无疑是可以取大于零的任意值的。但是量子力学告诉我们，比如电子绕原子核旋转则不然，描述它的"状态"的是离散取值的能量。

这种区别最直接的后果是，在谈论两个经典的行星轨道时，也许它们可以是"几乎相同"的，但是它们之间仍然可能会有差异——这种小偏移是被

允许的。但是当谈论两个氢原子时，如果我们知道它们都在能量最低的基态，那么它们的能量或者对应的玻尔半径，都只能是精确相等的——量子体系的可观测量只允许存在超过一定阈值的差异。

在研究微观系统的物理时，有时候我们确实关心粒子在坐标空间中的分布和演化，所以我们曾经花费大力气精确求解氢原子的波函数、谐振子的波函数等。但是求解过一次后，波函数具体形式的重要性就直线下降，毕竟只要我们指定它的能级，那么对应的分布必然是已知且给定的结果。甚至，在不考虑更精细的内部结构和微扰时，一个世纪前的基态氢原子和今日的基态氢原子都应该长得一模一样。

这就让我们思考，似乎描述微观系统的关键并不是坐标和波函数，而是更具体的可观测量的取值。换句话说，精确描述系统具体状态的重要性降低了，不如转而关心更确切的可观测量的计算。这便是本节介绍的矩阵力学形式的精髓之一。在矩阵力学形式中，系统的状态被高度抽象成希尔伯特空间中的态矢，而我们更关心某个力学量（被表示为算符）可能的观测取值（对应算符的本征值），以及相关的观测概率（对应系统状态在力学量本征态上的展开系数模方）。

小结
Summary

在本节中，我们首先回顾了量子力学的基本原理，然后形式化地引入态矢和算符等概念。一个微观系统可能取得的状态将构成一个线性空间。类似于常见的坐标空间，我们也能在态空间中选取一组特定的态作为基矢，使得任意态都能被表示为它们之间的线性组合。此即叠加原理的形式表达。如果利用内积的定义，我们还可以要求基矢之间是正交归一的。如果微观系统的力学量只允许分立取值，相对应的基矢也只能有可数个。此时，态矢与算符都能被表达为矩阵的形式。由于观测量分立取值，系统状态不允许任意小的偏移，态矢具体的形式不再重要，真正有物理意义的其实是力学量的可能取值及对应的概率。通过简洁的矩阵运算，我们就能了解量子系统的一切。

微观粒子的磁矩是量子化的吗（上）
——斯特恩-盖拉赫实验[1]

摘要：在本节及下一节中，我们将讨论斯特恩-盖拉赫实验。通过观察粒子束在不均匀磁场中的劈裂，该实验首次验证了角动量的量子化，同时间接证明了粒子自旋的存在。自旋角动量是粒子的一种内禀属性，只允许取到两个状态。而自旋算符可以用三个互不对易的泡利矩阵来表达。

观测量的分立取值是量子力学的一大特征，在历史上，人们首先从对原子光谱的测量中发现和认识到了这一点。在《张朝阳的物理课》第一卷第五部分中，我们知道，原子光谱谱线的分立取值源于核外电子能量的分立取值。同时，我们计算了无限深方势阱、谐振子势等相互作用下的能级。那么，除能量外，还有其他分立取值的物理量吗？为了回答这一问题，我们从斯特恩与盖拉赫在 1922 年设计的一个巧妙的实验讲起。

一、银原子在不均匀磁场中的运动

斯特恩-盖拉赫实验的思路非常简单，首先我们需要准备一个永磁铁，要求它能在一定区域内强度不均匀，但磁场仍关于 yOz 平面对称。如果磁铁足够大，让我们可以忽略边缘效应，还可以认为磁场分布是沿 y 轴平移不变的。

---

1 整理自搜狐视频 App "张朝阳" 账号/作品/物理课栏目中的第 144、145 期视频，由李松、陈广尚执笔。

接下来，将一束随机极化的银原子沿着 y 轴入射，让它经过磁场所在区域并最终落到后面的屏幕上。由于银原子存在磁矩[1]，因此当它经过磁场存在区域时，其行进方向会因洛伦兹力而偏离，最终无法落到屏幕的原点处，如图 1所示。

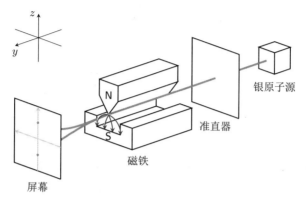

图 1　斯特恩-盖拉赫实验装置示意图

如果记银原子的磁矩为 $\boldsymbol{\mu}$，则根据电动力学相关知识，银原子在磁场 $\boldsymbol{B}$中受到的力与力矩分别为

$$\begin{aligned} \boldsymbol{F} &= -\nabla(-\boldsymbol{\mu}\cdot\boldsymbol{B}) = \nabla(\boldsymbol{\mu}\cdot\boldsymbol{B}) \\ \boldsymbol{\tau} &= \boldsymbol{\mu}\times\boldsymbol{B} \end{aligned}$$

而磁矩 $\boldsymbol{\mu}$ 是正比于角动量 $\boldsymbol{L}$ 的，如果将比例常数记为 α，那么根据角动量定理可以得到

$$\frac{\mathrm{d}\boldsymbol{L}}{\mathrm{d}t} = \boldsymbol{\tau} = \alpha\boldsymbol{L}\times\boldsymbol{B}$$

这个方程的解就是以前在电动力学相关直播课中介绍过的拉莫进动。它表明，银原子的自旋方向会绕着磁场 $\boldsymbol{B}$ 做速度很快的旋转。注意在 y 轴附近，磁场方向都可以近似取为 z 轴负方向，因此银原子在前进的过程中其磁矩会不断地绕着 z 轴负方向高速旋转。从时间平均的角度来看，银原子磁矩在 x轴方向、y 轴方向的分量都可以被看作 0。在此近似下，银原子受力

1　一般认为银原子的磁矩贡献来源于最外层的不成对电子，内层电子满壳因此总角动量为零，
而原子核自旋由于质量效应被大幅压低。值得一提的是，该实验相关论文发表时仅表述为对
"角动量"的测量，直到 1925 年粒子自旋被广泛接受后，实验的结果才被完整解读。

$$\begin{aligned} \boldsymbol{F} &= \nabla(\mu_z B_z) \\ &= \mu_z\left(\frac{\partial B_z}{\partial x}\boldsymbol{i} + \frac{\partial B_z}{\partial z}\boldsymbol{k}\right) \end{aligned}$$

在上式的推导中已经使用了 B_z 沿 y 轴平移不变这一条件。又因为磁场是关于 yOz 平面对称的，因此有 $B_z(x) = B_z(-x)$，推知在 $x = 0$ 附近

$$\frac{\partial B_z}{\partial x}\Big|_{x=0} = 0$$

于是，从 y 轴射入的银原子的受力可以简化为

$$\boldsymbol{F} = \mu_z \frac{\partial B_z}{\partial z}\boldsymbol{k}$$

可见，在磁场分布固定的情况下，银原子受到的磁场力正比于其磁矩的 z 分量，且方向平行于 z 轴。如果银原子磁矩的 z 分量不为零，那么银原子将会偏离 y 轴，偏离的方向及偏离的程度由 μ_z 决定。

假设银原子的入射速度为 v，在实验装置中所花费的时间为 t，那么银原子水平飞过的路程为

$$l = vt$$

假设力 $\boldsymbol{F}$ 导致银原子在 z 轴正方向具有大小为 a 的加速度，将其近似为常数，那么银原子在 z 轴方向的偏离为

$$h = \frac{1}{2}at^2 = \frac{1}{2}\left(\frac{\mu_z \dfrac{\partial B_z}{\partial z}}{m}\right)\left(\frac{l}{v}\right)^2 \tag{1}$$

其中 m 是银原子的质量。飞出装置后，银原子将沿直线再运动一定距离，然后停留在屏幕上 z 轴的某一点处。根据经典力学，即使银原子的磁矩大小固定，但由于出射的银原子的自旋方向是随机的，因此它的磁矩 z 分量必然也是可以连续取值的，这会导致银原子在屏幕上形成连续的分布。然而实验结果却并非如此，银原子不是连续分布的，而是分布在关于 x 轴对称的两块狭小的区域上。这说明基态银原子的磁矩 z 分量的取值并不是连续的，它只能取到离散的两个值，这两个值互为相反数。由于磁矩正比于角动量，这也说

明基态银原子的内禀角动量的 z 分量只能取互为相反数的两个值。事实上，通过反复实验测量验证，可推知这两个值是 $\pm\hbar/2$。这样一种内禀角动量一般被称为自旋。

从式（1）中可以看到，如果磁场区域足够小，银原子的入射速度足够大，则在磁场作用范围内，银原子轨道的偏离是一个小量。这一点首先保证了前面叙述中隐含的一个假设——银原子轨迹保持在入射轴 z 轴附近，于是可以仅关注 z 轴附近的磁场，大大简化了计算。其次，它还说明，磁场主要影响直接与其耦合的内禀角动量，而粒子的平动运动只受相当小的影响。因此，在分析实验的过程中，可以近似认为粒子的内禀角动量是一个独立于平动运动的自由度，并聚焦于对内禀角动量的分析。

二、自旋算符和自旋态

当只考虑自旋，且可以忽略银原子的其他自由度时，由其自旋 z 分量只能取互为相反数的两个值这一实验结果，可以猜想，银原子只能处于两个状态，记为 $|+\rangle$ 和 $|-\rangle$。根据第 1 章中阐述的量子力学测量公设，如果记可观测量自旋 z 分量对应的算符为 $\hat{S}_z$，则这两个状态应当是 $\hat{S}_z$ 的本征态，满足

$$
\begin{aligned}
\hat{S}_z\,|+\rangle &= \frac{\hbar}{2}|+\rangle \\
\hat{S}_z\,|-\rangle &= -\frac{\hbar}{2}|-\rangle
\end{aligned}
\tag{2}
$$

两个本征态作为正交归一基矢，可以确定自旋态空间，空间中其他态矢都能被写为它们的线性组合。根据上一节的讨论，取定这组基矢后，还可以将其表示为矩阵

$$
|+\rangle \leftrightarrow \begin{pmatrix} 1 \\ 0 \end{pmatrix}, \qquad |-\rangle \leftrightarrow \begin{pmatrix} 0 \\ 1 \end{pmatrix}
$$

进一步，算符

$$
\hat{S}_z \leftrightarrow \frac{\hbar}{2}\begin{pmatrix} 1 & 0 \\ 0 & -1 \end{pmatrix}
$$

通过直接计算可以验证它确实满足式（2）。

作为角动量，按照《张朝阳的物理课》第一卷第五部分中的相关讨论，

还应该存在 x 轴方向及 y 轴方向上的算符 $\hat{S}_x$ 和 $\hat{S}_y$，它们是（作为矢量的）自旋算符 $\hat{S}$ 的对应分量，且三个算符之间应当满足角动量对易关系

$$
\begin{aligned}
[\hat{S}_x, \hat{S}_y] &= \mathrm{i}\hbar\hat{S}_z \\
[\hat{S}_y, \hat{S}_z] &= \mathrm{i}\hbar\hat{S}_x \\
[\hat{S}_z, \hat{S}_x] &= \mathrm{i}\hbar\hat{S}_y
\end{aligned}
\tag{3}
$$

接下来让我们尝试确定剩下两个算符的矩阵表示。首先看 $\hat{S}_x$，根据旋转对称性可以知道，它的本征值应当同为 $\pm\hbar/2$。否则，如果我们重新摆放斯特恩-盖拉赫实验的实验装置，将磁铁两极置于 x 轴上，会看到不一样的结果。首先利用 $|+\rangle$ 和 $|-\rangle$，我们可以构造出一组最简单的正交归一矢量

$$
\begin{aligned}
|+\rangle_x &= \frac{1}{\sqrt{2}}\bigl(|+\rangle + |-\rangle\bigr) \leftrightarrow \frac{1}{\sqrt{2}}\begin{pmatrix}1 \\ 1\end{pmatrix} \\
|-\rangle_x &= \frac{1}{\sqrt{2}}\bigl(|+\rangle - |-\rangle\bigr) \leftrightarrow \frac{1}{\sqrt{2}}\begin{pmatrix}1 \\ -1\end{pmatrix}
\end{aligned}
$$

它们应当可以作为某个可观测量的本征矢量，不妨就认为是 $\hat{S}_x$。假设在矩阵表达下

$$
\hat{S}_x \leftrightarrow \begin{pmatrix} A & B \\ C & D \end{pmatrix}
$$

则根据本征值和本征函数的定义，要求有

$$
\begin{aligned}
\begin{pmatrix} A & B \\ C & D \end{pmatrix}\begin{pmatrix}1 \\ 1\end{pmatrix} &= \frac{\hbar}{2}\begin{pmatrix}1 \\ 1\end{pmatrix} \\
\begin{pmatrix} A & B \\ C & D \end{pmatrix}\begin{pmatrix}1 \\ -1\end{pmatrix} &= -\frac{\hbar}{2}\begin{pmatrix}1 \\ -1\end{pmatrix}
\end{aligned}
$$

上式等价于四个方程，经过化简后，首先有

$$
\begin{aligned}
A + B &= \frac{\hbar}{2} \\
A - B &= -\frac{\hbar}{2}
\end{aligned}
$$

从中可以解得 $A = 0$ 及 $B = \hbar/2$。同理，可以解得 $C = \hbar/2$ 及 $D = 0$，于是

$$\hat{S}_x \leftrightarrow \frac{\hbar}{2}\begin{pmatrix} 0 & 1 \\ 1 & 0 \end{pmatrix}$$

有了 $\hat{S}_x$ 与 $\hat{S}_z$，即可以利用对易关系（3）来求得 $\hat{S}_y$。首先计算

$$
\begin{aligned}
\hat{S}_z\hat{S}_x \quad &\leftrightarrow \frac{\hbar}{2}\begin{pmatrix} 1 & 0 \\ 0 & -1 \end{pmatrix}\times\frac{\hbar}{2}\begin{pmatrix} 0 & 1 \\ 1 & 0 \end{pmatrix} \\
&= \frac{\hbar^2}{4}\begin{pmatrix} 0 & 1 \\ -1 & 0 \end{pmatrix}
\end{aligned}
$$

以及

$$
\begin{aligned}
\hat{S}_x\hat{S}_z \quad &\leftrightarrow \frac{\hbar}{2}\begin{pmatrix} 0 & 1 \\ 1 & 0 \end{pmatrix}\times\frac{\hbar}{2}\begin{pmatrix} 1 & 0 \\ 0 & -1 \end{pmatrix} \\
&= \frac{\hbar^2}{4}\begin{pmatrix} 0 & -1 \\ 1 & 0 \end{pmatrix}
\end{aligned}
$$

于是

$$
\begin{aligned}
\hat{S}_y &= \frac{1}{\mathrm{i}\hbar}[\hat{S}_z,\hat{S}_x] \\
&= \frac{1}{\mathrm{i}\hbar}\left(\hat{S}_z\hat{S}_x - \hat{S}_x\hat{S}_z\right) \\
&\leftrightarrow \frac{\hbar}{2}\begin{pmatrix} 0 & -\mathrm{i} \\ \mathrm{i} & 0 \end{pmatrix}
\end{aligned}
$$

历史上三个自旋算符的矩阵形式最先是由泡利提出的，对应的三个矩阵又被称为泡利矩阵 σ_x、σ_y 和 σ_z。它们满足

$$\hat{S}_i \leftrightarrow \frac{\hbar}{2}\sigma_i$$

其中 $i = x, y, z$，有时为了方便又会对应记为 $i = 1, 2, 3$。需要注意的是，这里我们直接假设将两个正交的矢量作为本征矢来求出 $\hat{S}_x$。但是并不是任意正交归一矢量都能作为 $\hat{S}_x$ 的本征矢，因此求得的矩阵未必对应自旋 x 分量。要想严格说明 $\hat{S}_x$ 及 $\hat{S}_y$ 的矩阵形式确实如上式所示，就需要依次验证它们满足自旋的三个对易关系，感兴趣的读者可以通过直接计算来验证。

在前面，我们已经求得了 $\hat{S}_z$ 的本征态 $|\pm\rangle$ 和 $\hat{S}_x$ 的本征态 $|\pm\rangle_x$。为了叙述完整，最后让我们尝试求得 $\hat{S}_y$ 的本征态。首先它们必然是态空间中的两个特

殊态矢，于是可以假设

$$|\pm\rangle_y = \alpha|+\rangle \pm \beta|-\rangle \leftrightarrow \frac{\hbar}{2}\begin{pmatrix}\alpha\\\beta\end{pmatrix}$$

由本征方程，可以得到矩阵方程

$$\frac{\hbar}{2}\begin{pmatrix}0 & -\mathrm{i}\\\mathrm{i} & 0\end{pmatrix}\begin{pmatrix}\alpha\\\beta\end{pmatrix} = \frac{\hbar}{2}\begin{pmatrix}\alpha\\\beta\end{pmatrix}$$

稍作化简，此方程即要求

$$\begin{aligned}-\mathrm{i}\beta &= \alpha\\\mathrm{i}\alpha &= \beta\end{aligned}$$

这里我们可以选取适当的相位，使得 α 为大于 0 的实数，即知道

$$|\pm\rangle_y \propto |+\rangle \pm \mathrm{i}|-\rangle$$

再考虑归一化条件，可以确定系数，得到

$$|\pm\rangle_y = \frac{1}{\sqrt{2}}(|+\rangle \pm \mathrm{i}|-\rangle)$$

对应到列矢量上，有

$$|+\rangle_y \leftrightarrow \frac{1}{\sqrt{2}}\begin{pmatrix}1\\\mathrm{i}\end{pmatrix}, \qquad |-\rangle_y \leftrightarrow \frac{1}{\sqrt{2}}\begin{pmatrix}1\\-\mathrm{i}\end{pmatrix}$$

于是我们完成了对粒子自旋态空间的探索。

小结
Summary

在本节中，我们以半经典的方法分析了银原子束在不均匀磁场中的运动，推导可知具有不同角动量的银原子将在磁感线方向上发生不同程度的偏离。实验结果表明，银原子束并不会均匀弥散，而是会均等地劈裂成两束，进而说明了银原子角动量是量子化的，仅能取到两个状态。这一角动量又被称为粒子（主要是电子）的自旋角动量，其三个坐标轴方向的分量可以表达为三个互不对易的泡利矩阵。每一个分量算符的本征值都为 $\pm\hbar/2$，但对应不同的本征态。

微观粒子的磁矩是量子化的吗（下）
——任意方向的自旋分量及其演化[1]

摘要：在本节中，我们将延续上一节的主题，分析旋转任意角度后的斯特恩-盖拉赫装置的实验结果，并试图通过连续多个极化分裂验证量子力学的测量公设。最后，鉴于前面的讨论仅涉及定态，我们还将证明过程中自旋的演化不影响实验结果。

在上一节中，我们学习了斯特恩-盖拉赫实验，并利用自旋 z 分量的本征态探索了自旋态空间。然而，我们对自旋与斯特恩-盖拉赫实验的讨论远非完整。既然我们生活的空间是各向同性的，那么自然可以谈及自旋在任意方向上的投影，它应当如何表达？斯特恩-盖拉赫实验是一个运动过程，银原子自旋的实验结果会随时间演化从而受到影响吗？在这一节中，我们试图来逐一回答这些问题。

一、任意方向上的自旋算符

在回答上述问题前，我们需要厘清其中涉及的一些概念。完整的自旋算符是一个矢量算符

$$\hat{S} = \hat{S}_x \boldsymbol{i} + \hat{S}_y \boldsymbol{j} + \hat{S}_z \boldsymbol{k} \tag{1}$$

它的定义涉及两个完全不同的"空间"。在谈论"任意方向"时，我们关心

1　整理自搜狐视频 App "张朝阳"账号/作品/物理课栏目中的第 144、145 期视频，由李松、陈广尚执笔。

的是粒子身处的、观测者可感知的三维坐标空间。自旋算符在三个单位方向矢量 i、j、k 上对应有三个分量，每个分量都是定义在记录粒子状态的、抽象的二维态空间上的算符。从数学的角度来看，坐标空间和态空间都是线性空间，有类似的性质。但在物理内涵上，坐标空间对粒子而言是外禀的，记录粒子的位置、轨迹等外在性质，好比本书的目录标明了本节所在的页码；而态空间是内禀的，真正记录了粒子自身的状态，好比本节的具体内容。

我们一般用直角坐标 (x, y, z) 描述三维坐标空间，当然也可以用球坐标 (r, θ, ϕ) 来描述。三维空间中的某个方向 (θ, ϕ) 可以用单位矢量 n 来表示

$$n = \cos\phi\sin\theta\, i + \sin\phi\sin\theta\, j + \cos\theta\, k$$

任意方向上的自旋算符，即作为矢量的算符（1）在坐标空间中对 n 做内积。在形式上，这一操作等价于将 n 中的三个直角坐标基矢换成对应的泡利矩阵，即

$$
\begin{aligned}
\hat{S}_n &\equiv \hat{\boldsymbol{S}} \cdot \boldsymbol{n} \\
&= \frac{\hbar}{2}\Big[\cos\phi\sin\theta\,\sigma_x + \sin\phi\sin\theta\,\sigma_y + \cos\theta\,\sigma_z\Big] \\
&= \frac{\hbar}{2}\left[\sin\theta\cos\phi\begin{pmatrix} 0 & 1 \\ 1 & 0 \end{pmatrix} + \sin\theta\sin\phi\begin{pmatrix} 0 & -i \\ i & 0 \end{pmatrix} + \cos\theta\begin{pmatrix} 1 & 0 \\ 0 & -1 \end{pmatrix}\right] \\
&= \frac{\hbar}{2}\begin{pmatrix} \cos\theta & \sin\theta e^{-i\phi} \\ \sin\theta e^{i\phi} & -\cos\theta \end{pmatrix}
\end{aligned}
$$

需要强调的是，在写出算符对应的矩阵形式时，我们选择与上一节保持一致，仍取 σ_z 的两个本征态为基。由于三维空间各向同性，$\hat{S}_n$ 应当包含 S_z 并将其作为一个特例。进而，可以推知它的本征值只能取得 $\pm\hbar/2$。为了计算简便，我们定义任意方向的泡利矩阵 σ_n 为

$$\hat{S}_n = \frac{\hbar}{2}\sigma_n$$

不难推知 σ_n 的本征值只能取 ± 1。

设它对应本征值+1 的本征矢量为 $\begin{pmatrix} \alpha \\ \beta \end{pmatrix}$，按照定义，应当有

$$\begin{pmatrix} \cos\theta & \sin\theta e^{-i\phi} \\ \sin\theta e^{i\phi} & -\cos\theta \end{pmatrix} \begin{pmatrix} \alpha \\ \beta \end{pmatrix} = \begin{pmatrix} \alpha \\ \beta \end{pmatrix}$$

由此可以得到

$$\alpha\cos\theta + \beta\sin\theta e^{-i\phi} = \alpha$$

移项可得

$$\beta\sin\theta e^{-i\phi} = \alpha(1-\cos\theta)$$

使用正弦、余弦的二倍角公式，可以得到

$$\beta\left(2\sin\left(\frac{\theta}{2}\right)\cos\left(\frac{\theta}{2}\right)\right)e^{-i\phi} = \alpha\cdot 2\sin^2\left(\frac{\theta}{2}\right)$$

化简，就得到

$$\frac{\beta}{\alpha} = \frac{\sin(\theta/2)}{\cos(\theta/2)}e^{i\phi}$$

于是，σ_n 或者 $\hat{S}_n$ 的正自旋本征态为

$$|+\rangle_n \;\propto \alpha|+\rangle + \alpha\frac{\sin(\theta/2)}{\cos(\theta/2)}e^{i\phi}|-\rangle$$

$$= \frac{\alpha}{\cos(\theta/2)}e^{i\phi/2}\left(\cos(\theta/2)e^{-i\phi/2}|+\rangle + \sin(\theta/2)e^{i\phi/2}|-\rangle\right)$$

忽略上式第二行括号外的因子，可以将 $|+\rangle_n$ 取为

$$|+\rangle_n = \cos(\theta/2)e^{-i\phi/2}|+\rangle + \sin(\theta/2)e^{i\phi/2}|-\rangle \tag{2}$$

不难验证它是归一化的，用列矢量的形式可以表示为

$$\begin{pmatrix} \cos\left(\dfrac{\theta}{2}\right)e^{-i\phi/2} \\ \sin\left(\dfrac{\theta}{2}\right)e^{i\phi/2} \end{pmatrix}$$

得到任意方向的自旋算符及其本征态之后，让我们再次回到斯特恩-盖拉赫实验。除了可以验证（自旋）角动量分立取值，斯特恩和盖拉赫设计的实验装置还可以用于检验量子力学的测量公设。在实验中，银原子出射的时候自旋方向是随机的，因此经过实验装置后，银原子落到 x 轴上面的区域的概率与落到 x 轴下面的区域的概率相等，都是 $1/2$。假如将实验装置绕 y 轴顺时针旋转角度 θ，保持原来的坐标架不动，那么此时装置测量的角动量分量为 $\hat{S}_n$。这里 n 应当理解为指向 $(\theta, 0)$ 的方向矢量，$\hat{S}_n$ 的正自旋本征值为

$$|+\rangle_n = \cos(\theta/2)|+\rangle + \sin(\theta/2)|-\rangle$$

处于此本征态的粒子穿过磁场区域后，将落在屏幕上第二象限内的某处，如图 1 所示。

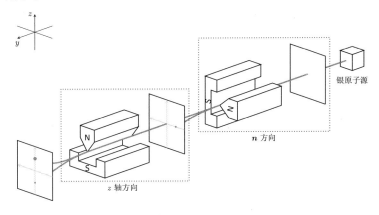

图 1　将实验装置旋转一定角度，并选择其中一束银原子使其通过第二个实验装置，可以看到银原子束不均等地劈裂成两束

如果在对应位置开一个洞，使得处于 $|+\rangle_n$ 态的银原子能够穿过屏幕，并把入射银原子看成光，那么这一套斯特恩-盖拉赫实验装置就相当于偏振片，将特殊"偏振"方向的银原子筛选出来。同时在洞后设置一套实验装置，保持在新增的装置中，磁铁位置与原实验一致，以测量 S_z。根据第 1 章介绍的量子力学测量公设，穿过洞的银原子都由于测量而坍缩在了态 $|+\rangle_n$ 上。当经过第二套实验装置时，可以预测"被极化"的银原子束将不均等地劈裂为两束。其中，原子最后落于 x 轴上方的概率为 $\cos^2\dfrac{\theta}{2}$，落于 x 轴下方的概率为

$\sin^2\dfrac{\theta}{2}$。当 θ 比较小时，前者将大于后者。这一结论已经由实验验证，结果符合得相当好。

二、自旋随时间演化

现在让我们来思考第二个问题。在前面的讨论中，我们忽视了非常重要的一点——时间的演化。银原子经过实验装置是需要花费时间的，而在这个时间内，银原子态理应也会发生改变，那前面的分析还成立吗？

为了解答这一问题，我们需要求解含时薛定谔方程。首先根据磁矩在磁场中具有的势能，可以得到磁矩 $\boldsymbol{\mu}$ 按如下哈密顿算符演化

$$\hat{H} = -\boldsymbol{\mu}\cdot\boldsymbol{B} = -B_0\hat{\mu}_z$$

其中假设磁场沿 z 轴方向，磁感应强度大小为 B_0。磁矩正比于自旋角动量，设比例常数为 γ，即有 $\mu_z = \gamma S_z$，于是

$$\hat{H} = -\gamma B_0\hat{S}_z = \omega_0\hat{S}_z$$

其中系数 $\omega_0 = -\gamma B_0$ 具有角频率的量纲。从上式可以知道，哈密顿算符与 $\hat{S}_z$ 可对易，因此 $|+\rangle$ 和 $|-\rangle$ 是能量本征态，满足

$$\hat{H}\,|+\rangle = \frac{\hbar\omega_0}{2}\,|+\rangle, \qquad \hat{H}\,|-\rangle = -\frac{\hbar\omega_0}{2}\,|-\rangle$$

接下来，可设银原子进入磁场时（$t = 0$）的初始自旋态为

$$|\psi(t=0)\rangle = \cos(\theta/2)\mathrm{e}^{-\mathrm{i}\phi/2}\,|+\rangle + \sin(\theta/2)\mathrm{e}^{\mathrm{i}\phi/2}\,|-\rangle$$

这样假设是合理的，因为在忽略一个整体相位因子的情况下，任何自旋态都可以通过选择适当的 θ 与 ϕ 来表示。同时，不难发现，它其实是自旋在 (θ,ϕ) 方向上的分量的正本征态。这样，我们可以说：我们研究的是初始时刻自旋沿任意方向的银原子。

利用薛定谔方程

$$\mathrm{i}\hbar\frac{\partial}{\partial t}\,|\psi(t)\rangle = \hat{H}\,|\psi(t)\rangle$$

已知自旋本征态同时是哈密顿算符的本征态，可以直接得到

$$|\psi(t)\rangle = \cos\frac{\theta}{2}\,\mathrm{e}^{-\mathrm{i}\phi/2}\,\mathrm{e}^{-\mathrm{i}E_+t/\hbar}\,|+\rangle + \sin\frac{\theta}{2}\,\mathrm{e}^{\mathrm{i}\phi/2}\,\mathrm{e}^{-\mathrm{i}E_-t/\hbar}\,|-\rangle$$

其中

$$E_+ = \frac{\hbar\omega_0}{2}, \qquad E_- = -\frac{\hbar\omega_0}{2}$$

分别是此 $|+\rangle$ 和 $|-\rangle$ 态对应的能量。将其代入态的表达式中可以得到

$$|\psi(t)\rangle = \cos\frac{\theta}{2}\,\mathrm{e}^{-\mathrm{i}(\phi+\omega_0 t)/2}\,|+\rangle + \sin\frac{\theta}{2}\,\mathrm{e}^{\mathrm{i}(\phi+\omega_0 t)/2}\,|-\rangle$$

与式（2）对比，可知 t 时刻的银原子取到自旋算符在 $(\theta, \phi+\omega_0 t)$ 方向上的正本征态。为了直观地理解这一过程，我们不妨将"自旋在某一方向上的正本征态"粗略理解为"自旋指向某一方向"，并将该方向用矢量标示在单位球面上。在这一语境下，我们可以获得如下物理图像：在初始时刻指向 (θ, ϕ) 的自旋，会以角频率 ω_0 绕 z 轴旋转——即著名的拉莫进动（Larmor precession），如图 2 所示。然而，自旋不同于一般的方向矢量，极角 ϕ 只影响相位的取值。取模方后，它对具体的测量结果不产生影响。也即，银原子被测得处在 $|+\rangle$ 和 $|-\rangle$ 态的概率没有改变，因此前面关于斯特恩-盖拉赫实验的分析是不受影响的。

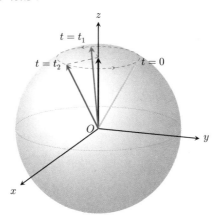

图 2 将态矢对应到单位球面上的单位矢量，随时间演化，
矢量将绕 z 轴做拉莫进动，但其在 z 轴方向上的投影长度不变

$$t=0: \quad |\psi\rangle = \cos\frac{\theta}{2}e^{-i\frac{\phi}{2}}|+\rangle + \sin\frac{\theta}{2}e^{+i\frac{\phi}{2}}|-\rangle$$

$$i\hbar\frac{\partial|\psi\rangle}{\partial t} = \hat{H}|\psi\rangle \Rightarrow$$

$$t时刻: \quad |\psi(t)\rangle = \cos\frac{\theta}{2}e^{-i\frac{\phi}{2}}e^{-i\frac{E_+}{\hbar}t}|+\rangle$$
$$+ \sin\frac{\theta}{2}e^{+i\frac{\phi}{2}}e^{-i\frac{E_-}{\hbar}t}|-\rangle$$

$$E_+ = \frac{\hbar\omega_0}{2}$$
$$E_- = -\frac{\hbar\omega_0}{2}$$

$$|\psi(t)\rangle = \cos\frac{\theta}{2}e^{-\frac{i}{2}(\phi+\omega_0 t)}|+\rangle + \sin\frac{\theta}{2}e^{+\frac{i}{2}(\phi+\omega_0 t)}|-\rangle$$

$$\theta = \theta_0$$
$$\phi = \phi_0 + \omega_0 t$$

$$\tau = \mu \times B$$
$$r \times F$$

手稿
Manuscript

小结
Summary

　　了解了自旋态空间及各分量算符可以用泡利矩阵表示后，我们可以讨论自旋算符（作为矢量）在任意方向上的投影。这一结果可以表达为三个泡利算符的线性叠加，并用方向角 (θ, ϕ) 标记。因为空间各向同性，任意方向的自旋分量本征值保持为 $\pm\hbar/2$，它的本征态可以写为 z 轴方向本征态的叠加，叠加系数同样依赖于方向角。由此，可以将任意方向自旋算符的本征态与单位球面上的三维矢量建立对应关系，以形象化地表达自旋。通过计算不难发现，初始时刻与磁场不"共线"的态将绕磁场做拉莫进动。

最简单的量子体系是什么
——二能级系统的态空间[1]

摘要：在本节中，我们将介绍态空间仅有两维的量子体系。由于态空间基矢一般取能量本征态，因此这一体系一般又称为二能级系统。通过代数变换，其哈密顿算符总能表达为某一方向上的泡利算符与恒等算符的线性组合，即二能级系统总能对应到某一自旋系统上。于是，利用前面的结果，我们可以方便地求解二能级系统的本征问题。

在忽略与其他自由度的耦合时，自旋构成最简单的量子系统。描述自旋的态空间有且仅有两维，使得其不至于沦为平庸，但又恰好可以通过不太复杂的计算严格求解，同时还保有量子系统的特性。这让自旋在量子力学的发展中扮演了相当重要且独特的角色。基于对自旋的研究，我们还可以从中抽象出一类更普遍的模型——二能级系统。在量子力学草创阶段，对二能级系统的大量研究无论是在理论发展上还是在工程应用上都收获了累累硕果。从本节起，让我们进一步讨论这一简单而深刻的模型，并借助其更加深入地认识、理解量子世界的普遍规律。

一、二能级系统的定义

顾名思义，二能级系统指态空间仅有两维的系统。在大多数情况下，一

---

1 整理自搜狐视频 App"张朝阳"账号/作品/物理课栏目中的第 146 期视频，由李松、陈广尚执笔。

个系统的态空间维数由其哈密顿算符决定，相应基矢即系统的能量本征态。一个例子则是前两节中讨论的自旋在磁场中运动的哈密顿算符

$$\hat{H} = -\boldsymbol{\mu} \cdot \boldsymbol{B} = \frac{\hbar \omega_0}{2} \hat{\sigma}_z$$

其中 ω_0 是拉莫进动的角频率，算符 σ_z 正比于自旋算符的 z 分量，取能量本征态为基矢时即 z 轴方向的泡利矩阵。自旋显然是一个二能级系统，也是自然界中实际严格定义的二能级系统。而在更普遍的情况下，我们所谓的二能级系统是从近似中得到的。一个例子是在《张朝阳的物理课》第二卷第三部分中讨论过的，由自旋轨道耦合导致的钠双黄线结构。在钠原子中，最外层电子的 3s 和 3p 轨道能量有一个非常小的差值，当钠原子所受微扰的能量不大时，处于 3s 轨道的电子只能被激发到 3p 轨道，而对更高的激发态"视而不见"。此时，电子所处状态可近似认为构成一个二能级系统。

更普遍地，如果一个系统的哈密顿算符为 $\hat{H}_0$，而它（近似或严格地）仅能取到两个能量本征态 $|\psi_1\rangle$ 与 $|\psi_2\rangle$，即

$$\hat{H}_0 |\psi_1\rangle = E_1 |\psi_1\rangle$$
$$\hat{H}_0 |\psi_2\rangle = E_2 |\psi_2\rangle$$

其中 $E_{1,2}$ 是对应的能量本征值，则其构成一个二能级系统。在能量本征态作为基矢的表象下，哈密顿算符可以表示为一个对角矩阵

$$\hat{H}_0 \leftrightarrow \begin{pmatrix} E_1 & 0 \\ 0 & E_2 \end{pmatrix}$$

如果定义

$$E_m = \frac{1}{2}(E_1 + E_2)$$
$$\Delta = \frac{1}{2}(E_1 - E_2) \tag{1}$$

那么哈密顿算符的矩阵形式可以改写为

$$\hat{H}_0 \leftrightarrow \begin{pmatrix} E_1 & 0 \\ 0 & E_2 \end{pmatrix}$$

$$= \begin{pmatrix} \dfrac{1}{2}(E_1+E_2) & 0 \\ 0 & \dfrac{1}{2}(E_1+E_2) \end{pmatrix} + \begin{pmatrix} \dfrac{1}{2}(E_1-E_2) & 0 \\ 0 & -\dfrac{1}{2}(E_1-E_2) \end{pmatrix}$$

$$= E_m \begin{pmatrix} 1 & 0 \\ 0 & 1 \end{pmatrix} + \Delta \begin{pmatrix} 1 & 0 \\ 0 & -1 \end{pmatrix} = E_m I + \Delta \sigma_z \qquad (2)$$

其中 I 是单位矩阵，对应恒等算符。可见，在能量本征态作为基矢的情况下，哈密顿算符可以写成单位矩阵与 z 轴方向的泡利矩阵的线性组合。

如果系统处于某态 $|\psi\rangle = \alpha|\psi_1\rangle + \beta|\psi_2\rangle$，被哈密顿算符作用后

$$\hat{H}_0|\psi\rangle = \hat{H}_0(\alpha|\psi_1\rangle + \beta|\psi_2\rangle)$$
$$= \alpha E_1|\psi_1\rangle + \beta E_2|\psi_2\rangle$$

写成矩阵形式就是

$$\begin{pmatrix} E_1 & 0 \\ 0 & E_2 \end{pmatrix} \begin{pmatrix} \alpha \\ \beta \end{pmatrix} = \begin{pmatrix} E_1\alpha \\ E_2\beta \end{pmatrix}$$

如果再将哈密顿算符按式（2）写为单位矩阵与 σ_z 的线性组合，上式又可以改写为

$$(E_m I + \Delta \sigma_z)\begin{pmatrix} \alpha \\ \beta \end{pmatrix} = E_m \begin{pmatrix} \alpha \\ \beta \end{pmatrix} + \Delta \begin{pmatrix} \alpha \\ -\beta \end{pmatrix}$$

不难得到

$$E_1 = E_m + \Delta$$
$$E_2 = E_m - \Delta$$

当然，这一关系也能从式（1）中反解得到。

二、受扰动的二能级系统

根据第 1 章的讨论，如果系统在初始时刻处于某一能量本征态——比如钠原子最外层电子处于 3s 轨道上，则随时间流逝，系统状态只会有不可观测的相位上的区别。但在真实世界中，尽管可能相当微弱，但系统总在受外界

干扰。在量子力学的框架下，扰动通过在哈密顿算符中引入额外的算符 $\hat{W}$ 来表征。于是，受扰动后，系统总的哈密顿算符可以写为

$$\hat{H} = \hat{H}_0 + \hat{W}$$

这里仍可以取 $\hat{H}_0$ 的本征态 $|\psi_1\rangle$ 和 $|\psi_2\rangle$ 为基矢，但注意它们不再是系统总哈密顿算符 $\hat{H}$ 的本征态，换言之，也不再是"定态"。此时，为了了解系统如何随时间演化，我们需要转而讨论 $\hat{H}$ 的本征态。

为了求解总哈密顿算符的本征态，首先我们要研究一下扰动算符 $\hat{W}$。由于给定的态空间是二维的，将扰动算符作用到态 $|\psi_1\rangle$ 和 $|\psi_2\rangle$ 上，总能将其结果表达为一系列线性组合

$$\hat{W}|\psi_1\rangle = W_{11}|\psi_1\rangle + W_{21}|\psi_2\rangle$$
$$\hat{W}|\psi_2\rangle = W_{12}|\psi_1\rangle + W_{22}|\psi_2\rangle$$

其中 W_{ij}（$i, j = 1, 2$）是由具体的扰动方式决定的组合系数。因此，根据线性代数的一般原理，可以得到 $\hat{W}$ 在基矢 $|\psi_1\rangle$、$|\psi_2\rangle$ 下的矩阵形式为

$$\hat{W} \leftrightarrow \begin{pmatrix} W_{11} & W_{12} \\ W_{21} & W_{22} \end{pmatrix} \tag{3}$$

扰动算符作用到任意态 $|\psi\rangle = \alpha|\psi_1\rangle + \beta|\psi_2\rangle$ 上的结果，可以经由矩阵运算得到

$$\begin{pmatrix} W_{11} & W_{12} \\ W_{21} & W_{22} \end{pmatrix}\begin{pmatrix} \alpha \\ \beta \end{pmatrix} = \begin{pmatrix} \alpha W_{11} + \beta W_{12} \\ \alpha W_{21} + \beta W_{22} \end{pmatrix}$$

由于扰动是一个物理的可观测量，因此式（3）中的各分量不是任取的。根据量子力学的基本原理，可观测量应当是一个厄米算符，满足

$$\hat{W}^\dagger = (\hat{W}^*)^T = \hat{W}$$

反映到系数上，要求有

$$W_{21}^* = W_{12}$$
$$W_{11}^* = W_{11}$$
$$W_{22}^* = W_{22}$$

换言之，在 $\hat{W}$ 的矩阵表示中，两个对角元都是实数，而两个非对角元互为共

轭复数。

知晓了 $\hat{W}$ 的矩阵形式后，我们可以很快地得到 $\hat{H}$ 对应的矩阵形式

$$\hat{H} = \hat{H}_0 + \hat{W} \leftrightarrow \begin{pmatrix} E_1 + W_{11} & W_{12} \\ W_{21} & E_2 + W_{22} \end{pmatrix}$$

仿照对 $\hat{H}_0$ 的处理，不妨定义

$$E_m' = \frac{1}{2}(E_1 + W_{11} + E_2 + W_{22})$$

$$\Delta' = \frac{1}{2}(E_1 + W_{11} - E_2 - W_{22})$$

那么 $\hat{H}$ 的矩阵形式可以改写为

$$\hat{H} \leftrightarrow E_m' \begin{pmatrix} 1 & 0 \\ 0 & 1 \end{pmatrix} + \begin{pmatrix} \Delta' & W_{12} \\ W_{21} & -\Delta' \end{pmatrix}$$

将 $\hat{H}$ 表示成这样有什么好处呢？注意到上式第二项中，对角线上的实数 Δ' 及斜对角上的两个共轭复数，可以用一组三个实数 (κ, θ, ϕ) 将其参数化为

$$\begin{pmatrix} \Delta' & W_{12} \\ W_{21} & -\Delta' \end{pmatrix} = \begin{pmatrix} \kappa\cos\theta & \kappa\sin\theta \mathrm{e}^{-\mathrm{i}\phi} \\ \kappa\sin\theta \mathrm{e}^{\mathrm{i}\phi} & -\kappa\cos\theta \end{pmatrix} \tag{4}$$

将 κ 提到矩阵外，不难看到剩下的部分与任意方向上的泡利矩阵有同样的形式，故

$$\begin{pmatrix} \Delta' & W_{12} \\ W_{21} & -\Delta' \end{pmatrix} = \kappa\sigma_n$$

n 恰好是以参数 (θ, ϕ) 标记的方向。

三个参数 (κ, θ, ϕ) 应当可以由矩阵的分量唯一确定。由式（4），有

$$\Delta' = \kappa\cos\theta$$

$$W_{12} = \kappa\sin\theta \mathrm{e}^{-\mathrm{i}\phi} \tag{5}$$

由此得到

$$(\Delta')^2 + |W_{12}|^2 = (\kappa\cos\theta)^2 + (\kappa\sin\theta)^2 = \kappa^2$$

开方并取正根，可得

$$
\begin{aligned}
\kappa &= \sqrt{(\Delta')^2 + |W_{12}|^2} \\
&= \sqrt{\left[\frac{1}{2}(E_1 + W_{11} - E_2 - W_{22})\right]^2 + |W_{12}|^2} \\
&= \frac{1}{2}\sqrt{(E_1 + W_{11} - E_2 - W_{22})^2 + 4|W_{12}|^2}
\end{aligned}
$$

其后，规定 $0 < \theta \leqslant \pi$ 及 $0 < \phi \leqslant 2\pi$，即可由式（5）确定唯一一组参数。

上面的讨论表明，二能级系统的哈密顿算符可以表示成恒等算符与泡利算符的线性组合

$$
\hat{H} = E'_m \hat{I} + \kappa \hat{\sigma}_n
$$

于是，除了一个总的能量偏移，二能级系统还可以等价于自旋系统在磁场中的演化问题。同时，显然恒等算符与任意算符对易，不难得知 $[\hat{H}, \hat{\sigma}_n] = 0$。在上一节中，我们已经求解过任意方向自旋算符的本征态，它们同时可以作为二能级系统的能量本征态。需要注意的是，在上一节中，我们取自旋 z 轴方向分量的本征态 $|+\rangle$ 和 $|-\rangle$ 作为基矢，而在本节中，基矢要被替换为 $|\psi_1\rangle$ 和 $|\psi_2\rangle$。于是，哈密顿算符的一个本征态可以表达为

$$
|\psi_+\rangle = \cos\frac{\theta}{2} e^{-i\phi/2} |\psi_1\rangle + \sin\frac{\theta}{2} e^{i\phi/2} |\psi_2\rangle
$$

它满足

$$
\hat{H} |\psi_+\rangle = (E'_m \hat{I} + \kappa \hat{\sigma}_n) |\psi_+\rangle = (E'_m + \kappa) |\psi_+\rangle
$$

即对应能量本征值 $E_+ = E_{m'} + \kappa$。同理，哈密顿算符还有本征态

$$
|\psi_-\rangle = \sin\frac{\theta}{2} e^{-i\phi/2} |\psi_1\rangle - \cos\frac{\theta}{2} e^{i\phi/2} |\psi_2\rangle
$$

对应能量本征值 $E_- = E_{m'} - \kappa$。

小结
Summary

本节我们讨论了最简单的量子体系——二能级系统的哈密顿算符及其态空间，并考虑了受扰动下其能量和能量本征态的改变。以能量本征态为基矢时，任意一个二能级系统的哈密顿算符，都能通过代数变换改写为恒等算符与 z 轴方向泡利算符的线性组合。可以认为，自旋系统其实是二能级系统的一个特例，二能级系统的两个能量本征态即可对应到自旋本征态 $|\pm\rangle$ 上。如果系统受到扰动，哈密顿算符的矩阵表达将多出非对角项，此时，仍可以将其改写为恒等算符与任意方向泡利算符的线性组合。利用上一节的结果，我们马上可以求得相应的本征态及其本征值。

受扰动的二能级系统如何演化
——矩阵对角化与拉比振荡[1]

摘要：在本节中，我们将重新运用更有普适性的线性代数方法求解哈密顿算符本征问题。两者对比，更能让我们领会数学方法背后的物理内涵。同时，我们将关注系统受扰动后的演化。根据薛定谔方程，原本处于第一本征态的系统，在受扰动后会有一定概率跃迁到第二本征态。这一概率随时间呈周期性波动，又被称为"拉比振荡"。

现在，我们应该已经对不同状态下的二能级系统，及其态空间有了非常完整的了解。然而应该看到，到目前为止，我们对二能级系统的讨论仍局限于定态。按照前面的经验，二能级系统的含时演化，是一个更贴近物理现实也更有趣的问题。更具体地说，我们希望讨论：如果现在有一个合适的装置，可以告诉我们一个未受微扰的二能级系统是处于 $|\psi_1\rangle$ 态还是 $|\psi_2\rangle$ 态上，那么在某一时刻（设为 $t=0$）处于 $|\psi_1\rangle$ 态上的系统，经受一定时间的扰动后，是否仍能保持在同一态上？按照量子力学的基本原理，这应当是一个概率事件，那么它跃迁到 $|\psi_2\rangle$ 态上的概率是多少？

一、基矢的选择：表象变换

在讨论二能级系统的含时演化问题前，让我们先回顾态矢和算符与特定矩阵的对应关系。不难发现，最终得到的矩阵形式完全依赖于基矢的选择。

---

1 整理自搜狐视频 App "张朝阳"账号/作品/物理课栏目中的第 147、148 期视频，由陈广尚执笔。

然而，正如在三维坐标空间中，我们可以让 xyz 轴朝向任意方向，态空间上基矢的选择也是相当任意的。比如同样是二能级系统的态空间，我们可以选择 $|\psi_1\rangle$ 和 $|\psi_2\rangle$ 作为基矢，但是 $\hat{H}$ 对应的矩阵不再是对角化的；也可以选择 $|\psi_\pm\rangle$ 作为基矢，使得 $\hat{H}$ 对应一个对角矩阵。

在量子力学中，特定选取的一组基矢也被称为一个"表象"。在不同的表象下，不仅算符，态矢也有不同的系数矩阵

$$|\psi\rangle \underset{|\psi_{1,2}\rangle}{\leftrightarrow} \begin{pmatrix} \alpha \\ \beta \end{pmatrix} \underset{|\psi_\pm\rangle}{\leftrightarrow} \begin{pmatrix} \gamma \\ \eta \end{pmatrix}$$

注意到后一组基矢中的每一个态也总能表达为前一组基矢的线性叠加。为了讨论的一般性，我们将叠加系数重新记为

$$\begin{aligned} |\psi_+\rangle &= a|\psi_1\rangle + b|\psi_2\rangle \\ |\psi_-\rangle &= c|\psi_1\rangle + d|\psi_2\rangle \end{aligned} \tag{1}$$

于是有

$$\begin{aligned} |\psi\rangle &= \gamma|\psi_+\rangle + \eta|\psi_-\rangle \\ &= \gamma(a|\psi_1\rangle + b|\psi_2\rangle) + \eta(c|\psi_1\rangle + d|\psi_2\rangle) \\ &= (\gamma a + \eta c)|\psi_1\rangle + (\gamma b + \eta d)|\psi_2\rangle \end{aligned}$$

不难发现，最后一个等式中的系数计算，正好满足矩阵相乘法则，即

$$\begin{pmatrix} \alpha \\ \beta \end{pmatrix} = \begin{pmatrix} \gamma a + \eta c \\ \gamma b + \eta d \end{pmatrix} = \begin{pmatrix} a & c \\ b & d \end{pmatrix} \begin{pmatrix} \gamma \\ \eta \end{pmatrix} \tag{2}$$

以小写拉丁字母为系数的方阵，记录了两组基矢之间的线性关系，又称为表象之间的转换矩阵。

在下文中，我们将引入不加修饰的大写字母表示列矢量，以带上波浪线的大写字母代表方阵，比如以 X、Y 分别代表两组基矢下的系数矩阵，以带上波浪线的 $\tilde{T}$ 代表转换矩阵，则式（2）又可以写为

$$X = \tilde{T}Y \tag{3}$$

根据左矢的定义，它应为列矢量先取转置、再取复共轭所得的行矢量，记为 $X^\dagger$。在 $|\psi_{1,2}\rangle$ 的表象下，内积可以表达为

$$\langle\psi\,|\,\psi\rangle_{\underset{|\psi_{1,2}\rangle}{}}\leftrightarrow X^{\dagger}X$$

再考虑某个力学量，比如受扰动的二能级系统的哈密顿算符，求其平均值的算式可以写为

$$\langle\psi\,|\,\hat{H}\,|\,\psi\rangle_{\underset{|\psi_{1,2}\rangle}{}}\leftrightarrow X^{\dagger}\tilde{H}X$$

其中

$$\tilde{H}=\begin{pmatrix} H_{11} & H_{12} \\ H_{21} & H_{22} \end{pmatrix} \tag{4}$$

现在考虑寻找哈密顿算符在 $|\psi_{\pm}\rangle$ 表象下的矩阵表示，由于态空间基矢的选择是人为进行的，不应当影响实际的物理观测，因此要求有

$$\langle\psi\,|\,\hat{H}\,|\,\psi\rangle_{\underset{|\psi_{1,2}\rangle}{}}\leftrightarrow X^{\dagger}\tilde{H}X=Y^{\dagger}\tilde{E}Y \tag{5}$$

在我们的例子中，$\tilde{E}$ 是对角矩阵

$$\tilde{E}=\begin{pmatrix} E_{+} & \\ & E_{-} \end{pmatrix}$$

将式（3）代入式（5），不难得到

$$X^{\dagger}\tilde{H}X=(\tilde{T}Y)^{\dagger}\tilde{H}(\tilde{T}Y)=Y^{\dagger}(\tilde{T}^{\dagger}\tilde{H}\tilde{T})Y=Y^{\dagger}\tilde{E}Y$$

上式应当对任意态都成立，所以要求有

$$\tilde{E}=\tilde{T}^{\dagger}\tilde{H}\tilde{T}$$

即不同表象下算符的矩阵表达也通过转换矩阵相联系。上式的意义是，原本不是对角矩阵的 $\tilde{H}$，可以通过作用基矢变换矩阵 $\tilde{T}$ 变换为一个对角矩阵。这一过程在线性代数中被称为"对角化"。在上一节中，我们经由将 $\hat{H}$ 重写为任意方向的泡利矩阵，再利用已有的结论解出了受微扰的二能级系统的能量本征态。在本节中，我们将尝试讨论在更一般的情况下，如何求解给定任意矩阵的本征值和转换矩阵。

二、方阵的对角化

按照定义，如果一个列矢量 Y 是方阵 $\tilde{H}$ 的本征矢量，对应本征值为 E，则按照定义应当有

$$\tilde{H}Y = EY$$

或者可以改写为

$$(\tilde{H} - E\tilde{I})Y = 0 \qquad (6)$$

其中 $\tilde{I}$ 即单位矩阵。如果按分量一一写出，上式将构成一个多元线性方程组。假设 $Y \neq 0$，即线性方程组有非平凡解。那么按照线性方程组的相关理论，方程组有非平凡解当且仅当行列式

$$\det(\tilde{H} - E\tilde{I}) = 0$$

代入哈密顿算符（4）作为例子，即要求本征值 E 满足二次方程

$$E^2 - (H_{11} + H_{22})E + (H_{11}H_{22} - H_{12}H_{21}) = 0$$

可以解出两个解

$$E_+ = \frac{H_{11} + H_{22}}{2} + \frac{\sqrt{(H_{11} + H_{22})^2 - 4(H_{11}H_{22} - H_{12}H_{21})}}{2}$$

$$E_- = \frac{H_{11} + H_{22}}{2} - \frac{\sqrt{(H_{11} + H_{22})^2 - 4(H_{11}H_{22} - H_{12}H_{21})}}{2}$$

哈密顿算符应当是厄米的，于是 $H_{12} = H_{21}^*$。整理后，有

$$E_+ = \frac{H_{11} + H_{22}}{2} + \frac{\sqrt{(H_{11} - H_{22})^2 + 4|H_{12}|^2}}{2}$$

$$E_- = \frac{H_{11} + H_{22}}{2} - \frac{\sqrt{(H_{11} - H_{22})^2 + 4|H_{12}|^2}}{2}$$

如果定义 $E_m = \frac{1}{2}(H_{11} + H_{22})$，$\kappa = \frac{1}{2}\sqrt{(H_{11} - H_{22})^2 + 4|H_{12}|^2}$，即可以回到上一节所求结果。

求得可能的本征值取值 $E = E_+$ 后，将其回代入方程（6）中，不难得到

$$\left(\frac{H_{11}-H_{22}}{2}-\kappa\right)\gamma+H_{12}\eta \quad =0$$
$$H_{21}\gamma+\left(\frac{H_{22}-H_{11}}{2}-\kappa\right)\eta \quad =0 \tag{7}$$

这里暂且假设 $H_{11}\geqslant H_{22}$，对于 $H_{11}<H_{22}$ 的情况，下面的讨论是类似的。我们希望找到一个归一化的态矢，可令定义角度 $0\leqslant\theta<\pi$ 满足

$$\tan\frac{\theta}{2}=\frac{|\eta|}{|\gamma|}$$

从方程组中可以推知

$$\frac{|\eta|}{|\gamma|}=\frac{\sqrt{1+\dfrac{4|H_{12}|^2}{(H_{11}-H_{22})^2}}-1}{\dfrac{2|H_{12}|}{H_{11}-H_{22}}}=\frac{\dfrac{2|H_{12}|}{H_{11}-H_{22}}}{\sqrt{1+\dfrac{4|H_{12}|^2}{(H_{11}-H_{22})^2}}+1}$$

再利用正切函数的半角公式

$$\tan\frac{\theta}{2}=\frac{\sin\theta}{1+\cos\theta}=\frac{\tan\theta}{\sqrt{1+\tan^2\theta}+1}$$

整理可得

$$\frac{2|H_{12}|}{H_{11}-H_{22}}=\tan\theta$$

从中可反解出 θ。且不难得知，应有 $0\leqslant\theta\leqslant\dfrac{\pi}{2}$。又，观察式（7），其中复数只有 H_{12} 及其共轭。不难推知

$$\arg\eta-\arg\gamma=\arg H_{21}\equiv\phi$$

于是，在忽略一个整体相位因子后，本征矢量可表达为

$$Y_+=\begin{pmatrix}\cos\dfrac{\theta}{2}\mathrm{e}^{-\mathrm{i}\phi/2}\\[2mm]\sin\dfrac{\theta}{2}\mathrm{e}^{+\mathrm{i}\phi/2}\end{pmatrix}$$

与上一节的结论一致。类似地，可以求出对应本征值 E_- 的本征矢量为

$$Y_- = \begin{pmatrix} \sin\dfrac{\theta}{2} e^{-i\phi/2} \\ -\cos\dfrac{\theta}{2} e^{+i\phi/2} \end{pmatrix}$$

注意到列矢量的各分量即它在对应基矢上的展开系数，对照式（1）和式（2），我们欲求的基矢变换矩阵即

$$\tilde{T} = \begin{pmatrix} \cos\dfrac{\theta}{2} e^{-i\phi/2} & \sin\dfrac{\theta}{2} e^{-i\phi/2} \\ \sin\dfrac{\theta}{2} e^{+i\phi/2} & -\cos\dfrac{\theta}{2} e^{+i\phi/2} \end{pmatrix}$$

该变换矩阵将哈密顿算符对应的矩阵表示 $\tilde{H}$ 转换为对角矩阵

$$\tilde{E} = \begin{pmatrix} E_+ & \\ & E_- \end{pmatrix}$$

也同时完成了哈密顿算符本征问题的求解。这一套方法事实上适用于任意维数的、可对角化的方阵。给定一个可对角化的方阵 $\tilde{H}$，对角化的过程可总结如下：

1. 设 $\tilde{H}$ 可能取到的本征值为 E，从方程 $\det(\tilde{H} - E\tilde{I}) = 0$ 中求得其值。利用线性代数的相关结论，可以证明方程等号左边将是关于 E 的多项式，且最高次数恰好等于方阵的维数。即求本征值的过程可以等价于解多项式零点的过程。

2. 将可能的本征值取值 E 回代入方程 $(\tilde{H} - E\tilde{I})Y = 0$，从方程组中解出本征矢量 Y。由于上一步已保证行列式为 0，因此方程组至少有一个非平凡解，但并非一定只有唯一解。对于一个本征值有多个本征矢量的情况，我们一般称这些本征矢量为简并的（degenerate）。

三、二能级系统的含时演化和拉比振荡

分析一个系统的演化行为需要用到完整的含时薛定谔方程。在讨论波包演化问题时，我们收获了这样一则经验：如果系统在初始时刻的状态可以用哈密顿算符的本征态展开，那么其后它在任意时刻的状态，都可以认为是各分量加上正比于本征能量的含时相位后，再重新组合得到的结果。然而，加入微扰后，$|\psi_1\rangle$ 和 $|\psi_2\rangle$ 不再是系统总哈密顿算符的本征态，因此不便直接使用这则经验。前面我们花费大力气讨论的对角化问题，其意义在此刻不言自明。

在初始时刻（ $t = 0$ ），将系统所处的状态按加入微扰项的哈密顿算符本征态展开，记为

$$|\psi(t = 0)\rangle = \gamma |\psi_+\rangle + \eta |\psi_-\rangle$$

此时，按照前述方法，立刻可知形式上任意时刻的态矢可以记为

$$|\psi(t)\rangle = \gamma e^{-\frac{i}{\hbar} E_+ t} |\psi_+\rangle + \eta e^{-\frac{i}{\hbar} E_- t} |\psi_-\rangle$$

具体的计算可借由矩阵运算完成。按照约定的符号，初始时刻系统状态的矩阵可表示为

$$|\psi(0)\rangle \underset{|\psi_\pm\rangle}{\leftrightarrow} Y(0) = \tilde{T}^{-1} X(0)$$

而二维矩阵的逆可以利用代数余子式法很方便地求得，即

$$\tilde{T}^{-1} = \begin{pmatrix} a & c \\ b & d \end{pmatrix}^{-1} = \frac{1}{\det \tilde{T}} \begin{pmatrix} d & -c \\ -b & a \end{pmatrix}$$

更具体地，即

$$\begin{pmatrix} \gamma(0) \\ \eta(0) \end{pmatrix} = \begin{pmatrix} -d & c \\ b & -a \end{pmatrix} \begin{pmatrix} 1 \\ 0 \end{pmatrix} = \begin{pmatrix} -d \\ b \end{pmatrix}$$

经过一定时间的演化后，应当有

$$|\psi(t)\rangle \underset{|\psi_\pm\rangle}{\leftrightarrow} Y(t) = \begin{pmatrix} \gamma(t) \\ \eta(t) \end{pmatrix} = \begin{pmatrix} \gamma(0) e^{-\frac{i}{\hbar} E_+ t} \\ \eta(0) e^{-\frac{i}{\hbar} E_- t} \end{pmatrix}$$

如果此时用仪器进行观测，按照定义，仪器只能分辨态 $|\psi_{1,2}\rangle$ ，所以我们应当再转换到相应的表象上，有

$$|\psi(t)\rangle \underset{|\pm\rangle}{\leftrightarrow} \begin{pmatrix} \alpha(t) \\ \beta(t) \end{pmatrix} = \tilde{T} \begin{pmatrix} \gamma(t) \\ \eta(t) \end{pmatrix}$$

$$= \begin{pmatrix} a & c \\ b & d \end{pmatrix} \begin{pmatrix} \gamma(0) e^{-\frac{i}{\hbar} E_+ t} \\ \eta(0) e^{-\frac{i}{\hbar} E_- t} \end{pmatrix}$$

$$= \begin{pmatrix} a & c \\ b & d \end{pmatrix} \begin{pmatrix} -d e^{-\frac{i}{\hbar} E_+ t} \\ b e^{-\frac{i}{\hbar} E_- t} \end{pmatrix}$$

如果只关心它在 $|-\rangle$ 态上的分量大小，则仅需要计算

$$
\begin{aligned}
\beta(t) &= -bd\mathrm{e}^{-\frac{\mathrm{i}}{\hbar}E_+t} + db\mathrm{e}^{-\frac{\mathrm{i}}{\hbar}E_-t} \\
&= -bd\left(\mathrm{e}^{-\frac{\mathrm{i}}{\hbar}(E_m+\kappa)t} - \mathrm{e}^{-\frac{\mathrm{i}}{\hbar}(E_m-\kappa)t} \right) \\
&= bd\mathrm{e}^{-\frac{\mathrm{i}}{\hbar}E_mt}\left(\mathrm{e}^{-\frac{\mathrm{i}}{\hbar}\kappa t} - \mathrm{e}^{\frac{\mathrm{i}}{\hbar}\kappa t} \right)
\end{aligned}
$$

利用欧拉公式 $\mathrm{e}^{\mathrm{i}\phi} = \cos\phi + \mathrm{i}\sin\phi$ ，可以将它进一步化简为

$$
\begin{aligned}
\beta(t) &= -\sin\frac{\theta}{2}\mathrm{e}^{\mathrm{i}\frac{\phi}{2}}\cos\frac{\theta}{2}\mathrm{e}^{\mathrm{i}\frac{\phi}{2}}\mathrm{e}^{-\frac{\mathrm{i}}{\hbar}E_mt}2\mathrm{i}\sin\frac{\kappa t}{\hbar} \\
&= -\mathrm{i}\left(2\sin\frac{\theta}{2}\cos\frac{\theta}{2} \right)\mathrm{e}^{\mathrm{i}\phi}\mathrm{e}^{-\frac{\mathrm{i}}{\hbar}E_mt}\sin\frac{\kappa t}{\hbar} \\
&= -\mathrm{i}\mathrm{e}^{\mathrm{i}\phi}\mathrm{e}^{-\frac{\mathrm{i}}{\hbar}E_mt}\sin\theta\sin\frac{\kappa t}{\hbar}
\end{aligned}
$$

系统跃迁到 $|\psi_2\rangle$ 态的概率是系数的模方，即

$$
\mathcal{P}_{1\to 2} \equiv |\beta(t)|^2 = \sin^2\theta\sin^2\frac{\kappa t}{\hbar}
$$

前面我们已经求得参数 θ 与能量算符的矩阵表示分量之间的关系，利用恒等式

$$
1+\tan^2\theta = \frac{1}{\cos^2\theta}
$$

以及考虑 θ 在 0 到 $\pi/2$ 之间取值，可以得到

$$
\begin{aligned}
\cos\theta &= \sqrt{\frac{1}{1+\tan^2\theta}} \\
&= \frac{1}{\sqrt{1+\dfrac{2|H_{22}|}{(H_{11}-H_{22})^2}}} \\
&= \frac{|H_{11}-H_{22}|}{\sqrt{(H_{11}-H_{22})^2+4|H_{22}|^2}} \\
&= \frac{|H_{11}-H_{22}|}{2\kappa}
\end{aligned}
$$

于是

$$\begin{aligned}
\sin^2\theta &= 1 - \cos^2\theta = 1 - \frac{(H_{11}-H_{22})^2}{(2\kappa)^2}\\
&= 1 - \frac{(H_{11}-H_{22})^2}{(H_{11}-H_{22})^2 + 4\,|\,H_{12}\,|^2}\\
&= \frac{4\,|\,H_{12}\,|^2}{(H_{11}-H_{22})^2 + 4\,|\,H_{12}\,|^2}
\end{aligned}$$

总体来说，我们可以得到

$$\begin{aligned}
\mathcal{P}(t) = |\,\beta(t)\,|^2 &= \frac{4\,|\,H_{12}\,|^2}{(H_{11}-H_{22})^2 + 4\,|\,H_{12}\,|^2}\sin^2\frac{\kappa}{\hbar}t\\
&= \frac{4\,|\,H_{12}\,|^2}{(H_{11}-H_{22})^2 + 4\,|\,H_{12}\,|^2}\sin^2\frac{\sqrt{(H_{11}-H_{22})^2 + 4\,|\,H_{12}\,|^2}}{2\hbar}t
\end{aligned}$$

可做出跃迁概率随时间变化的曲线，如图 1 所示。

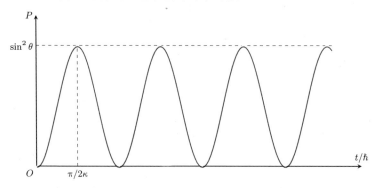

图 1　跃迁概率随时间变化的曲线

这个结果告诉我们，系统跃迁的概率随着时间的流逝按照一定的周期在持续振荡。利用等式

$$E_+ - E_- = (E_m + \kappa) - (E_m - \kappa) = 2\kappa$$

可知，系统在

$$\Delta t = \frac{(2n+1)\pi\hbar}{2\kappa} = \frac{(2n+1)\pi\hbar}{E_+ - E_-}$$

时刻达到最大值

$$\mathcal{P}_{\max} = \frac{4|H_{12}|^2}{(H_{11} - H_{22})^2 + 4|H_{12}|^2}$$

不难发现，这种振荡的频率和幅度都与扰动强度，即非对角元的模长直接相关。如果将扰动项置零，则振荡将会消失，系统保持在$|+⟩$态上随时间仅有相位的变化，即可回到此前研究过的、可以类比为"拉莫进动"的演化。而当有微扰存在时，这种由微扰造成的、系统"在两个能级之间振荡"的现象因最初由拉比（Rabi）提出，于是又被命名为"拉比振荡"（Rabi's oscillation），它是核磁共振等现代技术的物理基础。

小结
Summary

在描述某一态空间及其中的态矢时，我们常常需要预先选定某组基矢作为参考，又称选择某个表象。然而，基矢（表象）的选择是相当任意的，且是人为决定的。同一个态矢在不同基矢（表象）下的矩阵表达，可以通过转换矩阵相互转化，算符亦然。特别地，通过选取能量本征态为基矢，可以将哈密顿算符表达为对角矩阵。这一过程在数学中被称为"对角化"，有相当成熟的求解方法。其中，对角矩阵的各分量对应为算符的本征值，它是关于 E 的多项式 $\det(\tilde{H} - E\tilde{I})$ 的根。知道了本征值后，可以通过解一组线性方程组求得对应的本征态。将受扰动的二能级系统的哈密顿算符对角化后，我们可以通过薛定谔方程研究其演化过程。可以发现，原本处于第一本征态的系统有概率跃迁到第二本征态，且该概率将随时间呈周期性变化，这种现象称为"拉比振荡"。

05

核磁共振

Stern Gerlach 实验 $\vec{\mu} \to \vec{L}$ 或 $\vec{S}$ 自旋

自旋 = 态空间到矩阵 —— Hibert 空间

量子力学的基本假设

态矢 $|\pm\rangle$ $\begin{pmatrix} \alpha \\ \beta \end{pmatrix}$

operator 算符 2×2 $\begin{pmatrix} a & c \\ b & d \end{pmatrix}$ matrix

自旋:

↓ vector
左矢

$|\pm\rangle$ operator S_z

$\frac{\hbar}{2}\begin{pmatrix} 1 & 0 \\ 0 & -1 \end{pmatrix}$ S_x
S_y

$\frac{\hbar}{2}\begin{pmatrix} 0 & 1 \\ 1 & 0 \end{pmatrix}$ S_x

pauli: 泡利矩阵 $\frac{\hbar}{2}\begin{pmatrix} 0 & -i \\ i & 0 \end{pmatrix}$ S_z

σ_z σ_x σ_y.

沿着 operator in 某方向 $\vec{S} \to$ 矢量

任何 L 的转动

$\vec{S}_n = \vec{S}_x \cos\phi \sin\theta$
$+ \vec{S}_y \sin\phi \sin\theta$
$+ \vec{S}_z \cos\theta$

$\sigma_n = \sigma_x \cos\phi \sin\theta$
$+ \sigma_y \sin\phi \sin\theta + \sigma_z \cos\theta$

$= \begin{pmatrix} \cos\theta & \cos\phi \sin\theta + (-i)\sin\phi \sin\theta \\ & \end{pmatrix}$

$= \begin{pmatrix} \cos\theta & e^{-i\phi}\sin\theta \\ \sin\theta\, e^{i\phi} & -\cos\theta \end{pmatrix}$

$tg\theta = \dfrac{2|H_{12}|}{H_{11}-H_{22}}$

行间. 加B $\hat{H} = -\vec{\mu}\cdot\vec{B}$
$= -\gamma S_z B_0$
$= \omega_0 S_z = \pm\dfrac{\hbar}{2}\omega_0 \sigma_z$

任意 $\begin{pmatrix} \alpha \\ \beta \end{pmatrix}$ 都可以看成 $\begin{pmatrix} a \\ b \end{pmatrix}$

某个元方向 $\to (\theta, \phi)$ σ_n 的本征态

几里 $\vec{n}(\theta,\phi) \to \begin{pmatrix} a \\ b \end{pmatrix}$ 共中
图象 $\omega = -\gamma B_0$

如果 $\vec{B} = \vec{B}_0 + \vec{B}_1$

$\vec{B}_0$ $\vec{B} \Rightarrow \begin{pmatrix} H_{11} & H_{12} \\ H_{21} & H_{22} \end{pmatrix}$

$\vec{B}_1$ $|\pm\rangle \to \begin{pmatrix} \alpha(t) \\ \beta(t) \end{pmatrix}$

$\beta(t) \sim e^{i\phi} \cdot e^{-i\frac{E_+ t}{\hbar}} \sin\theta \sin\dfrac{K}{\hbar}t$

$|\beta|^2 \propto \sin^2\theta \sin^2\dfrac{K}{\hbar}t$

2P 周期运 $\dfrac{2K}{\hbar} = \dfrac{E_+ - E_-}{\hbar}$

与 B 的进动 $\omega_0 = \dfrac{E_+ - E_-}{\hbar} = \omega_0$

互致 报年　$\dfrac{E_+-E}{\hbar}=\omega_B$

与经典图景一致

Now 互致报年经典图景

$$B_x = B_1\cos\omega t$$
$$B_y = B_1\sin\omega t$$

$$\hat{H}=-\vec{\mu}\cdot\vec{B}$$
$$=-\gamma\left(S_z B_0 + S_x B_1\cos\omega t + S_y B_1\sin\omega t\right)$$
$$=\frac{\hbar}{2}\left[\omega_0\sigma_z + \omega_1\sigma_x\cos\omega t + \omega_1\sigma_y\sin\omega t\right]$$
$$=\frac{\hbar}{2}\begin{pmatrix}\omega_0 & \omega_1\cos\omega t - i\sin\omega t\\ \omega_1\cos\omega t + i\sin\omega t & -\omega_0\end{pmatrix}$$
$$=\frac{\hbar}{2}\begin{pmatrix}\omega_0 & \omega_1 e^{-i\omega t}\\ \omega_1 e^{+i\omega t} & -\omega_0\end{pmatrix}$$

令旋转坐标

$$i\hbar\frac{\partial}{\partial t}\begin{pmatrix}\alpha\\\beta\end{pmatrix}=\frac{\hbar}{2}\begin{pmatrix}\omega_0 & \omega_1 e^{-i\omega t}\\ \omega_1 e^{+i\omega t} & -\omega_0\end{pmatrix}$$

→ 经典图景对论那些图景
→ 旋转 pulse

$$\begin{pmatrix}\alpha\\\beta\end{pmatrix}=\begin{pmatrix}\alpha_1 e^{-i\omega t/2}\\\beta_1 e^{+i\omega t/2}\end{pmatrix}$$

$$i\hbar\frac{\partial}{\partial t}\begin{pmatrix}\alpha_1 e^{-i\omega t/2}\\\beta_1 e^{+i\omega t/2}\end{pmatrix}=\frac{\hbar}{2}\begin{pmatrix}\omega_0 & \omega_1 e^{-i\omega t/2}\\ e^{+i\omega t} & -\omega_0\end{pmatrix}\begin{pmatrix}\alpha_1 e^{-i\omega t/2}\\\beta_1 e^{+i\omega t/2}\end{pmatrix}$$

$$i\hbar\frac{\partial}{\partial t}\alpha_1 + \frac{\hbar}{2}\omega\alpha_1 = \frac{\hbar}{2}\left(\omega_0\alpha_1 e^{-i\omega t/2}+\omega_1\beta_1 e^{-i\omega t/2}\right)$$

$$i\hbar\frac{\partial}{\partial t}\beta_1 - \frac{\hbar}{2}\omega\beta_1 = \frac{\hbar}{2}\left(\alpha_1 e^{+i\omega t/2}-\omega_0\beta_1 e^{+i\omega t/2}\right)$$

$$i\hbar\frac{\partial}{\partial t}\begin{pmatrix}\alpha_1\\\beta_1\end{pmatrix}+\frac{\hbar}{2}\begin{pmatrix}\omega & 0\\0 & -\omega\end{pmatrix}=\frac{\hbar}{2}\begin{pmatrix}\omega_0 & \omega_1\\\omega_1 & -\omega_0\end{pmatrix}$$

$$i\hbar\frac{\partial}{\partial t}\begin{pmatrix}\alpha_1\\\beta_1\end{pmatrix}=\frac{\hbar}{2}\begin{pmatrix}\omega_0-\omega & \omega_1\\\omega_1 & -(\omega_0-\omega)\end{pmatrix}\begin{pmatrix}\alpha_1\\\beta_1\end{pmatrix}$$

$$H'=\begin{pmatrix}H_{11} & H_{12}\\H_{21} & H_{22}\end{pmatrix}=\frac{\hbar}{2}\begin{pmatrix}\omega_0-\omega & \omega_1\\\omega_1 & -(\omega_0-\omega)\end{pmatrix}$$

$$E_m=0$$
$$E_+=\hbar K=\frac{1}{2}\sqrt{\left(\frac{\hbar}{2}\right)2(\omega_0-\omega)^2+4\left(\frac{\hbar}{2}\omega_1\right)^2}$$
$$=\frac{1}{2}\sqrt{(\omega_0-\omega)^2+\omega_1^2}\,\hbar$$

$$E_-=-\hbar K=-\frac{1}{2}\hbar\sqrt{(\omega_0-\omega)^2+\omega_1^2}$$

$$\tan\theta=\frac{2|H_{12}|}{H_{11}-H_{22}}=\frac{2\times\frac{\hbar}{2}\omega_1}{2\times\frac{\hbar}{2}(\omega_0-\omega)}$$

核磁共振是如何实现的
——周期性圆磁场驱动下的自旋系统[1]

　　摘要：在本节中，我们将讨论如何用图示法直观展示自旋在磁场中的演化，并借此讨论自旋如何在时变的周期性圆磁场驱动下做拉比振荡。自旋的拉比振荡是现代核磁共振技术的物理原理，借助经典热力学方法和拉比振荡的相关结果，我们可以定性了解核磁共振仪是如何实现的，以及它为何能成为有机化学分析中的利器。

　　在上一章中，我们介绍了粒子的自旋，讨论了如何利用线性代数方法去建模、描述和预言内禀自由度的演化。一步步走来，我们已经从理论上对自旋和二能级系统有了相当完整的理解，其完整程度与一致性让我们逐步相信：物质世界的规律就应如此。然而，纯理论的讨论不应该是科学的终点，而应该是科学的中途。理论研究的目的地，或在哲学领域——改变我们对世界的认知；或在技术领域——改造世界上的工具。早在前面的章节中，我们就已经试图谈论过量子力学在哲学层面的意义；在本节中，我们将走向实践，尝试理解现当代顶尖的技术之一——核磁共振——背后的物理原理。

一、粒子自旋与磁场相互作用的直观图像

　　在 4.3 节中，我们求得了自旋算符在任意方向上的分量及其相应的本征态。我们发现，在这一情况下，其正本征态 $|+\rangle_n$ 可以用该方向的方向角

---

1 整理自搜狐视频 App "张朝阳"账号/作品/物理课栏目中的第 150、152 期视频，由陈广尚执笔。

$0 \leqslant \theta \leqslant \pi$、$0 \leqslant \phi < 2\pi$ 唯一确定。由此，我们可以建立单位球面（又称布洛赫球）上任意一点与该自旋态之间的一一对应关系，并用图像直观表示为图 1 的形式。

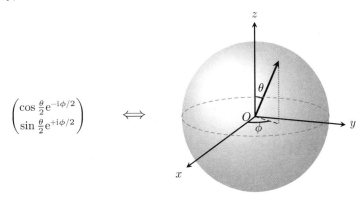

$$\begin{pmatrix} \cos\frac{\theta}{2}\mathrm{e}^{-\mathrm{i}\phi/2} \\ \sin\frac{\theta}{2}\mathrm{e}^{+\mathrm{i}\phi/2} \end{pmatrix} \quad \Longleftrightarrow$$

图 1　用布洛赫球（Bloch sphere）表示自旋态

　　注意在以矩阵的形式表示算符和态时，我们默认会取自旋 z 方向分量 $\hat{S}_z$ 的本征态为基矢。根据概率诠释，当系统处在态 $|+\rangle_n$ 上，而我们试图去测量它在 z 方向上的分量时，得到 $\pm\hbar/2$ 的概率将是对应第一、第二分量的模方

$$\mathcal{P}_+ = \cos^2\frac{\theta}{2} = \frac{1+\cos\theta}{2}$$

$$\mathcal{P}_- = \sin^2\frac{\theta}{2} = \frac{1-\cos\theta}{2}$$

可以看到它与代表自旋态的矢量在 z 轴上投影长度相关。

　　当不存在磁场时，物理系统中不存在特定的方向，自旋在各方向上的投影相互平权。而当加入一个磁场时，由于磁场有特定的方向，因此系统的旋转对称性便被破坏了。具体来说，加入磁场后，系统的哈密顿算符会多出磁矩与磁场的相互作用项

$$\hat{H} = -\hat{\boldsymbol{\mu}} \cdot \boldsymbol{B}_0 = -\gamma\hat{\boldsymbol{S}} \cdot \boldsymbol{B}_0 \tag{1}$$

使得自旋沿磁场方向的分量变得更为重要。根据前面的讨论，我们知道当磁场沿 z 轴方向（$\boldsymbol{B}_0 = B_0\boldsymbol{e}_z$），且初始时刻表示自旋态的矢量不与磁场方向共线时，这一矢量将绕 z 轴以特定的角频率 $\omega_0 = -\gamma B_0$ 旋转。这一结论可以被自然地扩展到磁场任意方向的场景，只要初始时刻矢量不与磁场共线，便会

出现矢量以磁场方向绕转的现象。这一现象被称为"拉莫进动"，角频率 ω_0 又被称为拉莫频率，它将是后续我们介绍的核磁共振技术中的重要参数。

此时，如果再加入一个与 z 轴不共线的扰动磁场 B_1，系统的哈密顿算符表象和我们写下的矩阵形式的 $\hat{S}_z$ 表象将不再保持一致。换言之，此时系统的哈密顿算符对应的矩阵将带有额外的非对角项。利用受扰动的二能级系统的结果，初始时刻处于 $\hat{S}_z$ 正本征态的粒子，将有

$$\mathcal{P}(t) \equiv |\,\beta(t)\,|^2 = \sin^2\theta \sin^2\frac{\kappa t}{\hbar}$$

的概率跃迁到负本征态上。这一概率随时间呈周期性变化，能取的最大值为 $\sin^2\theta \leqslant 1$。

我们可以再借助矢量图像来理解这一点。如图 2 所示，加入了扰动磁场后的哈密顿算符为

$$\hat{H} = -\hat{\boldsymbol{\mu}} \cdot \boldsymbol{B}_0 - \hat{\boldsymbol{\mu}} \cdot \boldsymbol{B}_1 = -\hat{\boldsymbol{\mu}} \cdot \boldsymbol{B}_{\text{eff}}$$

等价于系统在与一个等效的合磁场 $\boldsymbol{B}_{\text{eff}}$ 相互作用。考虑一个简单的情况，要求加入的扰动磁场恰好沿 y 轴方向，则表达式中的参数 θ 可以解释为合磁场与 z 轴的夹角，而 $\kappa/\hbar$ 恰好正比于合磁场的强度。由于系统的初始态对应的矢量与合磁场不共线，因此它将以合磁场为轴做拉莫进动。

而对实验观测，真正重要的是矢量在 z 轴上的投影长度，不难发现它正随矢量"甩头"呈周期性变化，形象地说是在"点头"。且由几何关系不难得出，"点头"的幅度是有限的，当矢量在圆周上运动时，在 z 轴上的投影最多能达到 $\cos 2\theta$ 的位置，正好对应最大跃迁概率为

$$\mathcal{P}_{-,\max} = \frac{1 - \cos 2\theta}{2} = \sin^2\theta$$

与我们通过数学方法求得的结果一致。可以看到，拉比振荡本质上仍是拉莫进动，只不过由于测量公设的要求，实验观测到的只是系统状态的"投影"，让我们看到了周期性振荡的结果。

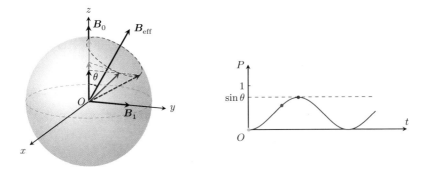

图 2 拉比振荡本质是态矢（红色箭头）绕不与 z 轴共线的有效磁场 B_{eff} 做拉莫
进动的结果。态矢在 z 轴上的投影长度（红色箭头）将呈周期性变化

二、自旋在圆磁场中的演化与共振

现在我们考虑加入的扰动磁场的方向不再恒定，而是在 xOy 平面上以固
定的频率旋转，即

$$\boldsymbol{B}_1 = B_1 \cos \omega t \, \boldsymbol{e}_x + B_1 \sin \omega t \, \boldsymbol{e}_y$$

这种磁场又被称为圆磁场。此时，系统的哈密顿算符可以写为

$$\begin{aligned}
\hat{H}(t) &= -\hat{\boldsymbol{\mu}} \cdot \left(B_0 \boldsymbol{e}_z + B_1 \cos \omega t \, \boldsymbol{e}_x + B_1 \sin \omega t \, \boldsymbol{e}_y \right) \\
&= -\gamma B_0 \hat{S}_z - \gamma B_1 \cos \omega t \, \hat{S}_x - \gamma B_1 \sin \omega t \, \hat{S}_y \\
&= \omega_0 \hat{S}_z + \omega_1 \cos \omega t \, \hat{S}_x + \omega_1 \sin \omega t \, \hat{S}_y
\end{aligned}$$

在 $|\pm\rangle$ 这一表象下，它对应的矩阵形式为

$$\hat{H}(t) \leftrightarrow \frac{\hbar}{2} \begin{pmatrix} \omega_0 & \omega_1 \mathrm{e}^{-\mathrm{i}\omega t} \\ \omega_1 \mathrm{e}^{+\mathrm{i}\omega t} & -\omega_0 \end{pmatrix}$$

如果记

$$|\psi(t)\rangle \leftrightarrow \begin{pmatrix} \alpha(t) \\ \beta(t) \end{pmatrix}$$

则含时薛定谔方程可以写为

$$\mathrm{i}\hbar \frac{\partial}{\partial t} \begin{pmatrix} \alpha(t) \\ \beta(t) \end{pmatrix} = \frac{\hbar}{2} \begin{pmatrix} \omega_0 & \omega_1 \mathrm{e}^{-\mathrm{i}\omega t} \\ \omega_1 \mathrm{e}^{+\mathrm{i}\omega t} & -\omega_0 \end{pmatrix} \begin{pmatrix} \alpha(t) \\ \beta(t) \end{pmatrix} \tag{2}$$

即一组两个相耦合的一阶微分方程。

仔细观察方程，可以发现它与我们之前所解的方程都不同。此前，我们习惯于利用分离变量法在求出哈密顿算符的本征值后，为每一个分量加上相应的含时相位再重新组合出方程的解。然而，这样做的前提是哈密顿算符本身不随时间变化——即分离变量法是适用的。此时则不然，由于磁场方向随时间转动，因此哈密顿算符的非对角项取值也与时间有关。

那么，怎么解决这一难题呢？物理讲究要建立图像，我们首先通过图像法对问题获得定性的认知。已经知道，当加入横向的扰动磁场时，系统状态对应的矢量将绕着合磁场做拉莫进动。在圆磁场下，合磁场的方向也在周期性转动。此时，矢量的运动应当是磁场转动和拉莫进动的合运动（见图3），好比一个人在匀速转动的转盘上抡流星锤，锤子本身的运动会形成一段复杂的路径。

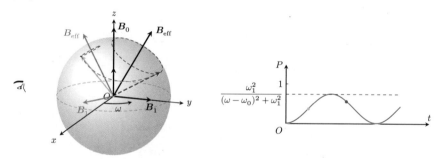

图3   态矢（红色箭头）演化路径（红色虚线）是拉莫进动及有效磁场转动的合运动。态矢在 z 轴上的投影长度（红色箭头）仍呈周期性变化

但值得一提的是，当研究转盘上的运动时，我们一般会切换到与转盘共动的参考系上处理问题。借助这一经验，我们可以迁移，在处理自旋的演化问题时，能否同样先分离出磁场旋转这一运动，即让代表自旋的方向矢量随着磁场方向一起转动呢？按照自旋态与矢量表示的对应关系，我们取 ϕ 为时间的线性函数 $\phi(t) = \omega t$，"让态矢一起转动"在数学上即取变换

$$\begin{pmatrix} \alpha(t) \\ \beta(t) \end{pmatrix} = \begin{pmatrix} \mathrm{e}^{-\mathrm{i}\frac{\omega}{2}t} \alpha_1(t) \\ \mathrm{e}^{+\mathrm{i}\frac{\omega}{2}t} \beta_1(t) \end{pmatrix} \quad (3)$$

代回薛定谔方程（2）中，按分量相等写成两个方程后有

$$i\hbar e^{-i\frac{\omega}{2}t}\frac{\partial}{\partial t}\alpha_1(t) + \frac{\hbar}{2}\omega e^{-i\frac{\omega}{2}t}\alpha_1(t) = \frac{\hbar}{2}\omega_0 e^{-i\frac{\omega}{2}t}\alpha_1(t) + \frac{\hbar}{2}\omega_1 e^{-i\frac{\omega}{2}t}\beta_1(t)$$

$$i\hbar e^{+i\frac{\omega}{2}t}\frac{\partial}{\partial t}\beta_1(t) - \frac{\hbar}{2}\omega e^{+i\frac{\omega}{2}t}\beta_1(t) = -\frac{\hbar}{2}\omega_0 e^{+i\frac{\omega}{2}t}\beta_1(t) + \frac{\hbar}{2}\omega_1 e^{+i\frac{\omega}{2}t}\alpha_1(t)$$

$$（4）$$

消去相同的指数项后，等价于矩阵方程

$$i\hbar\frac{\partial}{\partial t}\begin{pmatrix}\alpha_1(t)\\\beta_1(t)\end{pmatrix} = \frac{\hbar}{2}\begin{pmatrix}\omega_0 - \omega & \omega_1\\\omega_1 & -(\omega_0 - \omega)\end{pmatrix}\begin{pmatrix}\alpha_1(t)\\\beta_1(t)\end{pmatrix} \equiv \tilde{H}_{\text{eff}}\begin{pmatrix}\alpha_1(t)\\\beta_1(t)\end{pmatrix}$$

不难看出，变换后的方程与含时薛定谔方程有同样的形式，且变换后的哈密顿算符不再是含时的，分离变量法及之前的技巧变得适用。

于是，借鉴这种类似于经典力学中"参考系变换"的技巧，我们成功地把旋转磁场的问题再度转化为一个被非对角化的有效哈密顿算符主导的演化问题。为了利用上一节的结论，首先计算一些相关的参数，比如与能量本征值相关的

$$E_m = \frac{H_{11} + H_{22}}{2} = 0$$

$$\kappa = \frac{1}{2}\sqrt{(H_{11} - H_{22})^2 + 4|H_{12}|^2} = \frac{\hbar}{2}\sqrt{(\omega_0 - \omega)^2 + \omega_1^2}$$

这里的 H_{ij} 即 $\tilde{H}_{\text{eff}}$ 的各个分量。还有与转换矩阵相关的

$$\tan\theta = \frac{2|H_{12}|}{H_{11} - H_{22}} = \frac{\omega_1}{\omega_0 - \omega}$$

和

$$\phi = 0$$

于是立刻可以知道，如果初始时刻

$$\alpha_1(0) = 1, \qquad \beta_2(0) = 0$$

那么随着时间的流逝，

$$\begin{pmatrix}\alpha_1(t)\\\beta_1(t)\end{pmatrix} = \begin{pmatrix}\cos\dfrac{\kappa t}{\hbar} - i\cos\theta\sin\dfrac{\kappa t}{\hbar}\\[2mm]-i\sin\theta\sin\dfrac{\kappa t}{\hbar}\end{pmatrix}$$

再按照等式（3），可以得到合运动为

$$\begin{pmatrix} \alpha(t) \\ \beta(t) \end{pmatrix} = \begin{pmatrix} \cos\dfrac{\kappa t}{\hbar}\,\mathrm{e}^{-\mathrm{i}\frac{\omega}{2}t} - \mathrm{i}\cos\theta\sin\dfrac{\kappa t}{\hbar}\,\mathrm{e}^{-\mathrm{i}\frac{\omega}{2}t} \\ -\mathrm{i}\sin\theta\sin\dfrac{\kappa t}{\hbar}\,\mathrm{e}^{\mathrm{i}\frac{\omega}{2}t} \end{pmatrix}$$

如果只关注它跃迁到 $|-\rangle$ 的概率，则有

$$\mathcal{P}(t) = |\beta(t)|^2 = \frac{\omega_1^2}{(\omega_0 - \omega)^2 + \omega_1^2}\sin^2\frac{\kappa t}{\hbar}$$

一般而言，这个振荡幅度应当小于 1，即自旋取向不会完全翻转。然而注意到，如果加入的旋转磁场的转动频率 ω 恰好等于拉莫频率 ω_0，则有

$$\kappa = \frac{\hbar}{2}\omega_1, \qquad \theta = \frac{\pi}{2}$$

对应的含时波函数为

$$\begin{pmatrix} \alpha(t) \\ \beta(t) \end{pmatrix} = \begin{pmatrix} \cos\dfrac{\kappa t}{\hbar}\,\mathrm{e}^{-\mathrm{i}\frac{\omega}{2}t} \\ -\mathrm{i}\sin\dfrac{\kappa t}{\hbar}\,\mathrm{e}^{\mathrm{i}\frac{\omega}{2}t} \end{pmatrix}$$

而跃迁概率

$$\mathcal{P}(t) = \sin^2\frac{\kappa t}{\hbar}$$

在特定时刻，概率允许取到 1，即可能完全翻转。此时，可以认为出现了共振现象。

我们仍然可以借助图像法直观地理解这个结果。首先我们回头看得到 $\tilde{H}_{\mathrm{eff}}$ 的过程，当我们通过变换消去哈密顿算符对时间的依赖时，等式（4）左方会多出一项正比于 $\hbar/2$ 的项。它好比在经典力学中，转换到非惯性系时额外带来的惯性力。在当前的例子中，当我们把这一项合并到有效哈密顿算符中时，不难发现，它将把哈密顿算符的对角元调整为 $\pm(\omega_0 - \omega)$。形象地理解，这一"惯性力"会抵消磁场 $\boldsymbol{B}_0$ 的效果。

特别地，出现共振（$\omega = \omega_0$）现象时，在"共动坐标系"下与自旋对应

的单位矢量"感受不到"由 B_0 引起的拉莫进动。在它的视角中，B_0 消失了，它仅需要绕横向（Transverse）磁场 B_1 进动，此时上下态概率振幅相等，且矢量在 z 轴上的投影在 ±1 间变动，如图 4 所示。而在不严格共振（ω 接近 ω_0，但不相等）时，自旋"感受到"的磁场是横向磁场 B_1 与等效磁场

$$B_{0,\mathrm{eff}} = \frac{\omega_0 - \omega}{\gamma} e_z$$

之和，自旋对应的单位矢量将绕着这个合磁场所代表的矢量做进动。注意到等效磁场强度很弱，即可以理解为 B_1 微微"抬头"偏离 xOy 平面，最大跃迁概率将接近于 1。这一现象即核磁共振技术的物理基础。

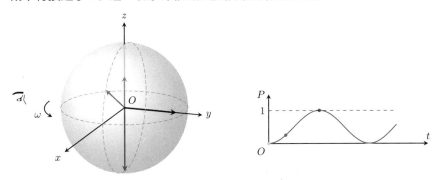

图 4　在"共动坐标系"下，当发生共振时，有效磁场落到 xOy 平面上（黑色箭头），态矢沿过 z 轴的大圆演化，在特定时刻会完全反转到 $|-\rangle$ 态上

三、核磁共振级数带来结构化学的新认知

接下来我们讨论核磁共振是如何实现的。在上面的讨论中，我们将注意力集中在分析单个粒子的自旋上。然而，在实际的应用场景中，核磁共振体现的是许多氢核的集体行为。在有机分子或生物体中，由于配对或电离，总存在大量近乎裸露的氢核。氢核即带有半整数自旋角动量的质子，利用核磁共振仪，我们可以通过调节磁场很方便地改变并探测氢核的自旋态，并从中获得有意义的信息。

由于核磁共振信号来源于大量的，甚至数量级逼近热力学极限的氢核，因此，如果要进行细致而定量的分析，原则上需要用到量子统计力学。这显然偏离了本章甚至本书的主题。限于篇幅，我们不妨暂时关注更定性的分析，

以简单扼要地阐明核磁共振的基本原理。

　　首先，根据热力学和统计力学的基本原理，在一个恒定的环境中，一团氢核在一段时间的演化后会达到热力学平衡态。在不施加磁场时，团体中任意氢核的自旋会随机取向，整体不呈现显著的磁化。而如果将这团氢核放置在一个沿 z 轴方向的强磁场（比如医用核磁共振需要用到的 1.5T 甚至 3T 磁场）中，哈密顿算符中磁矩与磁场的相互作用项（式（1））会导致不同取向的自旋之间存在能量差，待系统重新恢复到热平衡状态时，自旋在 z 轴方向的取值分布将满足玻尔兹曼分布[1]

$$n_i \propto e^{-\beta E_i}$$

由于 $|+\rangle$ 对应的能量更低，因此更多的氢核会处于该态，整体表现出顺磁性。

　　其后，考虑在系统中加入一个频率在无线电频率范围内的圆磁场脉冲。脉冲的加入会驱使系统远离平衡态，此时热关联被破坏，每个粒子均可近似被认为是在独立演化，即上面对单个粒子的分析近似成立。如果磁场的频率恰好在氢核的共振频率附近，则每个氢核的自旋将有很大的概率被翻转。此时，在"共动坐标系"下，磁场几乎是落到 xOy 平面上的。在重新建立热平衡后，由于外部磁场的存在，整体磁矩将落到平面上。而在"实验室坐标系"下，这一磁矩还在以一定的角频率 $\omega \approx \omega_0$ 绕转，如图 5 所示。

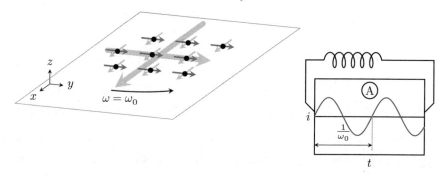

图 5　圆磁场脉冲将氢核集团极化，得到在 xOy 平面上绕转的磁矩。如果在 y 轴方向设置一个固定线圈，则可以测量到按正弦函数变化的电流，其频率恰好等于拉莫频率

---

1 注意，简单起见，这里我们沿用了经典统计力学的处理方法。

如果在 y 轴方向设置一个固定线圈，则随着磁矩转动，线圈中会感生出正弦变化的电流。一段时间后将脉冲撤去，即粒子自旋感受到的磁场从横向重新变为纵向。由于粒子自旋在 xOy 平面上取不同方向，不再具有能量差，因此自旋的横向分量逐渐热化为随机取值，整个体系趋向于恢复初始在大磁场中的平衡态。这个过程被称为退相位化（Dephasing），它的时间是系统的参数，称为横向弛豫时间（Relaxation time）T_2。在弛豫时间内，线圈中仍能感生出频率与拉莫频率相同的交变电流，但由于氢核集体趋向于顺磁，横向磁矩会逐渐减弱，因此感生电流的大小也将逐渐衰减，如图 6 所示。

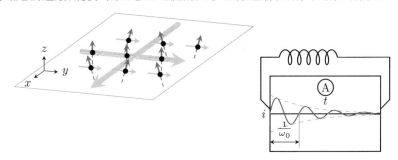

图 6　撤去圆磁场后，在磁场 $\boldsymbol{B}_0$ 的作用下，原本在 xOy 平面上以拉莫频率绕转的氢核磁矩（浅红色箭头）倾向于与 z 轴对齐（深红色箭头），测得的电流将呈指数形式衰减

我们知道，有机物分子中存在大量氢（元素），氢原子与其他元素的原子（碳、氮、氧等）成键时，由于其他原子核的电性更强，因此电子云密度会更集中在成键对象附近，而将氢核暴露出来。在不同环境下，对应不同成键方式的氢核有不同的暴露程度。由于电子云的屏蔽效应将削弱氢核所感知到的磁场强度，因此不同位点氢核的拉莫频率也稍有不同。如果我们用仪器记录弛豫时间内的感生电流，并做傅里叶分析，则可以预期能看到多个分布在不同频率处、强度不等的谱峰。它将告诉我们氢原子在分子中可能的成键方式。

进一步地，如果某个原子与多个氢原子成键，对应频率的谱峰还会发生劈裂，从劈裂峰的数量中我们还能提取某位点氢原子成键的数量。总而言之，核磁共振频谱的谱峰偏移、强度和劈裂，对应着有机物的结构分布，可以作为精细探针帮助我们"看到"有机物的具体化学结构（见图 7）。于是，比如分辨苯分子中的成键特性等有机化学和结构化学所关心的重大问题得以在上世纪末得到完美解答。此外，核磁共振在医学上还有更重要的应用——核磁共振成像。它是诊断医师的第二双"眼睛"，让"看到"肿瘤等重大疾病成为现实。

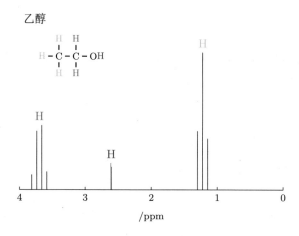

图 7　乙醇的核磁共振频谱（来源：Wikipedia）

小结
Summary

　　自旋算符在任意方向上的投影的正本征态都可以用相关的方向角 (θ,ϕ) 标记，因此可以将其与单位球面（又称布洛赫球）上的任意一点建立对应关系。此时测量 $\hat{S}_z$，所得结果的概率与单位矢量在 z 轴上的投影长度相关。由此可以发现，拉比振荡本质是以磁场方向为轴的拉莫进动，振荡只是投影后产生的"错觉"。如果再加入一个在 xOy 平面上转动的圆磁场，并使转动频率与由 z 轴方向磁场确定的拉莫频率一致，则自旋态有可能被"完全翻转"——即跃迁概率 $\mathcal{P}=1$，这种现象被称为磁共振现象。利用这一性质，我们可以通过外加磁场控制有机分子中氢核的磁矩朝向，并通过测量磁矩变化获得氢核所处的环境信息，进而推断分子中的成键形式。

06

再访谐振子

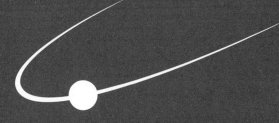

左页 ①

7.7.2023 抛物理程 代入

$\frac{\sqrt{}}{}$ 复位或消位. 另方式/用罗氏位求位

抛物求数: $\psi(x) \sim e^{-\frac{1}{2}\xi^2} u(\xi)$

$$u'' - 2\xi u' + (\lambda - 1) u = 0$$

$$\frac{a_{k+2}}{a_k} = \frac{(2k+1) - \lambda}{(k+2)(k+1)}$$

$$a_{k+2} = \frac{(2k+1) - \lambda}{(k+2)(k+1)} a_k$$

$$= \left\{ \quad \right\} \frac{(2(k-2)+1 - \lambda)}{k(k-1)} a_{k-2}$$

$$= \frac{1}{k!} \prod (2k+1 - \lambda)_{(k, k-2, k-4 \cdots)}$$

在某 k_0 处. $2k_0 + 1 - \lambda = \epsilon$

$$\epsilon \in [0, 4]$$

e.g. |19.15|11.17.3|
         |2.18|

$2k+1$: 1   5   9   13   17

$2k_0 + 1 = 17$ $k_0 = 8$

$2k_0 + 1 - \lambda = \epsilon$,   0 2 4 6 8

若 $\lambda = 2k+1 - \epsilon$ $2n_0 = k_0 = 8$ $n_0 = 4$

在 $17 - \epsilon$ 左 $13 - 17$ 之间

$$a_{k+2} = \frac{1}{k!} \left\{ 2k+1 - (2k_0+1-\epsilon) \right\} k \cdots$$

$$= \frac{1}{k!} 2^n \left[(k-k_0) + \frac{\epsilon}{2} \right] !!$$

右页 ③

$n=0$ 时 $E_0 = \frac{1}{2}\hbar\omega$

$$\psi_0 \sim e^{-\frac{1}{2}\alpha^2 x^2}$$

$$\psi_1 \sim x e^{-\frac{1}{2}\alpha^2 x^2}$$

$$\psi_2 \sim (2\xi^2 - 1) e^{-\frac{1}{2}\xi^2}$$

$$= (2 \frac{m\omega}{\hbar} x^2 - 1) e^{-\frac{1}{2}\frac{m\omega}{\hbar} x^2}$$

用升降算符的角度.

$$H = \frac{p^2}{2m} + \frac{1}{2} m\omega^2 x^2$$

p, x 有对易关系

令 $\alpha x = \tilde{x}$ $\alpha = \frac{m\omega}{\hbar}$

$\beta p = \tilde{p}$ $\beta = \sqrt{\frac{1}{m\omega\hbar}}$

$$\tilde{H} = \frac{1}{2m} (m\omega\hbar) \tilde{p}^2 + \frac{1}{2} m\omega^2 \frac{\hbar}{m\omega} \tilde{x}^2$$

$$= \frac{1}{2} (\tilde{x}^2 + \tilde{p}^2) \hbar\omega$$

如此, 定义. $\tilde{a} = \frac{1}{\sqrt{2}} (\tilde{x} + i\tilde{p})$

$\tilde{a}^\dagger = \frac{i}{\sqrt{2}} (\tilde{x} - i\tilde{p})$

芝流 | $\tilde{x}^\dagger = \tilde{x}$ | 厄米
      | $\tilde{p}^\dagger = \tilde{p}$ | Hermitian

对易关系 $[x, \tilde{x}] = i\hbar$

$$[\tilde{x}, \tilde{p}] = \frac{\sqrt{m\omega}}{\sqrt{\hbar}}\frac{1}{\sqrt{m\omega\hbar}}$$

$$= \sqrt{\frac{m\omega}{\hbar}} \cdot \frac{1}{\sqrt{m\omega\hbar}} \cdot i\hbar$$

张朝阳手稿

$$a^\dagger a^\dagger = \tfrac{1}{2}(x^2+p^2) + \tfrac{1}{2}(+ixp \oplus ipx)$$
$$= \tfrac{1}{2}(x^2+p^2) + \tfrac{1}{2}i[x,p] \quad ④$$
$$= \tfrac{1}{2}(x^2+p^2) \ominus \tfrac{1}{2}$$

$\left(\dfrac{H}{\hbar\omega}\right)$

$$a^+a^- = \tilde H \ominus \tfrac{1}{2}$$
$$H = a^+a + \tfrac{1}{2}$$
$$= aa^+ \ominus \tfrac{1}{2}$$
$$\tilde H = a^+a + \tfrac{1}{2}$$

$$[a,a^+] = aa^+ - a^+a$$
$$= \tfrac{1}{2}$$

$$aa^+ - a^+a = 1 \quad = [a,a^+]$$

$$a^+a \to \tilde N \qquad \tilde H = \tilde N + \tfrac{1}{2}$$

$|\psi_\ell\rangle$ $\tilde N$

$$N|\psi_\ell\rangle = a^+a|\psi_\ell\rangle = \ell|\psi_\ell\rangle$$
$$[a|\psi_\ell\rangle] = a^+aa|\psi_\ell\rangle$$
$$= (aa^+ \ominus 1)a|\psi_\ell\rangle$$
$$= aN|\psi_\ell\rangle \ominus a|\psi_\ell\rangle$$
$$= \ell a|\psi_\ell\rangle + a|\psi_\ell\rangle = (\ell-1)a|\psi_\ell\rangle$$

Plus: $(a^+)^n|\psi_0\rangle = (a^+)^{n-1}a^+|\psi_0\rangle$ ⑤
$$= (a^+)^{n-1}(a^+N)|\psi_1\rangle$$
$$= (a^+)^{n-2}a^+|\psi_1\rangle$$
$$= (a^+)^{n-2}\sqrt{2}|\psi_2\rangle$$
$$\cdots = \sqrt{n!}\,|\psi_n\rangle$$
$$|\psi_n\rangle = \frac{1}{\sqrt{n!}}(a^+)^n|\psi_0\rangle$$

$$\langle x||\psi_n\rangle = \frac{1}{\sqrt{n!}}\left(\frac{1}{\sqrt 2}\right)^n\left(\alpha x \ominus \frac{1}{\alpha}\frac{\partial}{\partial x}\right)^n$$
$$= \frac{1}{\sqrt{n!}}\left(\frac{1}{\sqrt 2}\right)^n(\alpha)^n\left(\alpha^2 x - \frac{\partial}{\partial x}\right)^n \cdot e^{-\frac{1}{2}\alpha^2 x^2} \quad \psi_0(x)$$

$$\psi_0(x) \sim e^{-\frac{1}{2}\alpha^2 x^2}$$
$$\Delta x \sim \sqrt{\frac{\hbar}{m\omega}}$$
$$\tfrac{1}{2}m\omega^2 x^2 \to \tfrac{1}{2}U''x^2 \qquad \omega \sim \left(\frac{U''}{m}\right)^{1/2}$$
$$\Delta x \sim \sqrt{\frac{\hbar}{m\sqrt{U''}}} = \left(\frac{\hbar^2}{mU''}\right)^{1/4}$$

氦 Helium U''小 m小 ΔX大

为何谐振子能量是分立的
——一维谐振子的波函数与截断条件[1]

摘要：无论是在经典力学中还是在量子力学中，谐振子都是一个相当常见的模型，并被广泛应用于对系统微扰的研究中。在本节中，我们将回顾如何求解量子谐振子的分立能谱，并将结果应用于对常压下液氦无法凝固的解释中。

量子力学对物质结构的形成至关重要。在本书的第 3 章中，我们讨论过束缚态能量分立取值这一特点，这保证了氢原子的基态必然精准地、不允许任何模糊地保持一致，处于基态的氢原子也不会因为时刻受到轻微扰动而发生变化。正因如此，原子才能形成（长时间）稳定的结构，进而构成我们身处的多彩世界。为何处于束缚态的系统的能谱有如此重要的特征？如何从数学上严格导出这一结论？这是我们希望在本节中能够厘清的问题。

一、薛定谔方程的渐近行为

谐振子是物理学中最常见的模型，究其原因，任意受保守力作用的物理系统，我们相信其势能均可以用一个连续光滑的函数 $V(x)$ 来刻画。而一个静态稳定的系统的势能将处于势能函数的某一最低点 $x = x_0$ 处，好比一个小球停在山谷间。此时，假设系统已经足够稳定，在相互作用下仅会稍稍偏离势能最低点，则它感受到的势能可以用泰勒展开近似表示为

---

1 整理自搜狐视频 App "张朝阳" 账号/作品/物理课栏目中的第 156、157 期视频，由李松、陈广尚执笔。

$$V(x) \approx V(x_0) + \frac{1}{2}V''(x_0)(x - x_0)^2 + \cdots \qquad (1)$$

我们用 V' 表示势能 V 对空间的导数，由于已经假设系统势能处于最低点，因此有 $V'(x_0) = 0$。如果再记 $k \equiv V''(x_0)$，且通过重新选择势能零点使得 $V(x_0) = 0$，如果我们重新选择原点，令 $x_0 = 0$，则系统的势能

$$V(x) = \frac{1}{2}kx^2$$

根据定义，力是势能函数的空间导数的相反数，所以 $F = -kx$，符合胡克定律。不难发现，微扰下的稳定系统，必然可以等价于一个有确定劲度系数的谐振子。而对这一类系统的研究，几乎贯穿了整个物理学史。特别是进入近代，由于谐振子形式简洁但不简单，因此这一模型得到了广泛的讨论和应用，以至于我们可以稍显轻率地总结：20 世纪的物理学，是谐振子物理学。

谐振子非常重要，早在《张朝阳的物理课》第一卷第五部分中，我们就已经简单介绍过经典谐振子与量子谐振子。设一维量子谐振子的质量为 m，在势能（1）中引入新的参数 $\omega = \sqrt{\dfrac{k}{m}}$，将哈密顿量改写为

$$H = \frac{p^2}{2m} + \frac{1}{2}m\omega^2 x^2$$

经过量子化后，在坐标表象下，哈密顿量对应算符

$$\hat{H} = -\frac{\hbar^2}{2m}\frac{\partial^2}{\partial x^2} + \frac{1}{2}m\omega^2 x^2$$

粒子的演化由薛定谔方程

$$i\hbar\frac{\partial}{\partial t}\psi(x,t) = \hat{H}\psi(x,t)$$

决定。按照第 1 章介绍的方法，我们可以分离变量，先求解定态薛定谔方程

$$\hat{H}\psi_E(x) = E\psi_E(x)$$

即

$$-\frac{\hbar^2}{2m}\frac{d^2}{dx^2}\psi_E(x) + \frac{1}{2}m\omega^2 x^2\psi_E(x) = E\psi_E(x)$$

让我们先将上式整理为二阶微分方程的标准形式。在方程两边同时除以 $-\dfrac{\hbar^2}{2m}$，经过适当变形后可得

$$\frac{\mathrm{d}^2}{\mathrm{d}x^2}\psi_E(x)-\left(\frac{m\omega}{\hbar}\right)^2 x^2\psi_E(x)=-\frac{2E}{\hbar\omega}\cdot\frac{m\omega}{\hbar}\psi_E(x)$$

简单起见，我们定义参数 $\alpha=\sqrt{\dfrac{m\omega}{\hbar}}$ 和 $\lambda=\dfrac{2E}{\hbar\omega}$，于是方程又可以简写为

$$\frac{\mathrm{d}^2}{\mathrm{d}x^2}\psi_E(x)+(\lambda\alpha^2-\alpha^4 x^2)\psi_E(x)=0$$

等式两边再同时除以参数 α^2，有

$$\frac{\mathrm{d}^2}{\mathrm{d}(\alpha x)^2}\psi_E(x)+[\lambda-(\alpha x)^2]\psi_E(x)=0$$

从上式中可以看出，定义 $\xi=\alpha x$ 可以进一步简化表达式。而且由于 α 的量纲是长度纲量的倒数，因此 ξ 将是一个无量纲量。借助变量 ξ，略显繁杂的定态薛定谔方程可以被整理为简单的形式

$$\frac{\mathrm{d}^2\psi_E(\xi)}{\mathrm{d}\xi^2}+(\lambda-\xi^2)\psi_E(\xi)=0 \tag{2}$$

在《张朝阳的物理课》第一卷第五部分中，我们使用了幂级数法来求解这一方程。所谓幂级数法，就是假设方程的解取到如下形式

$$\psi_E(\xi)=\sum_{k=0}^{\infty}a_k\xi^k$$

将其代入方程，然后合并 ξ 的同类项

$$\frac{\mathrm{d}^2\psi_E(\xi)}{\mathrm{d}\xi^2}+(\lambda-\xi^2)\psi_E(\xi)$$

$$=\sum_{k=2}^{\infty}a_k k(k-1)\xi^{k-2}+\lambda\sum_{k=0}^{\infty}a_k\xi^k-\sum_{k=0}^{\infty}a_k\xi^{k+2}$$

$$=(\lambda a_0+2a_2)+(\lambda a_1+6a_3)\xi+\sum_{k=2}^{\infty}[a_{k+2}(k+2)(k+1)+\lambda a_k-a_{k-2}]\xi^k$$

这也是一个关于 ξ 的幂级数。除了前两项外，新的幂级数的系数将由原幂级

数的前后三项 a_{k-2}、a_k 和 a_{k+2} 决定，是它们的线性组合。根据方程，这一幂级数求和结果应为 0，当且仅当其所有系数都为 0 时成立。这样，我们将得到一个二项递推公式

$$a_{k+2}(k+2)(k+1) + \lambda a_k - a_{k-2} = 0, \qquad k \geqslant 2$$

将求解微分方程问题转化成了求解级数递推问题。然而，这样一个递推关系求解起来仍然相当复杂，我们不妨先通过一些简单的分析来讨论原幂级数函数的性质，以期获得启示。

一种可行的思路是，我们不妨先讨论方程的渐近行为，即讨论方程的解在自变量变得很大时的趋势。由于我们常接触的微分方程中的系数函数都是光滑且连续的，因此在一定的区间内，可以将其替换为泰勒展开的领头项，如在 ξ 很大时

$$\lambda - \xi^2 \underset{\xi \to +\infty}{\longrightarrow} -\xi^2$$

即解的行为在渐近区域内仅由这一项主导。可以预见，这一近似将大大简化方程，此时

$$\frac{\mathrm{d}^2 \psi_E(\xi)}{\mathrm{d}\xi^2} - \xi^2 \psi_E(\xi) \approx 0$$

这里我们用约等号来提示方程是经过近似简化的。观察这个方程，它意味着（在渐近区域中）对函数的两次求导等价于在函数前乘以两次自变量。在我们熟悉的函数中，$\mathrm{e}^{\beta\xi^2}$ 有类似的性质，因为

$$\frac{\mathrm{d}}{\mathrm{d}\xi} \mathrm{e}^{\beta\xi^2} = 2\beta\xi \mathrm{e}^{\beta\xi^2} \tag{3}$$

而二阶导数

$$\frac{\mathrm{d}}{\mathrm{d}\xi}\left(2\beta\xi \mathrm{e}^{\beta\xi^2}\right) = 2\beta \mathrm{e}^{\beta\xi^2} + 4\beta^2 \xi^2 \mathrm{e}^{\beta\xi^2} \approx 4\beta^2 \xi^2 \mathrm{e}^{\beta\xi^2}$$

最后一个约等号是因为我们仅考虑在 ξ 趋近于无穷大时的主导项。对比后不难发现，只要在上式的最右侧取 $\beta = \pm\frac{1}{2}$，则该式可回到近似方程（3）。换言之，应当有

$$\psi_E(x) \underset{\xi \to +\infty}{\to} e^{\pm\frac{1}{2}\xi^2}$$

考虑到束缚态波函数可归一化的要求，$\beta > 0$ 这一分支应当被舍弃，于是我们可以确定方程的解在无穷远处的渐近行为。

二、谐振子的能谱——量子化是束缚态的必然结果

为了利用上述解的渐近行为这一结论，不妨设

$$\psi_E(\xi) = e^{-\frac{1}{2}\xi^2} u(\xi)$$

即将渐近行为先提取出来。将上式代入原方程（2）并消掉指数函数因子后，函数 $u(\xi)$ 满足的方程应当为

$$u''(\xi) - 2\xi u'(\xi) + (\lambda - 1)u(\xi) = 0$$

我们用 $u'(\xi)$ 表示对 ξ 求导。这里化简的过程相当直接，但略显冗长，需要非常仔细与耐心地计算。限于篇幅，这里我们仅给出了化简的结果，有兴趣的读者可以自行验证。同样利用幂级数方法，假设

$$u(\xi) = \sum_{k=0}^{\infty} a_k \xi^k \tag{4}$$

代入方程后可以得到

$$u'' \text{项：} \quad a_{k+2}\xi^{k+2} \quad \to \quad (k+2)(k+1)a_{k+2}\xi^k$$
$$2\xi u' \text{项：} \quad a_k\xi^k \quad \to \quad 2ka_k\xi^k$$
$$(\lambda-1)u \text{项：} \quad a_k\xi^k \quad \to \quad (\lambda-1)a_k\xi^k$$

整理后，不难得到系数的递推公式，可以写为

$$(k+2)(k+1)a_{k+2} - 2ka_k + (\lambda-1)a_k = 0$$

或等价写为

$$a_{k+2} = \frac{2k+1-\lambda}{(k+2)(k+1)}a_k \tag{5}$$

观察这一递推公式，首先我们可以看到，它是间隔一项"跳着走的"，奇数下标与偶数下标独立满足不同但类似的递推关系。换言之，原幂函数（4）

可以根据 ξ 次方数的奇偶分别写为两部分

$$u(\xi) = \sum_{k=0}^{\infty} a_k \xi^k \quad = \underbrace{a_0 + a_2\xi^2 + a_4\xi^4 + a_6\xi^6 + \cdots}_{u_0(\xi)}$$
$$+ \underbrace{a_1\xi + a_3\xi^3 + a_5\xi^5 + a_7\xi^7 + \cdots}_{u_1(\xi)}$$

容易知道，上式中的 u_0 和 u_1 满足

$$u_0(-\xi) = u_0(\xi), \quad u_1(-\xi) = -u_1(\xi)$$

它们分别是 $u(\xi)$ 的偶函数部分和奇函数部分。

另外，一维谐振子的势场是关于原点左右对称的，因此能量本征态对应的概率分布也应当是关于原点对称的。这意味着，$u(\xi)$ 必须满足

$$\left(e^{-\frac{1}{2}(-\xi)^2} u(-\xi) \right)^2 = \left(e^{-\frac{1}{2}(\xi)^2} u(\xi) \right)^2$$
$$\Rightarrow \quad u^2(-\xi) = u^2(\xi)$$
$$\Rightarrow \quad u(-\xi) = \pm u(\xi)$$

可见 $u(\xi)$ 要么是偶函数，要么是奇函数。让我们先考虑偶函数的情况，此时 $u_1(\xi) = 0$，而

$$\begin{aligned}
a_{k+2} &= \frac{2k+1-\lambda}{(k+2)(k+1)} a_k \\
&= \frac{2k+1-\lambda}{(k+2)(k+1)} \frac{2(k-2)+1-\lambda}{k(k-1)} a_{k-2} \\
&= \frac{2k+1-\lambda}{(k+2)(k+1)} \frac{2(k-2)+1-\lambda}{k(k-1)} \cdots \frac{2\times 0 + 1 - \lambda}{2\times 1} a_0 \\
&= \frac{(2k+1-\lambda)(2(k-2)+1-\lambda)\cdots(2\times 0 + 1 - \lambda)}{(k+2)!} a_0 \\
&= \frac{(2k+1-\lambda)!!}{(k+2)!} (1-\lambda) a_0
\end{aligned}$$

其中，我们借用了双阶乘的记法，用双感叹号来简记连乘式。即给定函数 $f(x)$，对于偶数 k，有

$$f(k)!! \equiv f(k) \times f(k-2) \times f(k-4) \times \cdots f(4) \times f(2)$$

同样地，对于奇数 k，可以相应定义

$$f(k)!! = f(k) \times f(k-2) \times f(k-4) \times \cdots f(3) \times f(1)$$

回到 a_k 的递推式上，由于 k 间隔 2 取值，因此对于给定的常数 λ，我们总能找到非负偶数 k_0，使得

$$0 \leqslant 2k_0 + 1 - \lambda < 4$$

记这个数为 $\epsilon = 2k_0 + 1 - \lambda$，也即 $\lambda = 2k_0 + 1 - \epsilon$，原递推式可以改写为

$$
\begin{aligned}
a_{k+2} &= \frac{(2k + 1 - (2k_0 + 1 - \epsilon))!!}{(k+2)!}(1-\lambda)a_0 \\
&= \frac{(\epsilon + 2(k - k_0))!!}{(k+2)!}(1-\lambda)a_0 \\
&= \frac{2^{k/2}\left(\dfrac{\epsilon}{2} + (k - k_0)\right)!!}{(k+2)!}(1-\lambda)a_0
\end{aligned}
$$

从这个结果可以看出，所有 $k > k_0$ 的系数正负相同。而当 ξ 足够大时，函数 $u(\xi)$ 的行为由 ξ 的高次方项决定，不妨取为由 $k > k_0$ 的项决定。当 k 很大时，还将有

$$a_{k+2} \approx \frac{2}{k+2}a_k$$

即几乎有

$$a_k \approx \frac{1}{k!!}a_0$$

由于 k 取偶数，因此可以记整数 $n = k/2$，于是有

$$\sum_{n=1}^{\infty} \frac{\xi^{2n}}{(2n)!!} = \sum_{n=1}^{\infty} \frac{\xi^{2n}}{2^n n!} = \sum_{n=1}^{\infty} \frac{1}{n!}\left(\frac{\xi^2}{2}\right)^n = e^{\frac{1}{2}\xi^2} \tag{6}$$

事实上，通过更仔细的计算，可以知道 $\psi_E(\xi) \geqslant e^{\frac{1}{2}\xi^2}$，显然在无穷远处找到粒子的概率密度不为 0，与我们希望寻求的束缚态解矛盾。

仔细观察上面的推导过程，不难发现，困难完全来自式（6）中出现的指数项。自然地，我们希望，如果能够找到一个方法，使式（6）仅保留多

项式项，则波函数在无穷远处即可满足要求。此时，一种可能是令 $a_{k_0}=0$ ，即递推公式（5）在 k_0 处出现截断。由于按要求 a_0 是任意的非零实数，因此在递推公式中存在截断，当且仅当参数 λ 满足

$$2k_0 - 1 - \lambda = 0 \tag{7}$$

代入定义，等价地要求

$$E = \left(k_0 - \frac{1}{2} \right) \hbar \omega$$

其中 k_0 是可以取到的所有非零偶数。类似地，当 k_0 取奇数时，经由类似的讨论，我们也能得到同样的结论，于是对 k_0 的取值要求可以放宽到所有非零自然数。具体的计算过程在这里不再赘述，有兴趣的读者可以自行推导。

　　总而言之，我们发现，由于束缚态要求粒子不能"出现"在无穷远处（或者说要求总概率是可以归一化的），因此粒子的能谱只允许分立取值

$$E_n = \left(n + \frac{1}{2} \right) \hbar \omega, \qquad n \in \mathbb{N}$$

其中，n 的奇偶性决定了波函数的奇偶性，同时决定了递推公式将在第 $n+1$ 项出现截断，使得 $u(\xi)$ 为一个 n 阶多项式。从这个结果中还可以发现，一维量子谐振子的最低能量不是 0，而是 $E_0 = \frac{1}{2}\hbar\omega$，这就是著名的谐振子零点能。与其相比，经典力学中的谐振子可以处于原点静止不动，此时它的能量取得最小值 0。由于不确定性关系，量子谐振子不可能既"处于原点"又"静止不动"，这是对零点能的直观理解，这一事实也反映了经典谐振子与量子谐振子的区别。

三、弥散的基态波函数阻止液氦凝固

　　为了更好地理解不确定性关系对基态波函数的影响，接下来我们试图具体考查基态波函数的性质。首先是最低能态 $n = 0$ ，对应 $k_0 = 1$ ，有

$$u(\xi) = \sum_{k=0}^{\infty} a_k \xi^k = a_0$$

此时完整的波函数为

$$\psi_0(\xi) = a_0 e^{-\frac{1}{2}\xi^2} = a_0 e^{-\frac{1}{2}\alpha^2 x^2} \tag{8}$$

其中 a_0 由归一化条件决定。它是一个有一定展宽的，在本书第 1 章中已反复讨论过的高斯波包。对于高斯波包，我们可以计算得到

$$\Delta x = \frac{1}{\sqrt{2}\alpha} = \sqrt{\frac{\hbar}{2m\omega}}$$

同时，如果对波函数（8）做傅里叶变换，再求其在动量表象下的波包展宽，可以得到

$$\Delta p = \sqrt{\frac{m\hbar\omega}{2}}$$

也即，对于基态波函数有

$$\Delta x \Delta p = \frac{\hbar}{2}$$

恰好使得不确定性关系取到等号。即基态波函数恰好已达到自然界允许的最均衡、最恰当的状态。在不改变势场（即不受外来因素影响）时，这一波包的宽度无法在不引起能动量变化的前提下自发减小。

这一结论可用于解释为什么在一个标准大气压下，无论温度多低，液氦都不会凝固。假设在某一时刻，液氦已经整齐排列为类似固体晶体的结构——即每个原子都被束缚在有限空间中。那么对于满壳层的氦而言，可以认为，原子与原子间通过范德华力连接，在束缚范围内，相应的势能可以用谐振子势能近似表示

$$V(x) \approx V(x_0) + \frac{1}{2}V''(x_0)(x - x_0)^2$$

x_0 是原子的平衡位置。不难对应到 $V''(x_0) = m\omega^2$，这里的 m 是氦原子的质量。由此可得，此时处于基态的氦原子的波包展宽为

$$\Delta x \approx \sqrt{\frac{\hbar}{2m\omega}} = \left(\frac{\hbar^2}{4mV''(x_0)}\right)^{\frac{1}{4}}$$

由于范德华力是原子电磁相互作用的剩余作用，而氦原子的外层电子处于填满状态，因此相互作用强度极弱，对应势阱浅而宽，即 $V''(x_0)$ 极小。同时氦

原子的质量也相当小，总的来说，展宽 Δx 极大，以至于弥散到了势阱外。直观来说，即使在某一时刻，氦原子能够恰好排列成近乎固体的结构，在下一刻，各原子也有可能因由不确定性原理引起的量子效应逃离势阱束缚，进而使整体结构被打乱，重新"熔化"为液体。为了得到固体的氦，只能通过如加大压力的方式，使氦原子更紧密地连接在一起，这样就能增加势阱的深度，以抵抗不确定性原理带来的弥散效应。

此外，除基态外，更高能级的波函数也能用类似的方法求出。例如当 $n=1$ 时，波函数中有 $a_{n\geqslant 2}=0$ ，即

$$\psi_1(\xi)=a_1\xi e^{-\frac{1}{2}\xi^2}$$

其中 a_1 可以由归一化条件决定。同理，当 $n=2$ 时，波函数是偶函数，对应 $k_0=3$ ，据截断条件（7）首先可以求得 $\lambda=5$ 。代入递推公式，可以得到

$$a_2=-2a_0$$

而此后 $a_{n\geqslant 3}=0$ 。于是，波函数为

$$\psi_2(\xi)=e^{-\frac{1}{2}\xi^2}(a_0-2\xi^2 a_0)=a_0(1-2\xi^2)e^{-\frac{1}{2}\xi^2}$$

其中 a_0 由归一化条件决定。原则上，经由类似的计算，可以根据递推关系得到谐振子任意能级的波函数。

小结
Summary

本节首先复习了如何求解一维谐振子的本征方程，可以看到，要求束缚态波函数的模方在无穷远处呈指数衰减——即几乎没有粒子能跑到无穷远处——将自然地引出谐振子的能谱只允许分立取值这一结果。同时，我们可以求得谐振子的基态波函数是一个恰好能让不确定性关系取到等号的高斯函数，其宽度将保持为一定值。如果将低温下的液氦原子间的相互作用近似视为一个谐振子势，则利用前面的结论可以解释为何常压下不能通过降温来使液氦凝固。

可以用代数方法求解谐振子吗
——一维谐振子的升降算符[1]

摘要：在本节中，我们将尝试用代数方法来求解一维谐振子的本征问题。在本书第 4 章中，我们曾提到，线性代数是量子力学的数学基础，且波动力学方法应与矩阵力学方法等价。上一节讨论了波动力学方法的应用，而本节将切换到以算符为核心的矩阵力学方法上，以不同的视角理解谐振子体系，熟悉算符运算并体会不确定性关系在量子力学中的重要性。

在上一节中，我们利用多个求解微分方程的技巧，并经由分析边界条件，严格求解了一维谐振子的能谱与波函数。而本书第 4 章曾评述过：当可观测量分立取值时，我们更应当关注不同分立态之间的转换关系，而非具体的波函数。此时，量子力学涉及的推导计算，其实是定义在态空间上的线性代数问题。沿着这一思路，我们要问：如何用线性代数来描述一维谐振子？又如何表示其不同本征态并求得相应的能量本征值？为了回答这些问题，让我们首先来观察和研究一维谐振子哈密顿量的代数特征。

一、一维谐振子的哈密顿算符与升降算符

现在我们应当已经很熟悉一维谐振子的哈密顿算符了

$$\hat{H} = \frac{\hat{p}^2}{2m} + \frac{1}{2}m\omega^2\hat{x}^2$$

---

1 整理自搜狐视频 App "张朝阳" 账号/作品/物理课栏目中的第 154 期视频，由李松、陈广尚执笔。

其中，m 是粒子质量，ω 是谐振子的固有角频率。用线性代数的语言表示，定态薛定谔方程可以视为哈密顿算符本征方程

$$\hat{H}\,|\,\psi\,\rangle = E\,|\,\psi\,\rangle \tag{1}$$

在坐标表象中的表示。在这一表象中，动量算符对态的作用可以表达为求导

$$\langle\,x\,|\,\hat{p}\,|\,\psi\,\rangle = \frac{\hbar}{\mathrm{i}}\frac{\partial}{\partial x}\psi(x)$$

而位置算符

$$\langle\,x\,|\,\hat{x}\,|\,\psi\,\rangle = x\psi(x)$$

即为在初学量子力学时，我们所提及的"将动量对应为求导算符"的具体内涵。确切地说，以薛定谔方程为核心的波动力学方法，正是在坐标这一特定表象中表达量子态的代数关系的方法。通过取表象，抽象的代数计算可对应为更具体、更可操作的微积分运算。一个例子是，在坐标表象中，我们可以很容易地验证位置算符和动量算符的对易关系为

$$[\hat{x}, \hat{p}] = \mathrm{i}\hbar$$

而在其他表象中则未必。总而言之，从数学的角度来看，坐标表象在以代数运算为主的量子力学和以微积分为主的经典力学间架起了一座桥梁，使得波动力学方法在量子力学发展早期更广为学界接受。

但如果我们沉溺于微积分或者仅满足于在坐标表象下讨论量子系统，则往往会一叶障目而不知其全景。研习物理就像登雪山，我们要善于寻找不同的登山道，从不同的方向发起挑战，在登临山顶后再回想和比较沿途的风景，发掘不同登山道的妙处，以期品味全山盛况。回到一维谐振子上，让我们首先忘掉坐标表象，试图通过纯粹的代数推导来求解本征方程（1）。

首先，为了避免量纲所带来的符号烦琐问题，我们借助两个常数 $\alpha = \sqrt{\dfrac{m\omega}{\hbar}}$ 和 $\beta = \dfrac{1}{\sqrt{m\hbar\omega}}$ 以重新定义无量纲坐标算符与动量算符

$$\hat{X} = \alpha\hat{x}, \qquad \hat{P} = \beta\hat{p}$$

它们之间满足对易关系

$$
\begin{aligned}
[\hat{X}, \hat{P}] &= \left[\sqrt{\frac{m\omega}{\hbar}}\hat{x}, \frac{1}{\sqrt{m\hbar\omega}}\hat{p} \right] \\
&= \frac{1}{\hbar}[\hat{x}, \hat{p}] = \mathrm{i}
\end{aligned} \tag{2}
$$

利用无量纲算符的定义，我们可以将哈密顿算符改写为更简洁的形式，注意到

$$
\begin{aligned}
\hat{H} &= \frac{1}{2m}m\hbar\omega\hat{P}^2 + \frac{1}{2}m\omega^2\frac{\hbar}{m\omega}\hat{X}^2 \\
&= \frac{1}{2}\hbar\omega(\hat{X}^2 + \hat{P}^2)
\end{aligned}
$$

不难发现，括号外的系数 $\hbar\omega$ 即具有能量量纲。如果取它为能量单位，哈密顿算符还可以简写为两个算符的平方和的形式

$$
\hat{H} = \frac{1}{2}(\hat{X}^2 + \hat{P}^2)
$$

此时，在哈密顿算符中，$\hat{X}$ 和 $\hat{P}$ 具有完全对称的地位。

对于平方式，我们有许多相关的代数结论。其中，如果变量 x、y 定义在复数域上，我们可以对平方和做因式分解

$$
x^2 + y^2 = (x + \mathrm{i}y)(x - \mathrm{i}y) \tag{3}
$$

这提示我们发问：对哈密顿算符是否也能做类似的因式分解？答案其实并不能轻易得到，因为算符与复数在运算上有本质的差异。复数的乘法是可对易的，即

$$
xy = yx
$$

而由式（2）可知，我们所关注的两个算符并非如此。但无论如何，既然平方式有此特征，那么我们可以就当前的情况尝试一下。参照式（3）引入如下算符

$$
a = \frac{1}{\sqrt{2}}\left(\hat{X} + \mathrm{i}\hat{P} \right)
$$

称为降算符。为了符号简约及与其他教科书的一致性，这里省略了升降算符的 $\hat{}$（hat）符号。括号前的系数 $\frac{1}{\sqrt{2}}$ 源于哈密顿算符中的常数因子 $\frac{1}{2}$。注意

到 $\hat{X}$ 与 $\hat{P}$ 都是厄米算符，因此取厄米共轭后有

$$a^\dagger = \frac{1}{\sqrt{2}}\left(\hat{X} - \mathrm{i}\hat{P}\right)$$

恰好对应因式分解中的 $(x-\mathrm{i}y)$ 部分，称为升算符。

为了弄清楚哈密顿算符能否被因式分解，我们可以做乘法

$$
\begin{aligned}
a^\dagger a &= \frac{1}{2}\left(\hat{X} - \mathrm{i}\hat{P}\right)\left(\hat{X} + \mathrm{i}\hat{P}\right) \\
&= \frac{1}{2}\left(\hat{X}^2 + \hat{P}^2 + \mathrm{i}\hat{X}\hat{P} - \mathrm{i}\hat{P}\hat{X}\right) \\
&= \frac{1}{2}\left(\hat{X}^2 + \hat{P}^2\right) + \frac{\mathrm{i}}{2}[\hat{X}, \hat{P}] \\
&= \hat{H} - \frac{1}{2}
\end{aligned}
$$

这里后两个等号用到了对易括号的定义及其结果。这一结果也可以被表示为

$$\hat{H} = a^\dagger a + \frac{1}{2} \tag{4}$$

可见，虽然谐振子的哈密顿算符不能像复数一样可以直接用平方差公式做因式分解，但在相差一个常数项的情况下也能有类似的结果。回顾计算过程，其中的关键是两算符的对易结果仅是一个常数而不再涉及算符。类似地，我们还可以交换乘积顺序，得到

$$\hat{H} = aa^\dagger - \frac{1}{2}$$

上面两式相减即可得到

$$[a, a^\dagger] = 1$$

当然，这一关系也可以由升降算符的定义及 $\hat{X}$ 与 $\hat{P}$ 的对易关系直接计算得到。

二、能谱与能量本征态

在式（4）中，可以将升降算符的乘积定义为算符 $\hat{N} = a^\dagger a$，它与哈密顿算符只相差一个常数。如果能求出 $\hat{N}$ 的本征态与本征值，那么哈密顿算符的

本征态与本征值也随之可得。为此，设 $|\psi_n\rangle$ 是 $\hat{N}$ 对应本征值为 n 的本征态，满足

$$\hat{N}|\psi_n\rangle = n|\psi_n\rangle$$

同时，我们给出三个有用的恒等式。首先，

$$(a^{\dagger}a)^{\dagger} = a^{\dagger}(a^{\dagger})^{\dagger} = a^{\dagger}a$$

即 $\hat{N}$ 是厄米算符，其本征值 n 只能是实数。其次，

$$\begin{aligned}
\hat{N}(a|\psi_n\rangle) &= a^{\dagger}a(a|\psi_n\rangle) \\
&= (aa^{\dagger}-1)a|\psi_n\rangle \\
&= aa^{\dagger}a|\psi_n\rangle - a|\psi_n\rangle \\
&= a\hat{N}|\psi_n\rangle - a|\psi_n\rangle \\
&= (n-1)a|\psi_n\rangle
\end{aligned}$$

其中第二个等号利用了升降算符的对易关系。由此可见，如果 $a|\psi_n\rangle$ 不恒等于 0，它也将是 $\hat{N}$ 的本征态，对应的本征值为 $n-1$。以及类似地，

$$\begin{aligned}
\hat{N}(a^{\dagger}|\psi_n\rangle) &= a^{\dagger}a(a^{\dagger}|\psi_n\rangle) \\
&= a^{\dagger}(a^{\dagger}a+1)|\psi_n\rangle \\
&= a^{\dagger}a^{\dagger}a|\psi_n\rangle + a^{\dagger}|\psi_n\rangle \\
&= a^{\dagger}\hat{N}|\psi_n\rangle + a^{\dagger}|\psi_n\rangle \\
&= (n+1)a^{\dagger}|\psi_n\rangle
\end{aligned} \qquad (5)$$

即 $a^{\dagger}|\psi_n\rangle$ 是 $\hat{N}$ 对应本征值为 $n+1$ 的本征态。从后两个等式可以看出，如果 $|\psi_n\rangle$ 是本征态，则作用算符 a 会使得态的本征值减 1，作用算符 $a^{\dagger}$ 会使得态的本征值加 1——这也是"升降算符"命名的由来。

对于只有一个物理自由度的一维谐振子，量子态仅需要用一个量子数即可完全标记。也就是说，不同量子数对应的量子态都是非简并的，于是作用降算符 a 后，应当有

$$a|\psi_n\rangle = \lambda|\psi_{n-1}\rangle$$

注意，假设上式中的 $|\psi_l\rangle$ 与 $|\psi_{l-1}\rangle$ 都是已归一化的。对等式左边取模长，有

$$\langle\psi_n|a^{\dagger}a|\psi_n\rangle = \langle\psi_n|\hat{N}|\psi_n\rangle = n$$

对等式右边进行同样的操作，有

$$\langle \psi_{n-1} | \lambda^* \lambda | \psi_{n-1} \rangle = | \lambda |^2$$

不难推知 $n = | \lambda |^2$，由此可见 $\hat{N}$ 的本征值必须为非负实数。换言之，本征态 $|\psi_l\rangle$ 不能被算符 a 无穷尽地"降"下去。从式（5）中也可以看出，当 $n = 0$ 时，必将恒有 $a|\psi_0\rangle = 0$。此时，$|\psi_0\rangle$ 取得非 0 的最小能量 $E_0 = \dfrac{1}{2}\hbar\omega$，称为基态。

进一步地，对于任意非负实数 n，总能找到一个整数 k，使得 $0 \le n - k < 1$。定义这一小数部分为 $\epsilon = n - k$，如果 n 是算符 $\hat{N}$ 的本征值，则连续作用降算符后，

$$|\psi_n\rangle \overset{a}{\to} |\psi_{n-1}\rangle \overset{a}{\to} \cdots \overset{a}{\to} |\psi_\epsilon\rangle$$

此时，若 $\epsilon \ne 0$，那么再作用一次降算符，应有

$$|\psi_\epsilon\rangle \overset{a}{\to} |\psi_{\epsilon-1}\rangle$$

即 $\epsilon - 1$ 也应当是算符 $\hat{N}$ 的本征值。然而，根据定义，$\epsilon - 1 < 0$，与本征值非负相矛盾。由此可反证，如果 n 是本征值，则当且仅当 $\epsilon = 0$，或等价地说，当且仅当它是一个整数时成立。

反过来，对于任意 $n \in \mathbb{N}$，只需要求出 $|\psi_0\rangle$，其他本征态即可以通过连续作用 $a^\dagger$ 得到

$$|\psi_0\rangle \overset{a^\dagger}{\to} |\psi_1\rangle \overset{a^\dagger}{\to} |\psi_2\rangle \overset{a^\dagger}{\to} \cdots \overset{a^\dagger}{\to} |\psi_n\rangle$$

由于每个本征值对应的本征态不简并，因此在每次作用后，应有

$$a^\dagger |\psi_n\rangle = \lambda_n |\psi_{n+1}\rangle$$

仿照前面的讨论，可以分别对等号两边取模长，得到

$$\begin{aligned}
| \lambda_n |^2 &= \langle \psi_{n+1} | \lambda_n^* \lambda_n | \psi_{n+1} \rangle \\
&= \langle \psi_n | a a^\dagger | \psi_n \rangle \\
&= \langle \psi_n | (\hat{N} + 1) | \psi_n \rangle \\
&= n + 1
\end{aligned}$$

归一化的波函数可以相差一个任意相位而不改变其物理本质，这样，通过适

当地选取相位，总能取到 $\lambda_n = \sqrt{n+1}$ 。换言之，有

$$a^\dagger |\psi_n\rangle = \sqrt{n+1}\,|\psi_{n+1}\rangle$$

相应地，连续作用多次 $a^\dagger$ 于基态波函数上，有

$$
\begin{aligned}
(a^\dagger)^n |\psi_0\rangle &= (a^\dagger)^{n-1} a^\dagger |\psi_0\rangle \\
&= (a^\dagger)^{n-1} \sqrt{1}\,|\psi_1\rangle \\
&= (a^\dagger)^{n-2} \sqrt{1}\,a^\dagger |\psi_1\rangle \\
&= (a^\dagger)^{n-2} \sqrt{1\times 2}\,|\psi_2\rangle \\
&\vdots \\
&= \sqrt{n!}\,|\psi_n\rangle
\end{aligned}
$$

也即，任意能量本征态对应的本征波函数可以表达为

$$|\psi_n\rangle = \frac{1}{\sqrt{n!}}(a^\dagger)^n |\psi_0\rangle \qquad (6)$$

于是，求解任意能量本征波函数的问题，可以转化为求解基态波函数的问题。为了得到我们更熟悉的结果，可以再次回到坐标表象下，将基态波函数的性质（或者说定义）

$$a|\psi_0\rangle = 0$$

表示为

$$\langle x|a|\psi_0\rangle = \frac{1}{\sqrt{2}}\left(\alpha x + i\beta \frac{\hbar}{i}\frac{\partial}{\partial x}\right)\psi_0(x) = 0$$

此时，求解 $\psi_0(x)$ 只需要讨论一个一阶微分方程，而不必经历作为二阶微分方程的薛定谔方程。将相关常数的定义代入，化简可得

$$\frac{\mathrm{d}}{\mathrm{d}x}\psi_0(x) + \alpha^2 x\psi_0(x) = 0$$

这个方程的解是我们熟知的

$$\psi_0(x) \propto \mathrm{e}^{-\frac{1}{2}\alpha^2 x^2}$$

对比上一节，这一结果与我们直接求解薛定谔方程得到的谐振子基态波函数

只相差了一个归一化因子。

此后，可以将式（6）在坐标表象下表达为

$$\psi_n(x) = \langle x | \psi_n \rangle$$
$$= \frac{1}{\sqrt{n!}} \left(\frac{1}{\sqrt{2}} \right)^n \left(\alpha x - \frac{1}{\alpha} \frac{\mathrm{d}}{\mathrm{d}x} \right)^n \psi_0(x)$$

即任意阶的本征态波函数，可以仅通过求导及一些四则运算得到。回忆直接在坐标表象下求解微分方程的方法，这一方法在操作上相当直观，每一步都对应了清晰的物理图像，然而过程上稍显烦琐，需要仔细分析幂级数系数的递推关系及相应的截断条件，才能得到相应的波函数。相反，使用升降算符的解法不仅能快速得到能级表达式，还能给出各阶波函数的统一表达式。然而，代数解法无法回答"何谓束缚态"，无法从物理上解释"为何能量取值是分立的"这类问题。在研习的过程中，我们应当看到不同方法的两面性，博采众长而习之。

小结
Summary

本节通过借鉴平方差公式，定义了一维谐振子的升降算符，并用其重新改写了系统的哈密顿算符。利用升降算符、哈密顿算符两两间的对易关系，我们可以证明，升算符作用于某一能量本征态上，会将其变为更高一能级对应的本征态；反之，降算符会使其变为更低一能级对应的本征态。有趣的是，由于哈密顿量本征值或量子数算符 $N = a^\dagger a$ 本征值应当是恒正的，任意能量本征值经过有限次降算符的作用后只能归零，因此为了满足这一性质，量子数算符的本征值仅能取到所有自然数，这就自然地导出了谐振子的分立能谱。此外，任意的本征态都能利用升算符和基态波函数构造出来。而基态波函数在坐标表象下的具体表达可以通过解一个一阶微分方程得到。这样，我们就完成了谐振子能量本征问题的求解。

三维谐振子的能量本征态是简并的吗
——三维谐振子的态空间与能谱[1]

摘要：在本节中，我们将从一维谐振子转向讨论真实的三维空间中的谐振子，研究其态空间的构成和能谱结构。我们将看到，三维谐振子可以等价视为三个独立的一维谐振子的组合。此时，利用张量积的概念，我们可以基于一维谐振子的结构直接构造三维谐振子的态空间，并写出其能谱。

在前两节中，我们分别从微积分与代数两个角度求解了一维谐振子的能谱及相应的波函数。然而一维模型在很多时候仅仅是一个玩具模型，或者最多是某些极端条件下对真实系统的近似。在自然界中，我们需要同时考虑 x、y、z 三个空间方向，而受力大小应取决于三维距离 $r = \sqrt{x^2 + y^2 + z^2}$。如果取势能最低点为坐标原点，则一维谐振子势为

$$V(x) = \frac{1}{2}kx^2$$

类似地，三维谐振子的势能函数可以写为

$$V(x, y, z) = \frac{1}{2}kr^2 = \frac{1}{2}k(x^2 + y^2 + z^2) \tag{1}$$

在自然界中，被限制在晶格位置上的原子/离子的小幅振动可以视为其在这样

---

1 整理自搜狐视频 App "张朝阳" 账号/作品/物理课栏目中的第 157 期视频，由李松、陈广尚执笔。

一个势阱中的运动。在本节中，我们将讨论这样一个物理体系的能谱及其态空间的构成。

一、分解三维谐振子以得到能级表达式

由势能函数（1），可以写出系统的哈密顿量

$$H = \frac{p^2}{2m} + \frac{1}{2}k(x^2 + y^2 + z^2)$$
$$= \left(\frac{p_x^2}{2m} + \frac{1}{2}m\omega^2 x^2\right) + \left(\frac{p_y^2}{2m} + \frac{1}{2}m\omega^2 y^2\right) + \left(\frac{p_z^2}{2m} + \frac{1}{2}m\omega^2 z^2\right)$$

这里我们借助粒子质量，重新定义了 $k = m\omega^2$，其中 ω 仍可以解释为粒子的固有角频率。同时为了叙述简便，自本节起，我们不再用 $\hat{}$（hat）来区分算符与标量函数，其含义在语境中可不言自明。

值得一提的是，在势能函数（1）中，如各个方向上的劲度系数 k 是一致的，那这个系统即被称为各向同性的谐振子。经过重新组合后，不难看出总的哈密顿量可以写为三个一维谐振子的哈密顿量之和

$$H = H_x + H_y + H_z$$

分别对应三个方向。与各向同性谐振子相对的是各向异性谐振子。顾名思义，此时三个方向上的劲度系数不再一致

$$H = \left(\frac{p_x^2}{2m} + \frac{1}{2}m\omega_x^2 x^2\right) + \left(\frac{p_y^2}{2m} + \frac{1}{2}m\omega_y^2 y^2\right) + \left(\frac{p_z^2}{2m} + \frac{1}{2}m\omega_z^2 z^2\right)$$

各向同性的谐振子无非是其特例。无论是同性的还是异性的，直接计算不难验证 H_x、H_y、H_z 三者两两相互对易，即三个方向上的谐振子相互独立，总的态空间可以看成三个独立态空间的张量积

$$\mathcal{H} = \mathcal{H}_x \otimes \mathcal{H}_y \otimes \mathcal{H}_z$$

这里我们用下标相应区分三个独立态空间。根据张量积的定义，此时空间的基取为张量积

$$|\psi_{x,i}\rangle|\psi_{y,j}\rangle|\psi_{z,k}\rangle, \qquad \forall i,j,k \in \mathbb{N}$$

其中每个态，如 $|\psi_{x,i}\rangle \in \mathcal{H}_x$ 都是上一节所得的一维谐振子的本征态。而系统一般的态矢可以表示为基的线性叠加

$$|\psi\rangle = \sum_{i,j,k} c_{i,j,k} |\psi_{x,i}\rangle |\psi_{y,j}\rangle |\psi_{z,k}\rangle$$

由于我们已经将谐振子本征态用分立取值的量子数来标记，因此这里的线性叠加即可写为对自然数的三重求和。在更一般的情况下，量子数连续取值（比如动量）时，上式的求和需要换成积分。

回到哈密顿量上，根据我们的构造，应当有

$$H_x |\psi_{x,n_x}\rangle = \left(n_x + \frac{1}{2}\right)\hbar\omega_x |\psi_{x,n_x}\rangle$$

$$H_y |\psi_{y,n_y}\rangle = \left(n_y + \frac{1}{2}\right)\hbar\omega_y |\psi_{y,n_y}\rangle$$

$$H_z |\psi_{z,n_z}\rangle = \left(n_z + \frac{1}{2}\right)\hbar\omega_z |\psi_{z,n_z}\rangle$$

其中 $n_x, n_y, n_z \in \mathbb{N}$ 。于是，三维谐振子的能量本征态 $|\psi_n\rangle = |\psi_{x,n_x}\rangle |\psi_{y,n_y}\rangle |\psi_{z,n_z}\rangle$ 对应的能级为

$$E_n = E_{n_x,n_y,n_z} = \left(n_x + \frac{1}{2}\right)\hbar\omega_x + \left(n_y + \frac{1}{2}\right)\hbar\omega_y + \left(n_z + \frac{1}{2}\right)\hbar\omega_z$$

对于各向同性的三维谐振子，由于 $\omega_x = \omega_y = \omega_z$ ，能级还将简化为

$$E_n = \left(n + \frac{3}{2}\right)\hbar\omega, \qquad (n = n_x + n_y + n_z \in \mathbb{N})$$

原则上，$\{H_x, H_y, H_z\}$ 构成一组力学量完全集，对应系统的三个自由度。因此每个本征态都需要用三个量子数来标记。然而总的能级只需要用一个量子数 n 来标记。不难发现，不同于一维谐振子，三维各向同性谐振子的一个能级可以对应多个能态，也就是说，三维各向同性谐振子的能级是简并的。

二、用整数的分解求得各向同性谐振子的简并度

现在，一个自然的问题是，对于一个各向同性的三维谐振子，一个能量本征值可以对应多少个能量本征态呢？这一问题用术语来表达，即求各向同性谐振子各能级的简并度。

由前面的讨论我们知道，由于一维谐振子各能级是非简并的，因此只需要知道三个量子数 n_x、n_y、n_z 就能唯一确定一个本征态。又因为标记三维各向同性谐振子能级的量子数 n 是三个量子数的加和，因此，求能级简并度即问：给定自然数 n，有多少种方式将其写成另外三个自然数之和？譬如，对于能级 $n = 10$，自然数 10 有多种分解方式

$$
\begin{array}{lllll}
n & n_x & n_y & n_z & |\psi_n\rangle \\
10 & = 1+ & 9+ & 0 & |\psi_{x,1}\rangle|\psi_{y,9}\rangle|\psi_{z,0}\rangle \\
10 & = 2+ & 8+ & 0 & |\psi_{x,2}\rangle|\psi_{y,8}\rangle|\psi_{z,0}\rangle \\
10 & = 2+ & 7+ & 1 & |\psi_{x,2}\rangle|\psi_{y,7}\rangle|\psi_{z,1}\rangle \\
& & \vdots & &
\end{array}
$$

其中每一行即对应了一个可能的本征态。

那怎么计算所有分解方式的可能性数量呢？我们可以先假定已经取到某个 $n_x = k \leqslant n$，于是

$$
n_y + n_z = n - k \tag{2}
$$

即将把一个自然数分解为三个自然数的问题，转变为把一个自然数分解为两个自然数的问题。后一个问题是相对简单的，譬如取 $n - k = 5$，那么容易得到以下 6 种分解方式：

$$
\begin{array}{ll}
n_y & n_z \\
5 = 0+5 \\
5 = 1+4 \\
5 = 2+3 \\
5 = 3+2 \\
5 = 4+1 \\
5 = 5+0
\end{array}
$$

即，由于约束（2）存在，n_y 和 n_z 中只有一个是真正可以自由取值的。不妨将这一真实自由度取为 n_y，然后遍历它，即可知一共存在 $n - k + 1$ 种分解方式。

接下来，注意到预先假定的 n_x 也是可以不受约束自由取值的，即共有 $n + 1$ 种可能的取法。然而对于每一个不同的取值，第二步中的分解方式数量也不一致。总的来说，总体可能性应是它们之和

$$\sum_{k=0}^{n}(n-k+1) = \sum_{k=0}^{n}(n+1) - \sum_{k=0}^{n}k$$

$$= (n+1)\times(n+1) - \frac{1}{2}n(n+1)$$

$$= (n+1)\left(n+1-\frac{1}{2}n\right)$$

$$= \frac{1}{2}(n+1)(n+2)$$

因此，三维各向同性谐振子第 n 能级的简并度为

$$\frac{1}{2}(n+1)(n+2)$$

再以能级 $n=10$ 为例，其简并度为 $\frac{1}{2}\times(10+1)\times(10+2)=66$。可以看到，这个简并度是比较大的。

小结
Summary

本节介绍了如何将一维谐振子势扩展到三维，并写出了其完整的哈密顿量。不难看到，三维谐振子的哈密顿量可以分解为三个一维谐振子的哈密顿量之和，每个谐振子恰好对应一个方向上的振动，且它们之间两两对易。这类可分解系统的态空间，可以认为是各独立部分态空间的张量积。利用前面的结果，我们立刻可以写出三维谐振子的各本征态及其对应的本征值。当谐振子是各向同性的时，其能量本征态一般是简并的。给定能级求其所有本征态，等价于在问，给定某个自然数，如何将其分解为另外三个自然数之和。利用这一思路，我们可以求得三维各向同性谐振子第 n 能级的简并度恰为 $\frac{1}{2}(n+1)(n+2)$。

如何求解相互作用的谐振子
——耦合谐振子的模式分解[1]

摘要：在本节中，我们将分别在经典力学和量子力学的框架下讨论两个相互作用的一维谐振子的动力学问题。不同于孤立系统，有内部相互作用的物理系统，其动力学更为复杂。但对于谐振子而言，无论它是经典的还是量子的，我们都可以将其分解为两个相互独立的集体运动模式，并单独求解，而整个系统的波函数应是不同模式的叠加。

在前面几节中，我们聚焦于分析单个谐振子系统的动力学，解得了它们的波函数及能谱。然而，应当重申，在自然界中，任何孤立系统都是近似得到的。譬如晶体中的原子，在仅关心原子本身的运动时，我们可以近似认为它在平衡位置附近振动，并用一个谐振子来近似描述它的行为。然而事实上，该原子与其邻近晶格上的原子之间应当是一直在相互作用、相互影响的。原则上，这种相互作用与两者的距离相关。当认为两者都在平衡位置附近振动时，也可以将它们之间的相互作用用泰勒展开的二阶项来近似。当仅考虑一维系统时，即

$$V_{\text{int}} \propto \left(x_1 - x_2 \right)^2$$

此时，我们称两个谐振子是耦合的。在本节中，我们尝试讨论两个耦合的一维谐振子的动力学。为了对照，我们将同时沿两条线路进行：一条是经典力

---

1 整理自搜狐视频 App "张朝阳" 账号/作品/物理课栏目中的第 158 期视频，由李松、陈广尚执笔。

学线路，另一条是量子力学线路。首先要讨论的是经典力学框架下的耦合谐振子。

一、经典耦合谐振子的运动的模式分解

为了直观地理解耦合谐振子，我们可以暂时忘掉实际的晶体、晶格等表述，转而将其抽象为一个经典力学模型。如图 1 所示，这一模型中包含两个质量均为 m、连接着一端固定的弹簧的小球，并在某处达到平衡。两个小球各自的位置可用 x_1 和 x_2 来表示，通过将坐标原点设置在两个谐振子的平衡位置中心，平衡位置可以为 $x_1 = a$ 及 $x_2 = -a$。为了让两个小球有相互作用，我们可以在小球间再连接一个小弹簧。此时，整个系统的总势能可写为

$$V(x_1, x_2) = \frac{1}{2}m\omega^2(x_1 - a)^2 + \frac{1}{2}m\omega^2(x_2 + a)^2 + \lambda m\omega^2(x_1 - x_2)^2 \quad (1)$$

其中前两项表征小球分别受两端弹簧的作用，其劲度系数相同。最后一项表征两个小球通过连接其中的弹簧相互作用，作用强度由系数 $\lambda > 0$ 来控制。

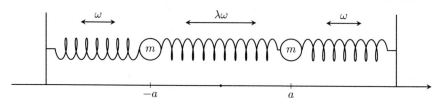

图 1　耦合谐振子的直观模型

根据势能表达式（1），第一个小球（即第一个谐振子对应的粒子）的受力为

$$F_1 = -\frac{\partial V}{\partial x_1} = -m\omega^2(x_1 - a) - 2\lambda m\omega^2(x_1 - x_2)$$

同理，可得第二个谐振子对应的粒子所受到的力为

$$F_2 = -m\omega^2(x_2 + a) + 2\lambda m\omega^2(x_1 - x_2)$$

由此可得两个谐振子的运动方程为

$$m\frac{\mathrm{d}^2 x_1}{\mathrm{d}t^2} = -m\omega^2(x_1 - a) - 2\lambda m\omega^2(x_1 - x_2)$$
$$m\frac{\mathrm{d}^2 x_2}{\mathrm{d}t^2} = -m\omega^2(x_2 + a) + 2\lambda m\omega^2(x_1 - x_2)$$

（2）

在《张朝阳的物理课》第一卷第五部分中分析氢原子的结构时，我们通过定义质心，将对二体问题的讨论分解为质心运动和相对运动两部分。这一思路理应可以用到对两个小球的讨论中，即定义质心坐标为

$$x_C = \frac{m_1 x_1 + m_2 x_2}{m_1 + m_2} = \frac{m x_1 + m x_2}{m + m} = \frac{1}{2}(x_1 + x_2)$$

以及两粒子的相对位置坐标为

$$x_R = x_1 - x_2$$

并试图用这两个新坐标描述系统的动力学。

将式（2）中的两式相加并消去 m 后，可以得到

$$\frac{\mathrm{d}^2 x_C}{\mathrm{d}t^2} = -\omega^2 x_C$$

可见质心运动与相对运动无关。形式上，它等同于一个谐振子的运动，一般解为

$$x_C = A\cos(\omega t + \phi_C)$$

其中振幅 A 和初相位 ϕ_C 是两个待定参数。再将式（2）中的两式相减，有

$$\frac{\mathrm{d}^2 x_R}{\mathrm{d}t^2} = -\omega^2(x_R - 2a) - 4\lambda\omega^2 x_R$$
$$= -\omega^2(1 + 4\lambda)\left(x_R - \frac{2a}{1 + 4\lambda}\right)$$

可见相对运动也与质心运动无关，即相对运动与质心运动互相独立。因为对任意常数求导为 0，所以可令相对运动有一个额外的偏移

$$x_{R'} = x_R - \frac{2a}{1 + 4\lambda}$$

则新定义的变量满足方程

$$\frac{\mathrm{d}^2 x_{R'}}{\mathrm{d}t^2} = -\omega^2(1+4\lambda)\omega_{R'}$$

它同样是一个谐振子方程，由此可以求得

$$x_R = \frac{2a}{1+4\lambda} + B\cos(\omega_R t + \phi_R)$$

其中 $\omega_R = \omega\sqrt{1+4\lambda}$ ， B 与 ϕ_R 是待定系数。

由于我们假设了 $\lambda > 0$ ，因此应有 $\omega_R > \omega$ ，换言之，相对运动将以更大的角频率进行。值得一提的是，当两个谐振子都静止于平衡位置时，应有 $A = B = 0$ 。此时

$$x_C = 0, \qquad x_R = \frac{2a}{1+4\lambda}$$

可见由于耦合的存在，两个粒子的平衡位置不再处于 $x_1 = a$ 及 $x_2 = -a$ 处，而是处于更相互靠近的位置（ $x_R < 2a$ ）。总而言之，在上述讨论中，我们可以收获一些经验：如果观看耦合谐振子中单个谐振子的运动，将会发现其运动是很复杂的；但是如果分别考虑其质心运动和相对运动，会发现这两者都是简单的简谐运动。

在经典力学中，这样分解出来的简谐运动被称为运动模式。在我们考虑的模型中一共有两个运动模式。其中一个运动模式对应质心运动，代表的是两个粒子的整体行为。如果仅有这个运动模式存在，则意味着两个粒子的相对间隔保持不变，它们同步地以角频率 ω 做简谐运动。另一个运动模式对应相对运动，代表的是两个粒子的相对位置随时间的改变，如果仅有这个运动模式存在，则两个粒子的中心将一直处在坐标原点，各自以相反的相位、同样的角频率 ω_R 做简谐运动。这里需要强调的是，不同于用 x_1 和 x_2 描述单个粒子的运动，分解得到的两种模式对应的都是涉及两个粒子的集体运动，不能将其归到任意一方。

二、量子化的耦合谐振子及其能级

为了讨论耦合谐振子的量子化，我们需要先写出系统的完整哈密顿量

$$H = \frac{p_1^2}{2m} + \frac{p_2^2}{2m} + \frac{1}{2}m\omega^2(x_1 - a)^2 + \frac{1}{2}m\omega^2(x_2 + a)^2 + \lambda m\omega^2(x_1 - x_2)^2$$

根据正则量子化过程，我们将上式中的动量 p_1、p_2 及坐标 x_1、x_2 改写为算符，此时，哈密顿量将对应为哈密顿算符（能量算符）。为了知晓系统可能处于什么状态，我们将求解哈密顿量本征方程

$$H \,|\psi\rangle = E\,|\psi\rangle$$

借鉴《张朝阳的物理课》第一卷第五部分对经典耦合谐振子的处理，我们定义质心坐标算符和相对位置算符分别为

$$
\begin{aligned}
x_C &= \frac{1}{2}(x_1 + x_2) \\
x_R &= x_1 - x_2
\end{aligned}
$$

系统的总质量为 $M = 2m$，而约化质量为 $\mu = \dfrac{m}{2}$，因此总动量算符和相对动量算符分别为

$$
\begin{aligned}
p_C &= p_1 + p_2 \\
p_R &= \mu\left(\frac{p_1}{m} - \frac{p_2}{m}\right) = \frac{1}{2}(p_1 - p_2)
\end{aligned}
$$

利用单粒子算符的对易关系

$$
\begin{aligned}
&[x_1, x_2] = 0, \quad [x_1, p_1] = i\hbar, \quad [x_1, p_2] = 0 \\
&[x_2, p_1] = 0, \quad [x_2, p_2] = i\hbar, \quad [p_1, p_2] = 0
\end{aligned}
$$

不难证明有

$$
\begin{aligned}
&[x_C, x_R] = 0, \quad [x_C, p_C] = i\hbar, \quad [x_C, p_R] = 0 \\
&[x_R, p_C] = 0, \quad [x_R, p_R] = i\hbar, \quad [p_C, p_R] = 0
\end{aligned}
$$

由此可以看出，x_C 及 p_C 构成一对与质心运动相关的共轭力学量，而 x_R 和 p_R 构成与相对运动相关的另一组共轭力学量，它们彼此之间相互独立。通过这两组力学量的定义可以反解得到

$$
\begin{aligned}
x_1 &= x_C + \frac{1}{2}x_R \\
x_2 &= x_C - \frac{1}{2}x_R
\end{aligned}
$$

以及

$$p_1 = \frac{1}{2}(p_C + 2p_R) = p_R + \frac{1}{2}p_C$$

$$p_2 = \frac{1}{2}(p_C - 2p_R) = -p_R + \frac{1}{2}p_C$$

由于 p_C 与 p_R 相互对易，通过一段稍显冗长但相当直接的推算，我们可以将动能部分表达为

$$\frac{p_1^2}{2m} + \frac{p_2^2}{2m} = \frac{1}{2m}\left[\left(p_R + \frac{1}{2}p_C\right)^2 + \left(-p_R + \frac{1}{2}p_C\right)^2\right]$$

$$= \frac{1}{2m}\left(2p_R^2 + 2 \cdot \frac{1}{4}p_C^2\right) = \frac{p_C^2}{2(2m)} + \frac{p_R^2}{2 \times \frac{m}{2}} = \frac{p_C^2}{2M} + \frac{p_R^2}{2\mu}$$

类似地，也可以对势能部分进行改写

$$V = \frac{1}{2}m\omega^2\left(x_C + \frac{1}{2}x_R - a\right)^2 + \frac{1}{2}m\omega^2\left(x_C - \frac{1}{2}x_R + a\right)^2 + \lambda m\omega^2 x_R^2$$

$$= \frac{1}{2}m\omega^2\left[x_C + \left(\frac{1}{2}x_R - a\right)\right]^2 + \frac{1}{2}m\omega^2\left[x_C - \left(\frac{1}{2}x_R - a\right)\right]^2 + \lambda m\omega^2 x_R^2$$

$$= \frac{1}{2}m\omega^2 \times 2\left[x_C^2 + \left(\frac{1}{2}x_R - a\right)^2\right] + \lambda m\omega^2 x_R^2$$

$$= \frac{1}{2}M\omega^2 x_C^2 + m\omega^2\left[\left(\frac{1}{4} + \lambda\right)x_R^2 - ax_R + a^2\right]$$

最后一行方括号内是一个二次多项式，可以对其进行配分

$$\left(\frac{1}{4} + \lambda\right)x_R^2 - ax_R + a^2$$

$$= \left(\frac{1}{4} + \lambda\right)\left[x_R^2 - 2 \cdot \frac{a}{2\left(\frac{1}{4} + \lambda\right)} \cdot x_R + \left(\frac{a}{2\left(\frac{1}{4} + \lambda\right)}\right)^2 - \left(\frac{a}{2\left(\frac{1}{4} + \lambda\right)}\right)^2\right] + a^2$$

$$= \left(\frac{1}{4} + \lambda\right)\left(x_R - \frac{2a}{1 + 4\lambda}\right)^2 - \frac{a^2}{1 + 4\lambda} + a^2$$

$$= \left(\frac{1}{4} + \lambda\right)\left(x_R - \frac{2a}{1 + 4\lambda}\right)^2 + \frac{4\lambda a^2}{1 + 4\lambda}$$

将其代入前面的势能表达式中，有

$$V = \frac{1}{2}M\omega^2 x_C^2 + m\omega^2 \left[\left(\frac{1}{4} + \lambda \right) \left(x_R - \frac{2a}{1+4\lambda} \right)^2 + \frac{4\lambda a^2}{1+4\lambda} \right]$$

$$= \frac{1}{2}M\omega^2 x_C^2 + \frac{1}{2}\mu\omega^2(1+4\lambda) \left(x_R - \frac{2a}{1+4\lambda} \right)^2 + \frac{4\lambda m\omega^2 a^2}{1+4\lambda}$$

综合上述结果，也即哈密顿量能够被写为

$$H = \frac{p_C^2}{2M} + \frac{p_R^2}{2\mu} + \frac{1}{2}M\omega^2 x_C^2 + \frac{1}{2}\mu\omega^2(1+4\lambda) \left(x_R - \frac{2a}{1+4\lambda} \right)^2 + \frac{4\lambda m\omega^2 a^2}{1+4\lambda}$$

类似于经典力学中的处理，我们可以定义偏移的相对位置

$$x_{R'} = x_R - \frac{2a}{1+4\lambda}$$

不难验证 $[x_{R'}, p_R] = i\hbar$，所以这一对算符也可以看作一对共轭的坐标算符和动量算符。于是，前述哈密顿量可以被分解成两个一维谐振子的哈密顿量（及一个常数），或者说等价于一个各向异性的二维谐振子的哈密顿量

$$H = \left(\frac{p_C^2}{2M} + \frac{1}{2}M\omega^2 x_C^2 \right) + \left(\frac{p_R^2}{2\mu} + \frac{1}{2}\mu\omega^2(1+4\lambda)x_{R'}^2 \right) + \frac{4\lambda m\omega^2 a^2}{1+4\lambda}$$

$$= H_C + H_R + \frac{4\lambda m\omega^2 a^2}{1+4\lambda}$$

第一个谐振子的质量为 M，角频率为 ω，相应的能级公式为

$$E_{C,n} = \left(n + \frac{1}{2} \right)\hbar\omega$$

第二个谐振子的质量为 μ，角频率与能级公式分别为

$$\omega_R = \omega\sqrt{1+4\lambda}, \quad E_{R,k} = \left(k + \frac{1}{2} \right)\hbar\omega_R$$

可见，这两个等效谐振子的角频率与前面从经典力学角度得到的简谐运动模式的角频率是一样的。

不难验证 $[H_C, H_R] = 0$，即两个谐振子相互独立，整个系统总的态空间是这两个谐振子的态空间的直积

$$\mathcal{H} = \mathcal{H}_C \otimes \mathcal{H}_R$$

相对应地，系统的能量本征态可以取为张量积

$$|\psi_{n,k}\rangle = |\psi_n^C\rangle|\psi_k^R\rangle$$

根据我们对一维谐振子的讨论，对每个谐振子，我们都可以定义一对升降算符，且

$$|\psi_n^C\rangle = \frac{1}{\sqrt{n!}}(a_C^\dagger)^n|\psi_0^C\rangle$$

$$|\psi_k^R\rangle = \frac{1}{\sqrt{k!}}(a_R^\dagger)^k|\psi_0^R\rangle$$

于是，系统能量本征态又可以被表达为

$$|\psi_{n,k}\rangle = \frac{1}{\sqrt{n!k!}}(a_C^\dagger)^n(a_R^\dagger)^k|\psi_{0,0}\rangle$$

这个本征态所对应的能量本征值为

$$E_{n,k} = \left(n+\frac{1}{2}\right)\hbar\omega + \left(k+\frac{1}{2}\right)\hbar\omega_R + \frac{4\lambda m\omega^2 a^2}{1+4\lambda}$$

至此，整个系统的能量本征态与能级都被求解出来了。

小结
Summary

　　本节着重讨论了相互作用的——或者说耦合的——两个一维谐振子系统。具象地，它可以视为中间额外连接了一个弹簧的两个小球-弹簧系统。在经典力学中，这样一个系统的运动方程是两个相互耦合的微分方程。利用二体问题中常用的技巧，我们可以定义质心位置和相对位置这两个力学量，它们各自满足独立的谐振子方程，可以单独求解。由定义不难看出，事实上这两个力学量描述的都是两个小球的集体运动，而非单个小球的运动。单个小球的运动应当通过反解定义式，写为质心运动和相对运动的组合。同样的思路可以用到解量子化耦合谐振子系统上。不难看到，利用同样的定义，耦合谐振子系统的哈密顿量可以写为两个独立的一维谐振子的哈密顿量之和。这里，我们称每一个独立的哈密顿量对应系统的一个集体运动模式。其后，利用张量积，我们可以直接构建系统的态空间并写出其能谱。

07

晶体的晶格与比热

张朝阳手稿

计算 Specific heat

$$\left(\frac{\partial U}{\partial T}\right)_V \quad U = ?$$

$\Rightarrow$ Einstein Model

<u>all</u> indepent harmonic oscilator

(简化 helium liquid 的图像)

N 个. $\frac{p^2}{2m} - \frac{p_i^2}{2m} \cdot x_i \quad \frac{1}{2}m\omega_E^2 x_i^2$

$$E_n = \left(\frac{1}{2} + n\right)\hbar\omega_E$$

$\textcircled{U}$ 谐振子之间有 coupling 统计到平衡态。

那么 in 态 (Wave 状态)

in 每个振子 in 态发现概率

满足 Boltzman 分布

$N_0, \quad N_0 e^{n\hbar\omega_E/kT}$

$$\frac{\sum U_n}{\sum n} \rightarrow \frac{\hbar\omega_E}{e^{\frac{\hbar\omega_E}{kT}}-1}$$

加. $\frac{1}{2}\hbar\omega_E \rightarrow N\left(\frac{1}{2} + \frac{1}{e^{\frac{\hbar\omega_E}{kT}}-1}\right)$

T dependng 主有率 $= \frac{\hbar\omega}{2}$.

$$U = U_0 + U(T)$$

$$U(T) = \frac{N\hbar\omega_E}{e^{\frac{\hbar\omega_E}{kT}}-1}$$

在T 特别大 的时候, 能级的占据 是相同 近似.

$$U(T) \rightsquigarrow \frac{N\hbar\omega_E}{1 + e^{\frac{\hbar\omega_E}{kT}}-1}$$

$$\rightsquigarrow N k_B T$$

3 个自由度. $U(T) \rightsquigarrow 3N k_B T$

$$\left(\frac{U(T)}{\partial T}\right) = 3 k_B T$$

or $3R$ 每 Mole

低 在 $T \rightarrow U$ 好

$e^{\hbar\omega/k_B T} - 1 \gg 1$

$\rightarrow \quad N\hbar\omega_E e^{-\frac{\hbar\omega}{k_B T}}$

$$\frac{\partial U}{\partial T} = N\hbar\omega_E e^{-\frac{\hbar\omega}{k_B T}} \cdot \frac{\hbar\omega}{k_B} \frac{1}{T^2}$$

$$= N\frac{(\hbar\omega_E)^2}{k_B} \frac{1}{T^2} e^{-\frac{\hbar\omega}{k_B T}}$$

<u>Debye Model</u> / phonon

在 Einstein Model, 所有 原子

ω_E 强度振动, 在T 很小

$$a|\psi_\lambda\rangle = |\psi_{\lambda-1}\rangle$$
$$a^+|\psi_\lambda\rangle = |\psi_{\lambda+1}\rangle$$

$$E_K = (n+\tfrac{1}{2})\hbar\Omega(K)$$

$$\omega=0 \quad \omega_1\neq 0$$

$$\Omega = 2\omega_1 \sin\frac{KL}{2}$$

$-1/2$

$$E = \frac{L}{2\pi}\int_{-\frac{\pi}{L}}^{\frac{\pi}{L}} dK \frac{\hbar\Omega}{e^{\frac{\hbar\Omega}{K_BT}}-1}$$

$\Rightarrow$ 三维 $E = \left(\frac{L}{2\pi}\right)^3 \int dK\, K^2 d\Omega \frac{\hbar\Omega}{e^{\frac{\hbar\Omega}{K_BT}}-1}$ ← 近轴

$$= \left(\frac{L}{2\pi}\right)^3 4\pi \int_0^{\frac{\pi}{L}} dK\, \frac{K^2 dK\, \hbar\Omega}{e^{\frac{\hbar\Omega}{K_BT}}-1}$$

$$= \left(\frac{L}{4\pi}\right)^3 4\pi \int_0^{\frac{\pi}{L}} K^2 dK \frac{2\hbar\omega_1 \sin\frac{KL}{2}}{e^{\frac{2\hbar\omega_1\sin\frac{KL}{2}}{K_BT}}-1} \quad \begin{array}{l}T\to 0 \\ 的行为\end{array}$$

很难处理, 考虑 $T\to 0$

$T\to 0$. $\dfrac{2\hbar\omega_1}{K_BT} = \alpha \to \infty$

对很低的 KL 不接近 0 区域

$\sin\frac{KL}{2}$ 取有限值, $\dfrac{K^2\sin\frac{KL}{2}}{e^{\alpha\sin\frac{KL}{2}}-1}\to 0$

phus 对积分贡献很小 (可忽略)

[3] 时 $T\to 0$ 时 发 $\sin$ 的贡献也不很重要了. (方形? 球形? 无所谓)

$$\Rightarrow \left(\frac{L}{2\pi}\right)^3 4\pi \int_0^{\frac{\pi}{L}} \frac{2\hbar\omega_1 \frac{KL}{2} K^2 dK}{e^{\frac{\alpha KL}{2}}-1}$$

$$= \left(\frac{L}{2\pi}\right)^3 4\pi\hbar\omega_1 L \int_0^{\frac{\pi}{L}} \frac{K^3 dK}{e^{\frac{\alpha KL}{2}}-1}$$

$$= \left(\frac{L}{2\pi}\right)^3 4\pi\hbar\omega_1 L \frac{1}{(\frac{1}{2}\alpha L)^4} \int_0^{\frac{\pi\alpha}{2}} \frac{t^3 dt}{e^t-1} \quad t=\frac{1}{2}\alpha KL$$

$$= \frac{L}{8}\frac{\pi\hbar\omega_1}{\alpha^4} \int_0^{\frac{\pi\alpha}{2}} \frac{t^3 dt}{e^t-1}$$

↓ Debye function

$$\int_0^x \frac{t^3 dt}{e^t-1} \quad \text{当}\ x\to\infty$$

$$\longrightarrow \Gamma(4)\zeta(4)$$

$$E = \frac{8\pi\hbar\omega_1}{\left(\frac{2\hbar\omega_1}{K_BT}\right)^4} \Gamma(4)\zeta(4)$$

$$U = \frac{8}{16}\pi\left(\frac{K_BT}{\hbar\omega_1}\right)^3 K_BT$$

$$C_V = \frac{\partial U}{\partial T} = \frac{2\pi}{4}\left(\frac{K_BT}{\hbar\omega_1}\right)^3 K_B$$

$$C_M \sim 2\left(\frac{K_BT}{\hbar\omega_1}\right)^3 R$$

什么是谐振子链
——格点傅里叶变换与集体模式[1]

摘要：在本节中，我们将介绍由无穷多个小球-弹簧系统组成的谐振子链。根据牛顿定律，这一体系的动力学可用一组相互耦合的、可数个二阶微分方程来描述。幸运的是，通过格点傅里叶变换，我们能够将这一体系解耦为可数个独立的谐振子模式的加和，每个谐振子模式的频率由对应的色散关系给出。这些谐振子模式，或称简正模式，对应的正是谐振子链的集体运动。

从一到二，再到无穷，物理研究往往从一个简单的模型出发，获得灵感并总结成规律后，再小心翼翼地将这一过程中形成的直觉和认知规律推广到更复杂的系统中。物理的有趣在于，这种推广在大多数时候都是十分有效的——这无疑是大自然的馈赠。但同时，推广过程中也总有新的现象、新的灵感及新的规律涌现出来。我们对物理的认知就是在建立直觉、发现反直觉、再建立直觉中不断加深的。在上一章中，我们讨论了单个谐振子的动力学，以及由两个谐振子组成的系统的动力学。在本章中，我们希望将前面讨论的结果扩展到由无穷多个相互作用的谐振子组成的系统上。

一、排列在格点上的一维谐振子系统

考虑这样一个模型：我们不断地拿起一个小球，将它和一个弹簧连接在

1　整理自搜狐视频 App "张朝阳" 账号/作品/物理课栏目中的第 159 期视频，由陈广尚执笔。

一起，然后在弹簧的另一端连接上另一个小球，小球再连接弹簧……如此重复，最后我们得到的将是一个一维的、在 x 方向上整齐排列的谐振子链，如图 1 所示。将任意一个谐振子选为零点，我们可以借用整数 q 来标记不同的小球，它应该能取到从负无穷到正无穷的所有整数。考虑在静止状态下，这些谐振子将以相等的间隔 l 排列，每个小球的绝对位置可以记为

$$x = ql$$

该位置也是该谐振子的平衡点。再考虑各平衡点对小球有相当强的束缚，使得小球只能在平衡点附近振荡。这样，这条谐振子链又可以被认为正对齐排列在一个格点上。

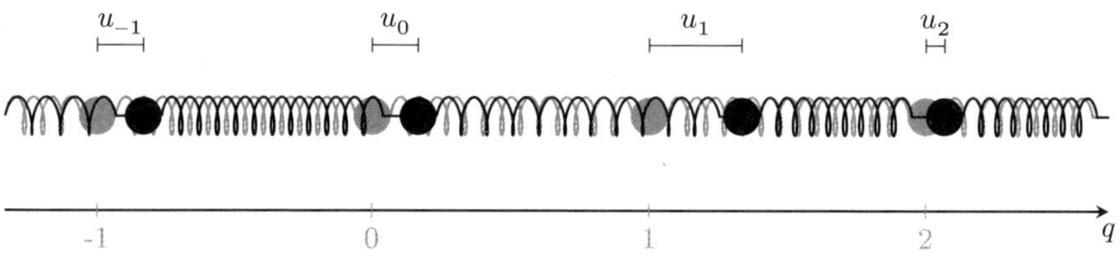

图 1 由小球和弹簧组成的谐振子链

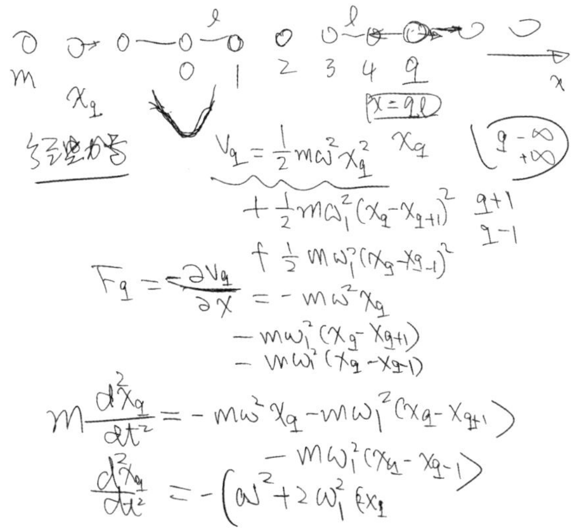

手稿
Manuscript

进一步，考虑以 u_q 标记标号为 q 的小球在平衡点附近振荡时偏移平衡点的距离。这里应当注意区分各点上的偏移量与前面定义的绝对位置。在偏移

平衡点的过程中，该小球所感受到的势场可以表达为

$$V_q = \frac{1}{2}m\omega^2 u_q^2 + \frac{1}{2}m\omega_1^2(u_q - u_{q+1})^2 + \frac{1}{2}m\omega_1^2(u_q - u_{q-1})^2$$

其中，与 ω 有关的第一项是试图将该小球束缚或牵引回平衡点的中心势场。另外，与 ω_1 有关的后两项表达了该小球与邻近格点上（$q \pm 1$ 处）的小球的相互作用。当相邻的谐振子"平行地"偏移同样的距离时，两者之间不会产生相互作用；反之，它们之间会出现一个劲度系数为 $k_1 = m\omega_1^2$ 的张力。

通过势能可以求出 q 点处谐振子的受力

$$F_q = -\frac{\partial V_q}{\partial u_q} = -m\omega^2 u_q - m\omega_1^2(u_q - u_{q+1}) - m\omega_1^2(u_q - u_{q-1})$$

我们暂时只讨论局限在经典力学框架下，遵循牛顿定律的、标号为 q 的谐振子的运动，其由微分方程

$$\frac{\mathrm{d}^2 u_q}{\mathrm{d}t^2} = -\omega^2 u_q - \omega_1^2(u_q - u_{q+1}) - \omega_1^2(u_q - u_{q-1}) \tag{1}$$

给出，整个体系的运动由无穷多个微分方程决定。乍看之下，这个体系的动力学问题似乎极其复杂，甚至不可求解。但是通过上一章对耦合谐振子的讨论，我们认识到，一个复杂系统的运动有可能在重新组合变量后被分解为若干个简单的集体运动——比如质心运动和相对运动——的组合。自然地，我们希望能够对格点上的谐振子链这一多体系统做类似的分解。

二、谐振子链的集体模式分解

继续讨论前，让我们先回忆一个类似的物理问题——琴弦的振动。考虑一根水平放置的琴弦，我们认为它的"振动"即弦上的点在竖直方向上的偏移。一根弦上的点是连续的，理应用连续的坐标 x 来标记它们。此时，将 t 时刻弦上某个点在竖直方向偏移水平线的距离记为 $u(x,t)$。虽然都是长度量纲，但 x 本身仅起到标记作用，不参与动力学计算，也不是系统的自由度，而偏移量 $u(x,t)$ 是系统真正的自由度。在《张朝阳的物理课》第一卷第一部分中，偏移量要求满足波动方程

$$\frac{\partial^2 u}{\partial t^2} = v^2 \frac{\partial^2 u}{\partial x^2}$$

其中 v 与弦的劲度系数有关，表征振动波的传播速度。求解这一方程时，我们用到了傅里叶变换，取

$$u(x,t) = \int \mathrm{d}k\ c(k,t)\mathrm{e}^{ikx}$$

即认为将弦看作一个整体时，它的运动是以波数 k 标记的一系列简正模式的组合。

类比这一思路，我们可以将谐振子链上各小球的偏移量用平衡点所在的坐标来标记

$$u_q(t) \to u(ql,t)$$

或者更进一步简写为 $u(q,t)$。不难看到，这里函数的第一分量同样起到标记不同点的作用——只不过此时它是分立取值的。与弦振动相比，另一个区别是，弦振动中的偏移量沿竖直方向，与传播方向相垂直，是一个横波。而多体谐振子体系的偏移方向与传播方向保持一致，是一个纵波。这一点在后面的分析中会讲得更清楚。

我们尝试利用傅里叶变换去寻找它的"简正模式"。首先我们直接套用傅里叶变换的形式，但令坐标 x 仅能取到格点所在的坐标，即

$$u(q,t) = \frac{l}{2\pi} \int \mathrm{d}k\ \mathrm{e}^{ikql} c(k,t)$$

在这里，为了保持量纲一致，以及后续计算结果的简洁，我们在前面引入了一个常系数 $\dfrac{l}{2\pi}$。这其实意味着，我们已经假定，如果将谐振子链看作整体，链上各小球的振动会集合成链上的一个波动。而这一集体运动可以被分解成一系列不同强度的简正模式的叠加。值得区分的是，这里的变量 q 只允许取离散的整数，但对 k 不做限制，k 仍然保持连续取值。将这样一个展开代入微分方程（组）（1）中，有

$$\int \mathrm{d}k \frac{\mathrm{d}^2 c(k,t)}{\mathrm{d}t^2} \mathrm{e}^{ikql} \quad = -\int \mathrm{d}k \left[\left(\omega^2 + 2\omega_1^2 \right) c(k,t) \mathrm{e}^{ikql} - \omega_1^2 \mathrm{e}^{ik(q+l)} - \omega_1^2 c(k,t) \mathrm{e}^{ik(q-l)} \right]$$

$$= -\int \mathrm{d}k \left[\omega^2 + 2\omega_1^2 - \omega_1^2 (\mathrm{e}^{ikl} + \mathrm{e}^{-ikl}) \right] c(k,t) \mathrm{e}^{ikql}$$

对照两边，由于各简正模式是正交的，不难得到关于系数的方程为

$$\frac{\mathrm{d}^2 c(k,t)}{\mathrm{d}t^2} = -\left[\omega^2 + 2\omega_1^2 - \omega_1^2 (\mathrm{e}^{ikl} + \mathrm{e}^{-ikl}) \right] c(k,t) \qquad (2)$$

注意到给定 k 后，等式右边的中括号内是一个常数。

　　将这一常数记为有效频率

$$\Omega_k^2 \quad = \omega^2 + 2\omega_1^2 - \omega_1^2 (\mathrm{e}^{ikl} + \mathrm{e}^{-ikl})$$

$$= \omega^2 + 2\omega_1^2 - 2\omega_1^2 \cos kl$$

$$= \omega^2 + 4\omega_1^2 \sin^2 \frac{kl}{2}$$

再次与弦振动问题相类比，这一等式又被称为色散关系（Dispersion relation）。注意到其中的 sin 是一个周期函数，为了保持一一对应关系，有效频率应当仅定义在 sin 的某一单调区间内。换言之，应当有

$$-\frac{\pi}{2} \leqslant \frac{kl}{2} \leqslant \frac{\pi}{2}$$

它导致了对参数 k 取值的约束

$$-\frac{\pi}{l} \leqslant k \leqslant \frac{\pi}{l}$$

这一范围又被称为"第一布里渊区"（First Brillouin zone）。在这一定义域上，有效频率在 ω 和 $\sqrt{\omega^2 + 4\omega_1^2}$ 间取值。当其取到最小值时，正好对应各谐振子之间没有耦合，各自在平衡点附近振动这一简单情况。

　　利用有效频率的定义，不难看出方程（2）即自由谐振子的控制方程

$$\frac{\mathrm{d}^2 c(k,t)}{\mathrm{d}t^2} = -\Omega_k^2 c(k,t)$$

且仅与 $c(k,t)$ 相关。它说明，在 k 空间中各简正模式是解耦的——这正是我们想要的结果。方程的解可以取为

$$c(k,t) \propto \mathrm{e}^{\pm i\Omega_k t}$$

回代入展开式中，有

$$u(q,t) \propto \frac{l}{2\pi} \int \mathrm{d}k \, \mathrm{e}^{i(kql \pm \Omega_k t)}$$

此时，可以看到积分核几乎就是一个单色平面波，它们都描述了一种谐振子链的集体运动模式。其叠加的结果也可以被解释为在链条上传播的波，人们习惯上称之为"格波"，即"在格点上的波动"，以区分在一根弦、空气或者水体等连续介质上的波动现象。

可以这样理解到目前为止我们得到的结果。以若干个谐振子组成的片段为例进行说明，如图 2 所示，我们在最左边的谐振子上做一扰动使其偏移，开始振荡。首先，由于邻近的谐振子之间存在相互作用，左起第二个谐振子会受其影响也开始出现偏移。经过时间的推移，这个振荡会逐渐、逐格传播，而振荡传播的方向由有效频率 Ω_k 前面的正负号决定。独立看时，格点上每一点都在平衡位置附近运动，而从整个链条的角度看——如果用一条虚线将这些点连起来——它们即形成一个波形。

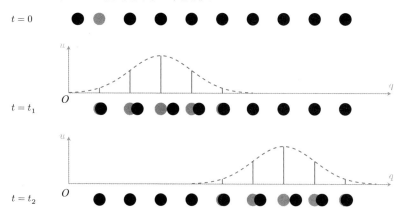

图 2　谐振子间通过邻近相互作用传递振荡，在链上表现出宏观的波形

其次，可以看到，虽然物理上各个谐振子的运动相当复杂，但是整个多体系统的集体运动可以被分解为若干个自由振荡模式之和——这与我们所预期的、从二体问题中得到的经验是一致的。回到图 2，如果各点的振荡频率

保持一致，则在整个链条上观察到的波动应该具有类正弦波的波形，此即我们所分解出的某一简正模式。

三、格点上的傅里叶分析

在前面的讨论中，为了叙述流畅，我们暂且忽略了一个问题：怎么严格定义和理解一维格点上所谓的"傅里叶变换"呢？为了内容完整，我们在本节将围绕这一主题稍加说明，以供参考。

首先让我们重新并具体地写下格点的傅里叶变换。在对色散关系的分析中，我们已经知道波数 k 的取值并不能像普通的傅里叶变换一样，可以遍历整个实轴，而是被限制在第一布里渊区内，于是应记

$$u(q,t) = \frac{l}{2\pi} \int_{-\pi/l}^{\pi/l} \mathrm{d}k \, c(k,t) \mathrm{e}^{\mathrm{i}kql}$$

尝试求其逆变换，仿照一般的傅里叶变换求逆的思路，我们在等式左边乘以共轭后的指数项然后遍历变量 q，将用变量 q 标记的不同模式组合起来。依然与连续区间不同，格点的离散取值决定了组合时应当进行求和而不是求积分。于是

$$\sum_{q=-\infty}^{+\infty} \mathrm{e}^{-\mathrm{i}k'ql} u(q,t) = \sum_{q=-\infty}^{+\infty} \mathrm{e}^{-\mathrm{i}k'ql} \frac{l}{2\pi} \int_{-\pi/l}^{\pi/l} \mathrm{d}k \, c(k,t) \mathrm{e}^{\mathrm{i}kql}$$

继续整理等号右边，通过合并同类项并交换积分与求和，我们可以得到

$$\sum_{q=-\infty}^{+\infty} \mathrm{e}^{-\mathrm{i}k'ql} u(q,t) \quad = \int_{-\pi/l}^{\pi/l} \mathrm{d}k \, \frac{l}{2\pi} c(k,t) \sum_{q=-\infty}^{+\infty} \mathrm{e}^{\mathrm{i}(k-k')ql}$$

至此，我们需要用到一个恒等式

$$\sum_{q=-\infty}^{+\infty} \mathrm{e}^{\mathrm{i}(k-k')ql} = 2\pi\delta((k-k')l), \quad -\frac{2\pi}{l} < k - k' < \frac{2\pi}{l}$$

注意到这里波数被限制仅在第一布里渊区内取值，否则等号左侧求和得到的应当是一个周期函数。为了叙述简洁，在下文中用到这一恒等式时将不再说明，读者应当知道其定义在一个布里渊区内。它可以被视为积分恒等式

$$\int_{-\infty}^{+\infty} \mathrm{e}^{\mathrm{i}(k-k')x} \mathrm{d}x = 2\pi\delta(k-k')$$

的离散版本, 具体的证明过程不是本书的重点, 有兴趣的读者可以自行尝试。让我们暂且承认这一结果并利用之, 可以得到

$$
\begin{aligned}
\sum_{q=-\infty}^{+\infty} \mathrm{e}^{-ik'ql} u(q,t) &= \int_{-\pi/l}^{\pi/l} \mathrm{d}k \, \frac{l}{2\pi} c(k,t) 2\pi \delta((k-k')l) \\
&= \int_{-\pi/l}^{\pi/l} \mathrm{d}k \, \frac{l}{2\pi} c(k,t) \frac{2\pi}{l} \delta(k-k') \\
&= \int_{-\pi/l}^{\pi/l} \mathrm{d}k \, c(k,t) \delta(k-k') \\
&= c(k',t)
\end{aligned}
$$

也即

$$
c(k,t) = \sum_{q=-\infty}^{+\infty} \mathrm{e}^{-ikql} u(q,t)
$$

它可以被认为是谐振子链在 k-空间上的, 与 q-空间相对偶的描述。关于离散化的波数 k, 以及格点上的 k-空间、q-空间的性质、差异和联系, 我们将在后续的章节中继续展开。

小结
Summary

本节介绍了由无穷多个谐振子首尾相接形成的谐振子链。在这一体系中, 每个谐振子都同时受到外场的束缚及相邻谐振子的相互作用, 可以认为它在三个叠加的谐振子势中运动。由于存在内部相互作用, 谐振子链整体的动力学由可数个相互耦合的二阶微分方程描述, 难以直接求解。幸运的是, 通过引入格点傅里叶变换 $u(q,t) \rightarrow c(k,t)$, 我们发现由波数标记的自由度 $c(k,t)$ 各自满足独立的谐振子方程。事实上, $c(k,t)$ 刻画了链条的集体运动, 此时又称格点傅里叶变换为谐振子链的集体模式分解。

谐振子链可以被量子化吗
——一维"晶体"及其能谱[1]

摘要：在本节中，我们将对上一节介绍的谐振子链进行量子化处理。仿照经典力学，我们也可以对算符化后的自由度做格点傅里叶变换。借助这一变换，我们能将谐振子链整体的哈密顿量分解为由波数标记的独立一维谐振子的哈密顿量之和。通过计算对易关系，我们发现这些哈密顿量都是相互独立的，进而可以用张量积构造谐振子链的态空间并得到能谱。

在对经典的谐振子链进行了充分的讨论后，我们不禁关心：如果链条上每个点上的不是一个经典的谐振子，而是量子的谐振子，整个体系又该如何运动和演化呢？换言之，如果将小球替换成粒子，将实体的弹簧替换成（近似的）分子间的作用力，即可以将谐振子链视为一维的"晶体"。而讨论微观粒子时，不可避免地要讨论量子效应。我们能够将这样一条谐振子链量子化吗？这是我们希望解决的问题。

一、谐振子链的正则量子化

根据正则量子化的一般程序，面对一个物理系统，特别是一个有经典对应的物理系统时，我们往往先问其经典哈密顿量是什么，再选择合适的自由度将其算符化，然后试图求解哈密顿算符的本征方程。在上一节中，我们已

---

1 整理自搜狐视频 App "张朝阳"账号/作品/物理课栏目中的第 160、161 期视频，由陈广尚执笔。

经讨论过一个一维谐振子链对应的势能，仍然取偏移量 $u(q,t)$ 为自由度，这里为了书写简洁，在不致混淆时，我们将其简记为 u_q。利用这一记号，整个链条具有的势能

$$V = \sum_{q=-\infty}^{+\infty} \frac{1}{2} m\omega^2 u_q^2 + \sum_{q=-\infty}^{+\infty} \frac{1}{2} m\omega_1^2 (u_q - u_{q+1})^2$$

这里注意，要与上一节所提及的链条中某一谐振子自身所感受到的势场

$$V_q = \frac{1}{2} m\omega^2 u_q^2 + \frac{1}{2} m\omega_1^2 (u_q - u_{q+1})^2 + \frac{1}{2} m\omega_1^2 (u_q - u_{q-1})^2$$

进行对比与区分，因为显然 $V \neq \sum_q V_q$。这是因为从整个链条的角度，相邻谐振子间的作用是相互的，两两之间只贡献一个相应的势能，不应该重复计算。加上偏移量 u_q 对应的动能部分，整体的哈密顿量即

$$H = \sum_{q=-\infty}^{+\infty} \frac{p_q^2}{2m} + \sum_{q=-\infty}^{+\infty} \frac{1}{2} m\omega^2 u_q^2 + \sum_{q=-\infty}^{+\infty} \frac{1}{2} m\omega_1^2 (u_q - u_{q+1})^2$$

其中，$p_q \equiv p(q,t)$ 是与 u_q 共轭的动量。

在进行量子化时，需要将对应的自由度取为算符

$$u(q,t) \rightarrow \hat{u}(q), \qquad p(q,t) \rightarrow \hat{p}(q)$$

这里我们取薛定谔绘景来描述这一系统。在这一绘景下，自由度已经被算符化，不再表征系统的具体状态，即不再依赖于时间。同时，为了后面计算简便，我们将涉及的平方项改写为

$$\hat{u}_q^2 = \hat{u}_q^\dagger \hat{u}_q$$

由于作为自由度或可观测量的 $\hat{u}_q$ 均为厄米算符，因此这一改写并不会带来任何改变。利用这一事实，势能可以改写为算符

$$\hat{V} = \sum_{q=-\infty}^{+\infty} \left[\frac{1}{2} m\omega^2 \hat{u}_q^\dagger \hat{u}_q + \frac{1}{2} m\omega_1^2 (\hat{u}_q^\dagger - \hat{u}_{q+1}^\dagger)(\hat{u}_q - \hat{u}_{q+1}) \right]$$

对经典谐振子链的讨论启发我们对偏移量做傅里叶变换，以期寻找到能描述集体激发的独立简正模式。类比经典谐振子链，我们也可以对算符 $\hat{u}(q)$ 做格点傅里叶变换

$$\hat{u}(q) = \frac{l}{2\pi} \int_{-\pi/l}^{+\pi/l} dk\, \hat{\xi}(k) e^{ikql} \qquad (1)$$

其中，$\hat{\xi}(k)$ 也是一个算符，定义为

$$\hat{\xi}(k) = \sum_{q=-\infty}^{+\infty} \hat{u}(q) e^{-ikql} \qquad (2)$$

在不引起混淆的情况下，下面我们同样将其简记为 $\hat{\xi}_k$ 。应当注意到，不同于 $\hat{u}_q$，算符 $\hat{\xi}_k$ 不再是厄米的，即

$$\hat{\xi}^\dagger(k) = \sum_{q=-\infty}^{+\infty} \hat{u}(q) e^{ikql} \neq \hat{\xi}(k)$$

然而又不难发现，它满足另一恒等关系

$$\hat{\xi}^\dagger(k) = \hat{\xi}(-k)$$

将傅里叶展开（1）代入势能公式中的第一项，有

$$\sum_{q=-\infty}^{+\infty} \frac{1}{2} m\omega^2 \hat{u}_q^\dagger \hat{u}_q = \sum_{q=-\infty}^{+\infty} \frac{1}{2} m\omega^2 \left(\frac{l}{2\pi} \int_{-\pi/l}^{+\pi/l} dk\, \hat{\xi}_k^\dagger e^{-ikql} \right) \left(\frac{l}{2\pi} \int_{-\pi/l}^{+\pi/l} dk'\, \hat{\xi}_{k'} e^{ik'ql} \right)$$

$$= \int_{-\pi/l}^{+\pi/l} dk \int_{-\pi/l}^{+\pi/l} dk'\, \frac{l^2 m\omega^2}{8\pi^2} \hat{\xi}_k^\dagger \hat{\xi}_{k'} \sum_{q=-\infty}^{+\infty} e^{i(k'-k)ql}$$

再次利用恒等式

$$\sum_{q=-\infty}^{+\infty} e^{i(k-k')ql} = 2\pi \delta((k-k')l) \qquad (3)$$

可以得到

$$\sum_{q=-\infty}^{+\infty} \frac{1}{2} m\omega^2 \hat{u}_q^\dagger \hat{u}_q = \int_{-\pi/l}^{+\pi/l} dk \int_{-\pi/l}^{+\pi/l} dk'\, \frac{lm\omega^2}{4\pi} \hat{\xi}_k^\dagger \hat{\xi}_{k'} \delta(k-k')$$

$$= \frac{lm\omega^2}{4\pi} \int_{-\pi/l}^{+\pi/l} dk\, \hat{\xi}_k^\dagger \hat{\xi}_k$$

对于第二项，首先我们观察到

$$\hat{u}_q - \hat{u}_{q+1} = \frac{l}{2\pi} \int_{-\pi/l}^{+\pi/l} dk\, \hat{\xi}(k) e^{ikql} - \frac{l}{2\pi} \int_{-\pi/l}^{+\pi/l} dk\, \hat{\xi}(k) e^{ik(q+1)l}$$

$$= \frac{l}{2\pi} \int_{-\pi/l}^{+\pi/l} dk\, \hat{\xi}(k) e^{ikql} (1 - e^{ikl})$$

于是，经过一些稍显复杂的代数运算

$$\sum_{q=-\infty}^{+\infty} \frac{1}{2} m\omega_1^2 (\hat{u}_q^\dagger - \hat{u}_{q+1}^\dagger)(\hat{u}_q - \hat{u}_{q+1})$$

$$= \int_{-\pi/l}^{+\pi/l} dk \int_{-\pi/l}^{+\pi/l} dk' \frac{l^2 m\omega_1^2}{8\pi^2} \hat{\xi}_k^\dagger \hat{\xi}_{k'} (1-e^{-ikl})(1-e^{ik'l}) \sum_{q=-\infty}^{+\infty} e^{i(k'-k)ql}$$

$$= \frac{lm\omega_1^2}{4\pi} \int_{-\pi/l}^{+\pi/l} dk \int_{-\pi/l}^{+\pi/l} dk' \hat{\xi}_k^\dagger \hat{\xi}_{k'} (1+1-e^{ik'l}-e^{-ikl})\delta(k-k')$$

$$= \frac{lm\omega_1^2}{4\pi} \int_{-\pi/l}^{+\pi/l} dk \ \hat{\xi}_k^\dagger \hat{\xi}_k (2-e^{ikl}-e^{-ikl})$$

$$= \frac{lm\omega_1^2}{4\pi} \int_{-\pi/l}^{+\pi/l} dk \ \hat{\xi}_k^\dagger \hat{\xi}_k (2-2\cos kl)$$

$$= \frac{lm\omega_1^2}{\pi} \int_{-\pi/l}^{+\pi/l} dk \ \hat{\xi}_k^\dagger \hat{\xi}_k \sin^2 \frac{kl}{2}$$

我们可以对其进行整理并得到一个相当"漂亮"的结果。综上所述，整个势能算符可以表达为

$$\hat{V} = \frac{l}{2\pi} \int_{-\pi/l}^{+\pi/l} dk \ \frac{1}{2} m\left(\omega^2 + 4\omega_1^2 \sin^2 \frac{kl}{2} \right) \hat{\xi}_k^\dagger \hat{\xi}_k$$

$$= \frac{l}{2\pi} \int_{-\pi/l}^{+\pi/l} dk \ \frac{1}{2} m\Omega_k^2 \hat{\xi}_k^\dagger \hat{\xi}_k$$

不难发现，这里我们恰好再次得到了由色散关系定义的有效频率 Ω_k。

完整的哈密顿量还应当包括动能部分。首先，从经典的谐振子链着手，注意到粒子动量的定义为

$$p(q,t) = m\dot{u}(q,t)$$

经过变换后，函数 $\xi(k,t)$ 本身仍有长度量纲，而格点傅里叶变换不涉及时间变量 t，所以自然得到 ξ 的共轭动量为

$$\pi(k,t) = m\dot{\xi}(k,t)$$

事实上，这一恒等式也可以通过代入格点傅里叶变换直接计算以验证。于是，对于经典谐振子，动能项可以表达为

$$\sum_{q=-\infty}^{+\infty} \frac{p_q^2}{2m} = \sum_{q=-\infty}^{+\infty} \frac{1}{2} m (\dot{u}_q)^2$$

$$= \sum_{q=-\infty}^{+\infty} \frac{1}{2} m \dot{u}_q^* \dot{u}_q$$

$$= \frac{lm}{4\pi} \int_{-\pi/l}^{+\pi/l} \mathrm{d}k \ \dot{\xi}_k^* \dot{\xi}_k$$

$$= \frac{l}{2\pi} \int_{-\pi/l}^{+\pi/l} \mathrm{d}k \ \frac{1}{2m} \pi_k^* \pi_k$$

具体计算过程与对势能项的分析过程类似，其中再一次用到了 u_q 的格点傅里叶展开，以及恒等关系

$$\sum_{q=-\infty}^{+\infty} \mathrm{e}^{\mathrm{i}(k-k')ql} = 2\pi\delta((k-k')l)$$

这里不再展示细节，仅写出关键步骤。对应地进行算符化，有

$$\sum_{q=-\infty}^{+\infty} \frac{\hat{p}_q^2}{2m} = \frac{l}{2\pi} \int_{-\pi/l}^{+\pi/l} \mathrm{d}k \ \frac{1}{2m} \hat{\pi}_k^\dagger \hat{\pi}_k$$

类似于 $\hat{u}_q$ 与 $\hat{\xi}_k$ 之间的关系，这里 $\hat{p}_q$ 是厄米算符，$\hat{\pi}_k$ 则不然。后者仅满足等式

$$\hat{\pi}^\dagger(k) = \hat{\pi}(-k)$$

综上所述，总的哈密顿量可以表达为

$$H = \frac{l}{2\pi} \int_{-\pi/l}^{+\pi/l} \mathrm{d}k \ \hat{h}(k)$$

$$= \frac{l}{2\pi} \int_{-\pi/l}^{+\pi/l} \mathrm{d}k \left(\frac{1}{2m} \hat{\pi}_k^\dagger \hat{\pi}_k + \frac{1}{2} m \Omega_k^2 \hat{\xi}_k^\dagger \hat{\xi}_k \right)$$

不难看出，给定参数 k，括号内恰好是一个完整的，以 $\hat{\pi}_k$ 和 $\hat{\xi}_k$ 为一对共轭力学量的一维谐振子哈密顿算符。不妨记为

$$\hat{h}(k) = \frac{1}{2m} \hat{\pi}_k^\dagger \hat{\pi}_k + \frac{1}{2} m \Omega_k^2 \hat{\xi}_k^\dagger \hat{\xi}_k \qquad (4)$$

或将其简写为 $\hat{h}_k$。

二、算符的对易关系

量子力学与经典力学有根本差异，主要在于算符化后的自由度不再对易，因而将导致量子力学的观察遵循不确定性原理。譬如，算符化的坐标和动量应当满足正则对易关系

$$[\hat{u}_q, \hat{p}_{q'}] = i\hbar\delta_{qq'}$$

其中 $\delta_{qq'}$ 意味着不同自由度之间相互独立。进行格点傅里叶变换后，系统的自由度将转而取为 $\hat{\xi}_k$、$\hat{\pi}_k$ 及它们的共轭。此时，我们不禁要问：它们之间的对易关系是怎样的？利用展开式（2），有

$$\hat{\xi}(k)\hat{\xi}^\dagger(k') = \left(\sum_{q_1}\hat{u}_{q_1}e^{-ikq_1l}\right)\left(\sum_{q_2}\hat{u}_{q_2}e^{+ik'q_2l}\right) = \sum_{q_1q_2}\hat{u}_{q_1}\hat{u}_{q_2}e^{i(k'q_2-kq_1)l}$$

另一方面，如果交换两算符的乘积顺序

$$\hat{\xi}^\dagger(k')\hat{\xi}(k) = \left(\sum_{q_1}\hat{u}_{q_1}e^{+ik'q_1l}\right)\left(\sum_{q_2}\hat{u}_{q_2}e^{-ikq_2l}\right) = \sum_{q_1q_2}\hat{u}_{q_1}\hat{u}_{q_2}e^{i(k'q_1-kq_2)l}$$

在求和时交换下标 q_1 和 q_2 不会改变求和结果，不难得到

$$\xi^\dagger(k')\xi(k) = \sum_{q_1q_2}\hat{u}_{q_2}\hat{u}_{q_1}e^{i(k'q_2-kq_1)l}$$

于是，

$$[\hat{\xi}(k), \hat{\xi}^\dagger(k')] = \sum_{q_1q_2}[\hat{u}_{q_2}, \hat{u}_{q_1}]e^{i(k'q_2-kq_1)l} = 0$$

即两算符对易。

通过同样的计算过程可以证明

$$\left[\hat{\pi}(k), \hat{\pi}^\dagger(k')\right] = 0$$

同时，我们还要问 $[\hat{\xi}(k), \hat{\pi}^\dagger(k')]$ 的结果是什么。分别计算

$$\hat{\xi}(k)\hat{\pi}^\dagger(k') = \left(\sum_{q_1}\hat{u}_{q_1}e^{-ikq_1l}\right)\left(\sum_{q_2}\hat{p}_{q_2}e^{+ik'q_2l}\right)$$
$$= \sum_{q_1q_2}\hat{u}_{q_1}\hat{p}_{q_2}e^{i(k'q_2-kq_1)l}$$

和

$$
\begin{aligned}
\hat{\pi}^{\dagger}(k')\hat{\xi}(k) &= \left(\sum_{q_1}\hat{p}_{q_1}\mathrm{e}^{+ik'q_1 l}\right)\left(\sum_{q_2}\hat{u}_{q_2}\mathrm{e}^{-ikq_2 l}\right)\\
&= \sum_{q_1 q_2}\hat{p}_{q_1}\hat{u}_{q_2}\mathrm{e}^{i(k'q_1 - kq_2)l}\\
&= \sum_{q_1 q_2}\hat{p}_{q_2}\hat{u}_{q_1}\mathrm{e}^{i(k'q_2 - kq_1)l}
\end{aligned}
$$

注意此时指数部分是一致的，两者相减有

$$
\begin{aligned}
\left[\hat{\xi}(k),\hat{\pi}^{\dagger}(k')\right] &= \sum_{q_1 q_2}(\hat{u}_{q_1}\hat{p}_{q_2} - \hat{p}_{q_2}\hat{u}_{q_1})\mathrm{e}^{i(k'q_2 - kq_1)l}\\
&= \sum_{q_1 q_2}\mathrm{i}\hbar\delta_{q_1 q_2}\mathrm{e}^{i(k'q_2 - kq_1)l}\\
&= \mathrm{i}\hbar\sum_{q}\mathrm{e}^{i(k'-k)ql}\\
&= \mathrm{i}\hbar\frac{2\pi}{l}\delta(k'-k)
\end{aligned}
$$

计算中，我们再次利用了恒等式（3）。

　　将上面的结果总结如下

$$
\begin{aligned}
\left[\hat{\xi}(k),\hat{\xi}^{\dagger}(k')\right] &= 0\\
\left[\hat{\pi}(k),\hat{\pi}^{\dagger}(k')\right] &= 0\\
\left[\hat{\xi}(k),\hat{\pi}^{\dagger}(k')\right] &= \mathrm{i}\hbar\frac{2\pi}{l}\delta(k-k')
\end{aligned}
$$

前两个对易关系表明，以不同实数 k 标记的自由度（或称模式）之间保持相互独立。最后一个对应关系表明，当且仅当 k 与 k' 一致时，"坐标" $\hat{\xi}$ 与对应的"动量" $\hat{\pi}$ 不对易，且正则对易结果正比于 $\mathrm{i}\hbar$。同时，直接计算可得

$$
[\hat{h}(k),\hat{h}(k')] = 0
$$

这些对易关系，与相应的哈密顿算符（密度）的定义式（4）一起提示我们，类似于经典谐振子的情形，量子谐振子链的哈密顿量也可以被分解为若干个以参数 k 标记的，独立的量子谐振子的哈密顿量的叠加。每个独立的谐振子都有独立的振荡频率（或称能级间隔）Ω_k。回忆对单个谐振子的量子化，可以预见对于每个给定的 k 模式，我们都可以给出相应的能谱

$$E_{k,n} = \left(n_k + \frac{1}{2} \right) \hbar \varOmega_k$$

而整条谐振子链的总能谱即其在第一布里渊区上的积分。

小结
Summary

本节介绍了量子化的谐振子链，并仿照经典力学的处理，引入了对算符的格点傅里叶变换 $\hat{u}(q) \to \hat{\xi}(k)$，$\hat{p}(q) \to \hat{\pi}(k)$。我们发现，在新的自由度下，谐振子链的哈密顿量可以重写为若干个一维谐振子的哈密顿量之和。每个谐振子都以波数 k 标记，频率由色散关系给出。通过对对易关系的研究，不难发现，这些谐振子之间是两两独立的，因而可以根据张量积得到谐振子链的态空间及能谱。

什么是声子
——升降算符与集体激发[1]

　　摘要：在本节中，我们将延续上一节的主题，继续研究量子化的谐振子链，讨论如何在谐振子链上定义升降算符。不难发现，升降算符作用于谐振子链，作用是一步一步增加或减少系统整体的能量，又可以形象地认为在链上激发或湮灭了一个一个被称为"声子"的准粒子。同时，从色散关系中可以看到，能量较高的声子可以被视为一个局域的高频振动，行为类似于粒子；而能量较低的声子对应在链上传播的声波——此即谐振子链上的波粒二象性。

　　在上一节中，我们实现了谐振子链的量子化，并通过格点傅里叶变换将其分解为一系列独立谐振子之和。每个独立谐振子对应链上的一个集体振动模式，有独立的哈密顿（密度）算符

$$\hat{h}(k) = \frac{1}{2m}\hat{\pi}_k^\dagger\hat{\pi}_k + \frac{1}{2}m\Omega_k^2\hat{\xi}_k^\dagger\hat{\xi}_k \tag{1}$$

对比在上一章中我们关注的一维谐振子的哈密顿量，它们具有类似的平方和的形式。这提示我们思考：类比对单个谐振子的处理，能否通过组合"坐标" $\hat{\xi}$ 和"动量" $\hat{\pi}$ 定义单个模式的升降算符，进而以代数方法求解谐振子链的能谱及本征态？

---

1 整理自搜狐视频 App "张朝阳"账号/作品/物理课栏目中的第 161、162 期视频，由陈广尚执笔。

一、谐振子链上的升降算符

回忆利用"因式分解"的方法定义一维谐振子升降算符的过程，为了计算简单，我们应当先对相关变量进行无量纲化处理。引入两个常量 $\alpha_k = \sqrt{\dfrac{m\Omega_k}{\hbar}}$, $\beta_k = \sqrt{\dfrac{1}{m\hbar\Omega_k}}$ ，可以将系统自由度所对应的算符重定义为

$$\tilde{\xi}(k) = \alpha_k \hat{\xi}(k), \qquad \tilde{\pi}(k) = \beta_k \hat{\pi}(k)$$

这里我们以上标 ˜（tilde）来指代无量纲化的算符，并在下文中一直沿用。于是单个模式的哈密顿算符（1）可以重写为

$$
\begin{aligned}
\hat{h}(k) &= \frac{1}{2m}\frac{1}{\beta_k^2}\tilde{\pi}^\dagger(k)\tilde{\pi}(k) + \frac{1}{2}m\Omega_k^2\frac{1}{\alpha_k^2}\tilde{\xi}^\dagger(k)\tilde{\xi}(k) \\
&= \frac{1}{2}\hbar\Omega_k(\tilde{\pi}^\dagger(k)\tilde{\pi}(k) + \tilde{\xi}^\dagger(k)\tilde{\xi}(k))
\end{aligned}
$$

同时，利用上一节的结果，不难知道无量纲化后的算符满足对易关系

$$\left[\tilde{\xi}(k), \tilde{\pi}^\dagger(k')\right] = \mathrm{i}\frac{2\pi}{l}\delta(k-k') \tag{2}$$

这提示我们可以考虑定义

$$
\begin{aligned}
a(k) &= \frac{1}{\sqrt{2}}(\tilde{\xi}(k) + \mathrm{i}\tilde{\pi}(k)) \\
a^\dagger(k) &= \frac{1}{\sqrt{2}}(\tilde{\xi}^\dagger(k) - \mathrm{i}\tilde{\pi}^\dagger(k))
\end{aligned}
$$

注意到

$$
\begin{aligned}
a(k)a^\dagger(k) &= \frac{1}{2}(\tilde{\xi}(k)\tilde{\xi}^\dagger(k) - (\mathrm{i})^2\tilde{\pi}(k)\tilde{\pi}^\dagger(k)) \\
&\quad + \frac{\mathrm{i}}{2}(\tilde{\pi}(k)\tilde{\xi}^\dagger(k) - \tilde{\xi}(k)\tilde{\pi}^\dagger(k)) \\
&= \frac{1}{2}(\tilde{\xi}(k)\tilde{\xi}^\dagger(k) + \tilde{\pi}(k)\tilde{\pi}^\dagger(k)) \\
&\quad + \frac{\mathrm{i}}{2}(\tilde{\pi}(k)\tilde{\xi}^\dagger(k) - \tilde{\xi}(k)\tilde{\pi}^\dagger(k))
\end{aligned}
$$

由于算符 $\tilde{\xi}$ 和 $\tilde{\pi}$ 的非厄米性，计算结果中的交叉项不能简单地相互抵消——

这与对单个谐振子的讨论有本质的差异。

幸运的是，注意到

$$
\begin{aligned}
a^\dagger(k)a(k) \quad &= \frac{1}{2}(\tilde{\xi}^\dagger(k)\tilde{\xi}(k) + \tilde{\pi}^\dagger(k)\tilde{\pi}(k)) \\
&+ \frac{\mathrm{i}}{2}(\tilde{\xi}^\dagger(k)\tilde{\pi}(k) - \tilde{\pi}^\dagger(k)\tilde{\xi}(k))
\end{aligned}
\tag{3}
$$

由共轭关系 $\tilde{\xi}^\dagger(k) = \tilde{\xi}(-k)$ 及 $\tilde{\pi}^\dagger(k) = \tilde{\pi}(-k)$ ，可知

$$
\begin{aligned}
a^\dagger(-k)a(-k) \quad &= \frac{1}{2}(\tilde{\xi}^\dagger(-k)\tilde{\xi}(-k) + \tilde{\pi}^\dagger(-k)\tilde{\pi}(-k)) \\
&+ \frac{\mathrm{i}}{2}(\tilde{\xi}^\dagger(-k)\tilde{\pi}(-k) - \tilde{\pi}^\dagger(-k)\tilde{\xi}(-k)) \\
&= \frac{1}{2}(\tilde{\xi}(k)\tilde{\xi}^\dagger(k) + \tilde{\pi}(k)\tilde{\pi}^\dagger(k)) \\
&+ \frac{\mathrm{i}}{2}(\tilde{\xi}(k)\tilde{\pi}^\dagger(k) - \tilde{\pi}(k)\tilde{\xi}^\dagger(k))
\end{aligned}
\tag{4}
$$

可以观察到此结果中的第一项恰好与 $a(k)a^\dagger(k)$ 所得的第一项相同，而交叉项恰好相差一个负号。于是，可以将给定参数 k 的某一模式的哈密顿量通过升降算符改写为

$$
\hat{h}(k) = \frac{1}{2}\hbar\Omega_k(a(k)a^\dagger(k) + a^\dagger(-k)a(-k))
$$

与单体谐振子的结果不同，单个模式的哈密顿量中既有前向传播的成分（以 k 为参数），又有反向传播的成分（以 $-k$ 为参数）。

两者叠加，整个谐振子链的哈密顿量即为其积分

$$
\begin{aligned}
H \quad &= \frac{l}{4\pi}\hbar\Omega_k\int_{-\pi/l}^{+\pi/l}\mathrm{d}k(a(k)a^\dagger(k) + a^\dagger(-k)a(-k)) \\
&= \frac{l}{4\pi}\hbar\Omega_k\left(\int_{-\pi/l}^{+\pi/l}\mathrm{d}k\ a(k)a^\dagger(k) + \int_{-\pi/l}^{+\pi/l}\mathrm{d}k\ a^\dagger(-k)a(-k)\right)
\end{aligned}
$$

利用积分的线性特性，我们可以将其拆写为两部分。注意到，在第二项中，可以利用换元 $k \to k_1 = -k$ ，得到

$$\int_{-\pi/l}^{+\pi/l} dk \, a^\dagger(-k)a(-k) \quad = -\int_{+\pi/l}^{-\pi/l} dk_1 \, a^\dagger(k_1)a(k_1)$$

$$= \int_{-\pi/l}^{+\pi/l} dk_1 \, a^\dagger(k_1)a(k_1)$$

$$= \int_{-\pi/l}^{+\pi/l} dk \, a^\dagger(k)a(k)$$

最后一个等号仅是对符号的改写。所以，哈密顿量可以改写为

$$H = \frac{l}{2\pi} \int_{-\pi/l}^{+\pi/l} dk \, \frac{1}{2} \hbar\Omega_k \left(a(k)a^\dagger(k) + a^\dagger(k)a(k) \right)$$

相对应地，我们总可以重新定义一个适合的哈密顿算符，或称"微分哈密顿算符"，记为

$$\hat{h}_1(k) = \frac{1}{2} \hbar\Omega_k \left(a(k)a^\dagger(k) + a^\dagger(k)a(k) \right)$$

它与单体谐振子的哈密顿算符有几乎一致的形式，便于下面继续展开讨论。

二、升降算符的作用与模式激发

接下来要讨论的问题是，我们所定义的"升降算符"是否名副其实？是否可以在系统中激发或者湮灭一个谐振子模式，提升或降低一个单位的能量？更严谨地表达，我们希望能够证明，类似于单体谐振子的情形，如果有某本征态满足

$$\hat{h}_1(k) |\psi_\lambda(k)\rangle = \lambda\hbar\Omega_k |\psi_\lambda(k)\rangle$$

则 $a^\dagger(k)|\psi_\lambda(k)\rangle$ 也是微分哈密顿量的本征态，且对应的本征值量子数为 $\lambda+1$。

为了证明这一点，根据前面的经验，我们首先要求得升降算符间的对易关系。借用式（3）和式（4）的结果，并根据对易关系（2）不难求得

$$[a(k), a^\dagger(k')] \quad = \frac{1}{2}\left(\left[\tilde{\xi}(k), \tilde{\xi}^\dagger(k) \right] + \left[\tilde{\pi}(k), \tilde{\pi}^\dagger(k) \right] \right)$$

$$+ \frac{i}{2}\left(\left[\tilde{\pi}(k), \tilde{\xi}^\dagger(k) \right] - \left[\tilde{\xi}(k), \tilde{\pi}^\dagger(k) \right] \right)$$

$$= \frac{2\pi}{l} \delta(k - k')$$

然后，我们将 $\hat{h}_1$ 作用到 $a^\dagger(k)|\psi_\lambda(k)\rangle$ 上，根据定义，应有

$$\hat{h}_1(k)a^\dagger(k)|\psi_\lambda(k)\rangle = \frac{1}{2}\hbar\Omega_k\left(a(k)a^\dagger(k)+a^\dagger(k)a(k)\right)a^\dagger(k)|\psi_\lambda(k)\rangle$$

对于第一项，可以利用升降算符的对易关系，得到

$$\left(a(k)a^\dagger(k)\right)a^\dagger(k)|\psi_\lambda(k)\rangle$$
$$=\left(a^\dagger(k)a(k)+\frac{2\pi}{l}\delta(0)\right)a^\dagger(k)|\psi_\lambda(k)\rangle$$
$$=a^\dagger(k)\left(a(k)a^\dagger(k)\right)|\psi_\lambda(k)\rangle+\frac{2\pi}{l}\delta(0)a^\dagger(k)|\psi_\lambda(k)\rangle$$

而对于第二项，有

$$\left(a^\dagger(k)a(k)\right)a^\dagger(k)|\psi_\lambda(k)\rangle$$
$$=a^\dagger(k)\left(a^\dagger(k)a(k)+\frac{2\pi}{l}\delta(0)\right)|\psi_\lambda(k)\rangle$$
$$=a^\dagger(k)\left(a^\dagger(k)a(k)\right)|\psi_\lambda(k)\rangle+\frac{2\pi}{l}\delta(0)a^\dagger(k)|\psi_\lambda(k)\rangle$$

在两个结果中，首项用中括号括起部分恰好分别对应"微分哈密顿算符"中的两项，相加后即可以组成"微分哈密顿算符"，而剩余项一致。于是

$$\hat{h}_1(k)a^\dagger(k)|\psi_\lambda(k)\rangle$$
$$=a^\dagger(k)h_1(k)|\psi_\lambda(k)\rangle+\frac{2\pi}{l}\hbar\Omega_k\delta(0)\,a^\dagger(k)|\psi_\lambda(k)\rangle$$
$$=\left(\lambda+\frac{2\pi}{l}\delta(0)\right)\hbar\Omega_k\,a^\dagger(k)|\psi_\lambda(k)\rangle$$

在上面的结果中，我们遇到了 $\delta(0)$。按定义，Dirac-δ 函数在原点上的取值将发散到无穷大，并非是一个良好定义的量。与其类似的还有所谓的 Kronecker-δ 函数

$$\delta_{q_1q_2}=\begin{cases}0, & q_1\neq q_2\\1, & q_1=q_2\end{cases}$$

两者都起到了选取相同下标的作用，差别在于 Kronecker-δ 只能离散取值，要求两点之间有最小的间隔，而 $\delta(k-k')$ 作为函数可以连续取值，即 k 和 k' 之间的间隔 Δk 可以取无穷小。相应地，我们要付出的代价是当两点完全重合时函数取值将发散到无穷大，这会给我们的讨论带来困难。同时，进一步思考不难认识到，根据傅里叶变换的性质，参数 k 的连续取值源于我们考虑

的是一个无穷长的谐振子链。否则，如果认为谐振子链的长度有限，或为更具体的首尾咬合的环形链，则傅里叶变换应当代替以傅里叶级数展开（或称离散傅里叶变换），此时 k 的取值也将是离散的。事实上，这也是一类不确定性原理。

同时，我们应当认识到，所有的物理模型都只是对真实世界的合理近似。在自然界中，并不存在"无穷长"的链，只有"充分长"的链。一个"充分长"的谐振子链对应到"k-空间"中，其参数应当保持分立取值——尽管取值间隔可能很小。换言之，Dirac-δ 函数应当视为用 Kronecker-δ 函数间隔取极限 $\Delta k \to 0$ 后的简单记法。同时，"充分长"表明，当我们专注于考虑模型的中段部分时，可以暂时忽略边界效应带来的影响，前面的讨论仍然是正确的。

更具体地，我们可以考虑一个由 N 个谐振子组成的、长度为 d、点间隔为 l 的谐振子链。进行傅里叶变换后，参数取值应当有间隔

$$\Delta k = \frac{2\pi}{d} = \frac{2\pi}{Nl}$$

于是

$$\delta(k-k') = \delta\big((n-n')\Delta k\big) = \frac{1}{\Delta k}\delta(n-n') = \frac{Nl}{2\pi}\delta_{nn'}$$

其中，N 是一个可调的系统参数，对于一个由无穷多个谐振子组成的、近似"连续"的系统来说，N 的发散即对应 $k \to k'$ 时 Dirac-δ 函数的发散。但这一发散本身没有显然的物理意义，毕竟当 N 足够大时，由于我们已经忽略了边界效应，因此它的具体取值不应影响计算结果。真正有意义的是上式括号前的系数，换句话说，即可以在计算中将 Dirac-δ 函数替换为"充分长"的结果

$$\delta(0) \to \frac{l}{2\pi}$$

利用这个替代，可以得到

$$\hat{h}_1(k)a^\dagger(k)|\psi_\lambda(k)\rangle = (\lambda+1)\hbar\Omega_k\, a^\dagger(k)|\psi_\lambda(k)\rangle$$

这个结果表明，经过升算符的作用后，得到的新态矢是对应量子数为 $\lambda+1$ 的本征态

$$a^{\dagger}(k)|\psi_{\lambda}(k)\rangle \propto |\psi_{\lambda+1}(k)\rangle$$

用同样的方法可以证明，经过降算符作用后，得到

$$a(k)|\psi_{\lambda}(k)\rangle \propto |\psi_{\lambda-1}(k)\rangle$$

而基态的定义即某个"降无可降"的态，即要求满足等式

$$a(k)|\psi_0(k)\rangle = 0$$

利用在单个谐振子的讨论中得到的经验，我们可以这样理解升降算符的意义：给定波数 k 对应的激发模式存在一系列的分立能级，升算符作用到基态上，将系统激发到第一激发态上，系统能量对应增加一个单位。与光子相比，我们可以认为，这种系统能量按一定的最小单位增加是因为我们在系统中引入了某种"粒子"。这种粒子对应的是晶格，或者说是一维谐振子链上的某种振荡模式，因此被称为"声子"。更术语化的表达是，声子是在晶格集体运动中产生的一种准粒子（Quasi-particle），其本身具有玻色子的性质。

三、谐振子链上的波粒二象性

我们暂且回到" q -空间"中的哈密顿算符

$$\hat{H} = \sum_{q=-\infty}^{+\infty}\left[\frac{1}{2m}\hat{p}_q^2 + \frac{1}{2}m\omega^2\hat{u}_q^2 + \frac{1}{2}m\omega_1^2(\hat{u}_q - \hat{u}_{q+1})^2\right]$$

其中势能的第一部分是一个将点粒子束缚在某个特定点上的势场，而第二项是邻近粒子间的相互作用。对于一个真实存在的金属晶体，在空间中并不会有某个特定的点，让其中某个原子只能被束缚在某个位置——那样我们甚至无法搬动这块金属晶体。因而在考虑对晶体整体建模时，应当有

$$\omega = 0$$

即只需要考虑邻近粒子间的相互作用。另一方面，回想上一章中我们对极低温液氦的讨论，可以认为彼时我们取的是

$$\omega \neq 0, \quad \omega_1 = 0$$

注意在讨论液氦的凝固这一问题时，我们的关注点在于系统中单个粒子的行为——而不是整块晶体的宏观性质。对于单个粒子，我们可以认为它感受到的是其他粒子，特别是邻近粒子的共同相互作用所导致的有效势场，而对晶体的整体性质"视而不见"。

在本章开篇，我们已对这一现象做了简单评述。从整体中抽象出单一个体进行研究，可以得到系统的部分性质。但这种刻画是相当粗略的，并不能完全反映系统的整体性质。当从个体推向多体、从微观推向宏观时，物理系统会涌现出丰富而有意义的、有时异于单体规律的性质。在本节前面的推导中，我们也曾不断对比单一模式与单一谐振子。对研究凝聚态的学者而言，他们更喜欢以"多而不同"来概括这一观点。在下一节中，我们将围绕这一主题再举例说明。

回到对谐振子链的讨论上，如果我们认为它是对一个真实存在的金属晶体的建模，那么色散关系理应改写为

$$\Omega_k^2 = 4\omega_1^2 \sin^2 \frac{kl}{2}$$

其大致的函数图像如图 1 所示。

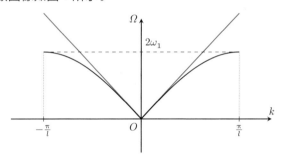

图 1　色散关系（黑线）的函数图像。在零点附近，色散关系可以近似为线性关系（红线）

在波数 k 很小时，有

$$\Omega_k = 2\omega_1 \sin \frac{kl}{2} \approx \omega_1 lk$$

此时各简正模式

$$e^{i\Omega_k t + iklq} = e^{i(\omega_1 t + q)kl}$$

即类正弦波动，有

$$\frac{\Omega_k}{k} = \omega_1 l = \frac{\mathrm{d}\Omega}{\mathrm{d}k}\Big|_{k=0}$$

即相速度与群速度保持一致。此时，这一运动模式已经可被视为普通的单色平面波。这种长程的、能量较低的模式，可以认为其对应固体中机械波的传

播过程。等价地说，它应该被理解为固体中的声波，对应的速度是固体中的声速 $v_{ac} = \omega l$。邻近相互作用的频率与晶格的劲度系数 $\omega_1 = \sqrt{\dfrac{k_1}{m}}$ 和原子质量相关。前者可以通过玻恩-奥本海默近似计算得到，即给予了我们一种将理论计算结果与具体实验相对照的途径。

另一方面，当模式能量较高，波数取值靠近第一布里渊区边缘

$$k \approx \frac{\pi}{l}$$

时，模式的群速度接近于

$$\left.\frac{\mathrm{d}\Omega}{\mathrm{d}k}\right|_{k=\pi/l} = \omega_1 l \cos\frac{kl}{2}\bigg|_{k=\pi/l} = 0$$

即这样一个高频模式"几乎不传播"。此时，这种波动模式的波长接近于晶格长度，所以这种振动难以跨越晶格向前传播，其行为反倒像一个被困在晶格中的粒子。此时我们不如称之为固体中的一个声子。量子力学中的波粒二象性（Wave-particle duality）在对固体集体行为的讨论中体现得淋漓尽致！

小结
Summary

本节讨论了如何定义谐振子链的升降算符。在上一节中，我们已经知道了谐振子链的哈密顿量可以分解为一系列一维谐振子哈密顿量之和，而我们应当也已经熟悉了一维谐振子的升降算符的定义。通过推导可以发现，这些以波数 k 标记的升降算符作用到谐振子链上后，将一步一步使系统增加或减少相应的能量——$\dfrac{1}{2}\hbar\Omega_k$。类比光子，这样的过程也可以视为依次在系统中激发或湮灭具有相应能量的"粒子"，并把它称为"声子"。为了更好地理解这一点，我们还研究了色散关系的渐近行为。不难发现，高能的激发是一类局域的振动，好比一个粒子；而低能的激发对应谐振子链上的声波。这一现象可以理解为波粒二象性，为前面提出的物理图像做了佐证。

声子如何影响晶体的比热
——固体比热的爱因斯坦模型与德拜模型[1]

摘要：在本节中，我们将介绍谐振子链的一个重要应用——固体比热的第一性原理计算。历史上，爱因斯坦首先提出利用谐振子来近似描述晶体中各原子的运动，并用谐振子的能级求出了固体的比热。然而爱因斯坦的模型在低温极限下并不完全正确，德拜提出，应当用谐振子链或者晶格来表征整个晶体系统，在低温极限下，声子的贡献不可忽略。可以看到，根据德拜模型计算得到的比热曲线，和实验结果吻合得相当好。

比热（Specific heat）是固体材料的一个重要特性，表征了固体接纳储存热量（能量）的能力。基于物质的微观结构解释这一过程的机理，进而实现固体比热的第一性原理计算是物质科学的一大使命。在 20 世纪初，量子力学草创时期，爱因斯坦率先认识到晶格中原子的运动可以近似为一个谐振子，且是一个量子谐振子。将固体视为由一团谐振子组成的热力学体系，再借助普朗克处理黑体辐射的经验，爱因斯坦给出了固体比热随温度变化的规律，并提供了对热力学第三定律——绝对零度不可达到——的一种解释。在本节中，我们将回顾爱因斯坦模型并过渡到德拜模型，以建立对晶体结构与比热的一般认知。

---

1 整理自搜狐视频 App "张朝阳" 账号/作品/物理课栏目中的第 163～165 期视频，由陈广尚执笔。

一、固体比热的爱因斯坦模型

根据爱因斯坦的想法，晶体可视为 N 个独立运动的粒子的集合，可以近似认为每个粒子都独立地在三维谐振子势中运动。根据上一章的讨论，一个三维谐振子可以视为三个一维谐振子的组合。于是，这 N 个粒子的集合又可以被等价视为 $3N$ 个独立谐振子的集合。我们已经相当熟悉单个一维谐振子的能级

$$E_{\text{Ei},n} = \frac{1}{2}\hbar\omega\left(n+\frac{1}{2}\right)$$

当面对由 $3N$ 个谐振子组成的一个大集合时，我们需要根据统计力学考虑粒子能级排布满足某一热分布。这是因为在计算单粒子的哈密顿量时，我们往往会忽略很多相互作用——比如体系内部的高阶相互作用或者与外界的热干扰等。尽管我们在建立模型时对其"视而不见"，但它们依然是真实存在的，并且体系越大，效应越明显。考虑多粒子系统时，这些相互作用会将系统维持在热态。此时最细致和严格的处理需要用到量子统计力学，用密度算符

$$\hat{\rho} \propto e^{-\frac{1}{k_B T}\hat{H}}$$

来刻画多粒子系统的动力学行为。但显然，这种处理不仅超过了爱因斯坦所在年代的物理学发展，也远远超出了本节的叙述范围。

幸运的是，就当前关注的问题而言，我们可以暂且绕开这一复杂的计算和物理图像，转而拥抱更简单但更适用的半经典处理。所谓半经典处理，即考虑粒子的分布按本征能量仍满足玻尔兹曼分布

$$n_i = n_0 e^{-\frac{E_i - E_0}{k_B T}}$$

其中 n_0 为分布在基态上的粒子数。于是，单粒子的平均能量为

$$\begin{aligned}
\langle E \rangle &= \sum_{i=0}^{\infty} n_i E_i \\
&= \frac{1}{2}\hbar\omega + \frac{\hbar\omega}{e^{\hbar\omega/k_B T} - 1}
\end{aligned}$$

这里的计算过程与《张朝阳的物理课》第一卷第四部分中所讲解的，求黑体辐射平均能量的计算过程是一致的，因此不再赘述。

于是，整个体系的能量为

$$U = 3N\langle E\rangle = \frac{3N}{2}\hbar\omega + \frac{3N\hbar\omega}{e^{\hbar\omega/k_B T}-1}$$

当温度很高，即 $k_B T \gg \hbar\omega$ 时，第二项还可以近似为温度的线性关系

$$\frac{3N\hbar\omega}{e^{\hbar\omega/k_B T}-1} \approx 3Nk_B T$$

为了验证将固体视为谐振子集合这一模型的正确性，将上述结果应用到固体比热的计算中，并与相关实验结果进行比对。根据定义，比热刻画的是改变单位质量温度时放出或吸收的能量，当对象为固体时，我们一般考虑其定容比热

$$c_V \equiv \left(\frac{\partial U}{\partial T}\right)_V$$

将前面的计算结果代入这一定义，不难看出，在高温极限下有

$$c_V \underset{\text{高温}}{=} 3Nk_B$$

此即经典热力学中的能量均分原理。

为了理解这一点，我们首先要理解热扰动如何影响体系。传热本质上是传递能量，温度越高，热扰动引起体系微观组分能量大幅改变的概率就越大。一个在初始时刻处于低能态的粒子接收到由热涨落带来的能量后，如果能量合适，它将跃迁到更高的能级。形象地说，这个粒子正在受"热浪"驱赶去"爬梯子"。当温度很高时，粒子更倾向于受更大能量的热扰动激发。这一激发能量将远大于谐振子的能谱间隙（能隙），使得能谱可以被近似看作连续的，正如我们手指划过平面，却感受不到分子间隙一样。当能隙可以忽略，"量子"效应也可以暂且忽略不计时，系统将自然地给出经典力学预言的结果。

另一方面，在低温极限 $k_BT \ll \hbar\omega$ 下，系统能量可以被近似表示为

$$U_{\substack{低温}} = \frac{3N}{2}\hbar\omega + 3N\hbar\omega e^{-\frac{\hbar\omega}{k_BT}}$$

此时，计算比热有

$$c_V_{\substack{低温}} = 3N\frac{(\hbar\omega)^2}{k_B}\frac{e^{-\frac{\hbar\omega}{k_BT}}}{T^2}$$

即当温度趋于 0 K 时，固体比热会按指数形式极快地趋近于 0。这一点同样可以借助前面建立的物理图像进行说明。当温度逐渐趋于 0 K 时，热扰动变得极为微弱，粒子接收到的平均能量会变得更低，出现这种微扰的概率将大幅降低。在更多时候，粒子接收的能量并不足以帮助它越过能隙，"爬上"更高的能级。此时即可认为，粒子被"冻结"到了基态上，很难与外界交换能量。这一结果是对热力学第三定律的一种解释。

此时，如果将上面的分析与具体的实验结果相对比，用黑线大致描绘爱因斯坦模型给出的比热随温度的分布，而用红线描绘实验测量的结果（如图 1），不难发现爱因斯坦模型在高温极限下与实验测量结果吻合得相当好，而在低温极限区域则不然。这说明，爱因斯坦对固体的建模是一个非常粗略的近似：他专注于描绘单个原子的动力学行为，而忽略了系统各组分间的相互作用及由此导致的集体行为——与其说这是对固体的建模，不如说这是对类似理想气体的建模。诚然，这足够达成爱因斯坦本人的目的，以表达出他对量子化和物质结构的思考。

二、固体比热的德拜模型

对固体比热更精细的分析，要归功于德拜对爱因斯坦模型的思考和改进。德拜认为，如果考虑晶体是由单原子（Monoatomic）组成的，那么事实上每个原子仅受相邻原子的作用，爱因斯坦模型中所谓的独立谐振子，不过是从中截取一个片段时看到的假象。于是，在德拜模型中应取 $\omega = 0$ ，而

$$\omega_1 = \sqrt{\frac{k_{BO}}{m}}$$

其中 k_{BO} 是可利用 Born-Oppenheimer 近似计算得到的原子间的劲度系数，m 是原子的质量。对应的色散关系取为

$$\Omega_k = 2\omega_l \sin \frac{kl}{2} \tag{1}$$

注意在此处，按照我们的约定，矢量模长 $k > 0$，故取平方根时无须考虑负数部分。

在上一节中，我们已经充分讨论过这样一个图像：晶格的整体运动可以视为由波数 k（波矢 $\boldsymbol{k}$）标记的一系列独立简正模式的叠加。按色散关系（1），这些简正模式有高低不等的能量。其中高能部分几乎不传播，可以认为是局限在某个格点上的振荡；低能部分可以与固体中的经典机械波对应——此即晶体中的波粒二象性。回到对比热的讨论上，这里的高能部分可对应爱因斯坦模型中格点独立的谐振子，而爱因斯坦模型的问题正在于忽略了低能简正模式的贡献。

从整个晶体的角度来看，谐振子集体运动形成的涟漪，也是系统允许取到的激发态。这种激发态还可以形象地理解为晶格系统中额外产生了一个携带能量的声子。按照上述色散关系，声子的本征能量允许连续取值，即使在低温极限下，晶体也能吸收相当一部分能量并以声子的形式存储在体系中。两个模型的区别可以用登华山来形容，爱因斯坦模型是远眺华山千仞，而德拜模型告诉我们，悬崖峭壁间原来还修有一系列便于攀登的阶梯。

按照这个思路，让我们尝试从晶体集体行为的角度重新推导固体的比热。首先，在谐振子模型中，每一个简正模式都可以独立接受能量，独立被激发。作为一个集体，这些简正模式经一定弛豫时间后达到热平衡，原则上需要用统计力学来描述——这一过程与爱因斯坦模型是一致的。同时，注意不同简正模式的激发态相互独立，它们之间可视为不存在直接的热力学关联，计算整个系统的配分函数或者内能时，只需要将它们简单地相加，即

$$\begin{aligned} U &= \left(\frac{l}{2\pi}\right)^3 \int_D \mathrm{d}^3\boldsymbol{k}\langle E_k\rangle \\ &= \left(\frac{l}{2\pi}\right)^3 \int_D \mathrm{d}^3\boldsymbol{k}\left(\frac{1}{2}\hbar\Omega_k + \frac{\hbar\Omega_k}{\mathrm{e}^{\hbar\Omega_k/k_BT}-1}\right) \end{aligned}$$

在第二行中，我们直接利用了爱因斯坦模型中对单个谐振子平均能量的计算结果，只是对频率部分做了相应的改写。

注意到在积分中，第一项与温度无关，我们可以仅考虑对第二项进行化简，并代入色散关系，有

$$U_2 = \left(\frac{l}{2\pi}\right)^3 \int_D d^3\boldsymbol{k} \; \frac{\hbar\Omega_k}{e^{\hbar\Omega_k/k_BT}-1}$$

$$= \left(\frac{l}{2\pi}\right)^3 \int_D d^3\boldsymbol{k} \; \frac{\hbar 2\omega_l \sin\dfrac{kl}{2}}{e^{\left(2\hbar\omega_l \sin\frac{kl}{2}\right)/(k_BT)}-1}$$

直接计算这样的积分非常困难，但我们可以在一些特殊情况下研究它的行为。比如在高温极限下，考虑一个很高的温度（$T \to \infty$），有

$$\frac{\hbar 2\omega_l \sin\dfrac{kl}{2}}{e^{\left(2\hbar\omega_l \sin\frac{kl}{2}\right)/(k_BT)}-1} \approx k_BT$$

对其求积分，有

$$U_2 \underset{\text{高温}}{=} \left(\frac{l}{2\pi}\right)^3 \int_D d^3\boldsymbol{k}\; k_BT$$

$$= 3Nk_BT$$

这里注意到自由度不变，所以应有 $\left(\dfrac{l}{2\pi}\right)^3 \int_D d^3\boldsymbol{k} = 3N$，于是高温极限下的比热

$$c_V \underset{\text{高温}}{=} 3Nk_B$$

与爱因斯坦模型的结果保持一致，同样回到了能量均分定律上。

另一方面，我们可以考虑低温极限（$T \to \infty$）。此时，观察 U_2 中的积分函数，在温度很低时

$$\frac{2\hbar\omega_l \sin\dfrac{kl}{2}}{k_BT} \to +\infty$$

即整个积分函数

$$\frac{\hbar 2\omega_1 \sin\dfrac{kl}{2}}{\mathrm{e}^{\left(2\hbar\omega_1\sin\frac{kl}{2}\right)/(k_BT)}-1} \to \frac{1}{\mathrm{e}^{+\infty}-1}=0$$

被极大地压低。此时，事实上仅当我们同时让波矢模长 $k \to 0$ 时，其与温度之比才有可能得到一个有限值，才对积分有贡献。这样的结论和我们前面的讨论一致：在低温极限下，只有低能部分的集体激发是重要的，它们是粒子能够"跃迁"的阶梯，而高能部分的激发仿佛耸立在悬崖上，几乎触不可及。

于是，在 $k \to 0$ 时我们可以率先将色散关系近似为

$$\Omega_k \approx 2\omega_1\frac{kl}{2}=\omega_1 kl$$

这样积分可以改写为

$$U_{2\atop\text{低温}}=\left(\frac{l}{2\pi}\right)^3\int_D \mathrm{d}^3\boldsymbol{k}\,\frac{\hbar 2\omega_1\dfrac{kl}{2}}{\mathrm{e}^{\left(2\hbar\omega_1\frac{kl}{2}\right)/(k_BT)}-1}$$

为了计算简便，我们可以在积分中采用球坐标形式，即

$$\int_D \mathrm{d}^3\boldsymbol{k}=\int_0^{\pi/l}k^2\mathrm{d}k\int_0^\pi \mathrm{d}\theta\int_0^{2\pi}\mathrm{d}\varphi$$

这里需要注意的是，事实上我们的积分区域应当是呈立方体的第一布里渊区，若改用球坐标，原则上会在试图描述积分边界时遇到困难。然而，因为在低温极限下，布里渊区的边界对内能几乎没有贡献，所以对边界的描述准确与否并不重要。事实上，模长积分上界，或者说积分区域的球体半径，也不一定要先验给定。它可以被当成系统的一个自由参数，最后再通过实验来确定。

在球坐标下，

$$U_{2\atop\text{低温}}=4\pi\left(\frac{l}{2\pi}\right)^3\int_0^{\pi/l}\mathrm{d}k\,\frac{\hbar k^2 2\omega_1\dfrac{kl}{2}}{\mathrm{e}^{\left(2\hbar\omega_1\frac{kl}{2}\right)/(k_BT)}-1}$$

$$=4\pi\left(\frac{l}{2\pi}\right)^3\int_0^{\pi/l}\mathrm{d}k\,\frac{\hbar k^3\omega_1 l}{\mathrm{e}^{(\hbar\omega_1 kl)/(k_BT)}-1}$$

利用换元 $t = \dfrac{\hbar\omega_1 l}{k_B T} k$ ，可以将其进一步化简为

$$U_{2\atop{\text{低温}}} = 4\pi\left(\frac{l}{2\pi}\right)^3 \frac{(k_B T)^4}{(\hbar\omega_1 l)^3} \int_0^x \mathrm{d}t\, \frac{t^3}{\mathrm{e}^t - 1}$$

其中积分上标 $x = \dfrac{\pi\hbar\omega_1}{k_B T}$ 。剩下的整个积分可以被定义为德拜函数

$$D_3(x) = \int_0^x \mathrm{d}t\, \frac{t^3}{\mathrm{e}^t - 1}$$

低温极限对应 $x \to +\infty$ ，此时德拜函数

$$D_3(+\infty) \approx \Gamma(4)\zeta(4)$$

其中 Γ 为欧拉 gamma 函数，ζ 为黎曼 zeta 函数。

利用这一结果，低温极限下的计算结果可以表达为

$$U_{2\atop{\text{低温}}} = \frac{1}{2\pi^2}\hbar\omega_1\left(\frac{k_B T}{\hbar\omega_1}\right)^4 \Gamma(4)\zeta(4)$$

对温度求导后得到比热

$$c_{V\atop{\text{低温}}} = \Gamma(4)\zeta(4)\frac{2}{\pi^2}\frac{k_B^4}{\hbar^3\omega_1^3}T^3$$

不难看出其正比于温度的三次方

$$c_{V\atop{\text{低温}}} \propto T^3$$

与实验所观察到的趋势吻合得相当好。此即固体比热的德拜模型，它可以视为对爱因斯坦模型的细化，解决了爱因斯坦模型在低温极限下的缺陷。爱因斯坦模型与德拜模型对固体比热的计算结果如图 1 所示。但遗憾的是，在温度适中的区域，由于积分很复杂，并没有一个解析的结果。

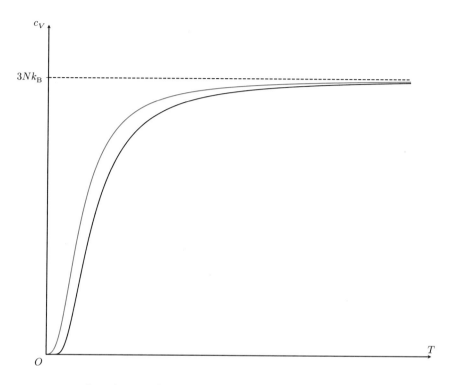

图 1　爱因斯坦模型（黑线）与德拜模型（红线）的计算结果，
其中红线部分与实验结果一致

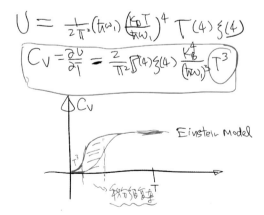

$$U = \frac{1}{2\pi^2}(\hbar\omega_1)\left(\frac{k_B T}{\hbar\omega_1}\right)^4 \Gamma(4)\zeta(4)$$

$$C_V = \frac{\partial U}{\partial T} = \frac{2}{\pi^2}\Gamma(4)\zeta(4)\frac{k_B^4}{(\hbar\omega_1)^3}T^3$$

C_V

Einstein Model

T

T^3

小结
Summary

　　本节介绍了如何从第一性原理出发计算固体晶体的比热。历史上，爱因斯坦首先提出了用量子化的谐振子来近似描述固体中各组分粒子的行为，并借由统计力学求得了固体比热随温度的变化。不难验证，爱因斯坦模型在高温极限下能够吻合经典热力学的能量均分定律，而在低温极限下比热趋于 0。爱因斯坦模型给出了热力学第三定律——绝对零度不可达到——的一种解释。然而如果对比实验结果，可以发现这一模型计算得到的曲线，在温度极低时会比实验结果更快地趋于 0，因而是有缺陷的。因此，对固体晶体更好的描述应当是将其视为谐振子链或者三维谐振子点阵。此即比热的德拜模型。在该模型中，低温极限下集体激发（或称声子）对比热的贡献不可忽略，计算所得的曲线与实验结果吻合得相当好。

电子气体的简并压
与白矮星

张朝阳手稿

Page ①

9.1.2023 物理课 线上 ①

白矮星 半径的估算
white dwarf stars

塌缩 图 M 生 supernova
三方向膨 $M \leq M_0$, 引力收缩
到密度太大一定导 n 大 Fermi
考虑数量的统计层上垫，热涨
否观重不用考虑. 即 $T \to 0$.

$e^{-\Delta E/KT}$ 不用考虑 / 能级简并

$\to$ 全部塞必兰是 Bosons?

$\to$ 动量 相空间

一维 $|\psi\rangle \sim \sin kx$

$k = \frac{n\pi}{L}$

$n = 0, 1, 2, 3 \cdots$

$\vec{n} = n_x \vec{i} + n_y \vec{j} + n_z \vec{k}$

每格 体积为 $\left(\frac{\pi}{L}\right)^3$

$\Rightarrow P = \frac{2}{3} \frac{E_{kin} \cdot c}{V}$ ($\frac{1}{8}$ 全球)

$= \frac{2}{3} \cdot 2 \int k^2 dk \frac{\hbar^2 k^2}{2m} \frac{1}{8}$

$= \frac{\hbar^2}{15 m \pi^2} k_0^5$ $k_0 = k$ (定向) 半径

Page ②

N 云电子动, 可从 能量很低到高往 可
去填的半径 k_0.

$\frac{1}{8} \cdot 2 \int \frac{k^2 dk}{(\pi)^3} = N$ $n = \frac{N}{V}$

$\Rightarrow k_0 = (3\pi^2 n)^{1/3}$

由 $P = \frac{\hbar^2}{5 m_e} (9\pi^4)^{1/3} n^{5/3}$

另一面 引力压强

$dp \, ds = \frac{(\rho \, ds \, dr \cdot G)}{r^2} M m$

即 压强差 = 引力

$M(r)$ 是半径 $\propto a < r$
内 质量 ! ! / $R > r_{in}$
壳层引力零

$\frac{dp}{dr} = -\frac{GM(r)\rho(r)}{r^2}$

$r \to 0$ $\rho(0)$ 有限 $\frac{dp}{dr} = -G \frac{a}{3}\pi r \rho M$
$\to 0$

$p(r = R)$ 及 $p(R) = 0$

$p(r)$ 从: 中心处: 压力会不会变
无穷大 (三维 体积 r^3 dependence)
引力收缩 压力 有限 尽管很大

令 $\beta = \dfrac{\hbar^2}{5m_e}\left(\dfrac{9}{4\pi}\right)^{1/3}\dfrac{\alpha^{5/3}}{m^{5/3}}$ ④

$P_d = \beta\dfrac{M^{5/3}}{R^5}$

$P_g = \dfrac{G}{\pi}\dfrac{M^2}{R^4}$

$\quad = \dfrac{G}{\pi}(RM^{1/3})\dfrac{M^{5/3}}{R^5}$

在 $R > R_0$ 时 $P_g > P_d$

当 R 小, 收缩时, P_d, P_g 都在
增大. 但 P_d 增大的快, P_g 慢
曲线相交, 达到了稳定.

如果 R 继续收缩 $P_d > P_g$
收缩不下去了。

$P_d(R_0) = P_g(R_0)$

$\dfrac{P_g}{P_d} = \dfrac{\dfrac{G}{\pi}(RM^{1/3})}{\beta}$ 当 $R=R_0$
$\qquad\qquad\qquad = 1$

$R < R_0$ $\left(\dfrac{P_g}{P_d}\right)$ $\dfrac{G}{\pi\beta}R_0 M^{1/3}=1$

$\dfrac{P_g}{P_d} = \dfrac{R}{R_0} < 1$

P 等于. M 很大, $R_0 = \dfrac{\pi\beta}{G}\dfrac{1}{M^{1/3}}$ ⑤
R_0 也越来, 小到 质子与电子的距离
动空间 $\sim 10^{-15}\,fm$
质子与电, 被射辐合加大
1电子 $\longrightarrow$ 中子

$\beta = \left(\dfrac{6.62\times10^{-34}}{2\pi}\right)^2\dfrac{\left(\dfrac{9}{4\pi}\right)^{1/3}\alpha^{5/3}}{5\times9.1\times10^{-31}}\boxed{\dfrac{1}{1.67\times10^{-27/3}}}$

$\quad = \dfrac{1.11\times0^9}{45.5\times2.35}\times10^8\,\alpha^{5/3}$

$\quad = 0.0093\times10^8\,\alpha^{5/3}$

$\alpha \sim 4 \qquad\qquad = 3\times10^6$

$R_0 = \dfrac{\beta\pi}{G}\dfrac{1}{M^{1/3}}$

$\quad = \dfrac{3\times10^6\times\pi}{6.67\times10^{-11}}\dfrac{1}{M^{1/3}}$

$\quad = 1.4\times10^{17}\dfrac{1}{M^{1/3}}$

太阳 $M = M_0 = 2\times10^{30}$

$R_0 = 1.4\times10^{17}\dfrac{1}{(2\times10^{30})^{1/3}}$

$\quad = 1.11\times10^7\,m$

$\quad \approx 10^4\,Km$ n 不会 $\longrightarrow$ 一万

零温电子气体也存在压强吗
——分析电子气体的简并压[1]

摘要：在本节中，我们将以电子为例分析费米气体的特性，其中最主要的目的是求出电子气体在零温极限下的压强。我们将会看到，根据泡利不相容原理，电子气体的压强即使在零温极限下也非 0，与之相比，当温度趋近于 0 且气体保持体积不变时，经典理想气体的压强会趋近于 0。

在《张朝阳的物理课》第一卷第七部分的太阳专题中，我们介绍了恒星的演化。当恒星末期的质量小于 1.44 倍太阳质量时，它会演化成白矮星。白矮星内部的核反应几乎是停止的，其释放的能量来源于内部存储的热能。既然没有了核反应，那白矮星靠什么来抵御引力坍缩呢？

事实上，由于白矮星内部温度很高，因此物质处于电离状态。即使电子带有负电荷，但是因为带正电荷的核子的存在，电子之间的库仑力被屏蔽了，所以白矮星内部的电子可被看成是自由的。这些自由的电子就形成了所谓的电子气体。

由于泡利不相容原理，两个以上的电子不能处于相同的态，这就使得电子气体有一种抵抗压缩的趋势，这种抵抗压缩的趋势就形成了简并压。正是因为电子气体简并压的存在，才使得白矮星没有被引力所压垮。因此，是简并压抵抗住了引力坍缩。

---

1 整理自搜狐视频 App "张朝阳" 账号/作品/物理课栏目中的第 167、179 期视频，由李松执笔。

我们接下来将讨论电子气体的一些特性，特别是求出它在零温极限下的简并压。我们在本节所得到的结论会在后面几节分析白矮星时用上。

一、白矮星内部电子气体的特性

为了得到电子气体简并压，我们需要分析电子气体的物态方程。物态方程由物质的宏观量（体积、温度、压强等）给出，它不依赖于物质所处的容器。比如，对于理想气体，我们可以在正方体盒子里推导它的物态方程，这样得到的物态方程适用于处于任何容器中的理想气体。同理，我们可以先推导正方体盒子里的电子气体的物态方程，这个方程将会是普遍成立的，不依赖于特定容器。

回忆我们在《张朝阳的物理课》第一卷第五部分的量子力学基础专题中所讨论过的无穷深势阱问题。对于宽为 L 的一维无穷深方势阱，第 n 阶能级的波函数为

$$\psi_n \propto \sin\left(\frac{n\pi}{L}x\right) = \sin(kx)$$

其中，$k = n\pi / L$。相应的能级为

$$E = \frac{\hbar^2 k^2}{2m} = \frac{p^2}{2m}$$

其中，$p = \hbar k$ 可以被理解为粒子动量，m 是粒子质量。需要注意的是，上式虽然没有显式地写出，实际上 E 是依赖于 n 的。

假设电子气体处在一个边长为 L 的正方体盒子中，那么单个电子的能级问题可以按 3 个方向分解成 3 个一维无穷深方势阱的问题，每一个势阱的宽度都是 L。这样就可以得到

$$E_k = \frac{\boldsymbol{p}^2}{2m} = \frac{\hbar^2 \boldsymbol{k}^2}{2m}$$

上式中的 $\boldsymbol{k}$ 为

$$\boldsymbol{k} = \frac{\pi}{L}(n_x \boldsymbol{e}_x + n_y \boldsymbol{e}_y + n_z \boldsymbol{e}_z)$$

其中，$\boldsymbol{e}_x$、$\boldsymbol{e}_y$、$\boldsymbol{e}_z$ 为互相正交的 3 个基矢，n_x、n_y、n_z 都只能取正整数值。

如果没有泡利不相容原理，电子气体在低温的时候会是怎样的呢？根据玻尔兹曼分布，处在能量为 E_k 的态上的粒子数满足

$$n_k \propto e^{-\frac{E_k}{k_{\mathrm{B}}T}}$$

其中，k_{B} 是玻尔兹曼常数。当温度 T 趋近于 0 时，E_k 将远大于 $k_{\mathrm{B}}T$，于是对于激发态，其上的粒子数会迅速趋近于 0，最后几乎所有电子都处于基态。

然而，我们知道电子是费米子，满足泡利不相容原理，因此即使不考虑热激发，电子也不会全部处于基态，而是从最低能级一直往更高的能级"垒上去"，直到所有电子都被排列完毕。由于电子自旋可以取两个不同的值，因此电子能级的简并度为 2，换言之，每个能级其实可以放下两个电子，再多的电子就会破坏泡利不相容原理。

根据热力学第三定律，绝对零度是不可能达到的，因此在现实中，电子气体不可能处于零温状态。前面说到，在不考虑热激发的情况下，电子会依次从最低能级往高能级排布，直到所有电子都排布完毕。然而白矮星内部的电子实在太多了，因此需要排布到很高的能级才能把电子排布完。当温度大于 0 时，这些电子中的一部分就会被激发到更高的能级，热激发导致单个电子多出来的能量约为 $k_{\mathrm{B}}T$ 量级。虽然白矮星内部的温度很高，但是这部分热激发能量与电子在不考虑热激发的情况下排布的最高能级能量比起来还是很微小，因此白矮星内部的电子气体完全可以被当成没有热激发的情况来处理，换言之，我们可以将这些电子气体近似为零温电子气体，并称之为近零温气体。

二、从微观视角理解压强来源

理想气体压强的微观来源是粒子对容器壁的碰撞，电子气体压强的来源也是类似的。由于压强是各向同性的，因此可以通过分析任意方向的面元在单位时间内所受到的粒子碰撞力来求出压强。假设容器壁垂直于 x 轴，电子气体处在 x 轴负方向那一侧，因此，唯有在 x 方向具有速度分量 $v_x > 0$ 的电子才能碰到这块容器壁。这个电子在碰撞之后 x 方向的速度分量变成了 $-v_x$，因此这个电子的动量改变量为 $2mv_x$。

设具有速度分量 v_x 的电子数密度为 n_{v_x}，容器壁面积为 A，那么单位时间内碰撞到这块容器壁的、具有速度分量 v_x 的电子数为 $v_x A n_{v_x}$。这些电子施

加给容器壁的压力为

$$\Delta F = v_x A n_{v_x} \times 2 m v_x$$

将这些力加起来，然后除以面积 A ，即可得到压强：

$$P = \sum_{v_x > 0} 2 n_{v_x} m v_x^2 = \sum_{v_x} n_{v_x} m v_x^2$$

$$= \left(\sum_{v_x} n_{v_x} \right) m \frac{\sum_{v_x} n_{v_x} v_x^2}{\sum_{v_x} n_{v_x}} = n m \overline{v_x^2}$$

其中，$\overline{v_x^2}$ 表示 v_x^2 的平均值，$n = N / V$ 是电子数密度，请勿与前文中无穷深势阱的能级量子数相混淆。

另外，对于速度大小 v ，我们有

$$v^2 = v_x^2 + v_y^2 + v_z^2$$

因此可以得到

$$\overline{v^2} = \overline{v_x^2} + \overline{v_y^2} + \overline{v_z^2}$$

考虑到空间旋转对称性，我们有 $\overline{v_x^2} = \overline{v_y^2} = \overline{v_z^2}$ ，于是 $\overline{v^2} = 3\overline{v_x^2}$ 。由此，可以得到

$$P = n m \overline{v_x^2} = \frac{1}{3} n m \overline{v^2} = \frac{1}{3} \frac{\hbar^2 n}{m} \overline{k^2} \qquad (1)$$

上式最后一步我们使用了动量与 k 的关系 $p = \hbar k$ 及动量与 v 的关系 $p = mv$ 。

事实上，我们还可以得到

$$P = \frac{1}{3} n m \overline{v^2} = \frac{2}{3} n \times \frac{1}{2} m \overline{v^2} = \frac{2}{3} \frac{1}{V} \times \left(N \times \frac{1}{2} m \overline{v^2} \right) = \frac{2}{3} \frac{E_k}{V}$$

等式最后的 E_k 表示所有粒子的平动动能之和。

上面这些推导过程在《张朝阳的物理课》第一卷第三部分中都介绍过，这里只是简单复习一下。对于单原子分子理想气体来说，总的平动动能就是气体内能，因此上式表示的是压强、体积与内能的关系。更重要的是，上式也可以用在自由电子气体上，即使不是处于零温状态的电子气体，只需将其中的 E_k 换成电子气体内能即可。

三、零温电子气体的简并压

我们再次回到电子气体所处的边长为 L 的正方体盒子中，根据前面的分析结果，有

$$E_k = \frac{\boldsymbol{p}^2}{2m} = \frac{\hbar^2 \boldsymbol{k}^2}{2m}$$

$$\boldsymbol{k} = \frac{\pi}{L}(n_x \boldsymbol{e}_x + n_y \boldsymbol{e}_y + n_z \boldsymbol{e}_z)$$

由于 n_x、n_y、n_z 都只能取正整数值，因此各个能级所对应的 $\boldsymbol{k}(n_x, n_y, n_z)$ 在 $\boldsymbol{k}$ 空间的第一象限上形成格点分布，单个小格子在 $\boldsymbol{k}$ 空间内的体积为

$$\left(\frac{\pi}{L}\right)^3$$

根据前面的讨论，白矮星内部的电子气体近似为零温电子气体，各个电子从最低能级开始往高能级排布，每两个电子占据一个能级，直到所有电子都排布完毕。可以发现，能量 E_k 只与 $\boldsymbol{k}$ 的大小有关，与 $\boldsymbol{k}$ 的方向无关，因此在 $\boldsymbol{k}$ 空间内，电子优先排布在离原点近的 $\boldsymbol{k}(n_x, n_y, n_z)$ 格点上。如果电子数 N 足够大，那么这些电子在 $\boldsymbol{k}$ 空间内占据的位置（能级"格子"）近似形成一个八分之一的球体，如图 1 所示。之所以是八分之一的球体，是因为 n_x、n_y、n_z 只能取正整数值，因此 $\boldsymbol{k}$ 空间的"能级格点"只分布在第一象限。

由于各个能级在 $\boldsymbol{k}$ 空间的第一象限上形成格点分布，因此当 N 足够大的时候，我们可以用八分之一球体的体积除以单个格子的体积来估算能级数量。假设这些电子在排布完之后最高能级对应的波数大小为 k_0，那么总电子数满足

$$
\begin{aligned}
N &= 2 \times \frac{\iiint_{k_x, k_y, k_z > 0; k < k_0} \mathrm{d}k_x \mathrm{d}k_y \mathrm{d}k_z}{(\pi/L)^3} \\
&= \frac{2L^3}{\pi^3} \times \frac{1}{8} \int \mathrm{d}\Omega \int_0^{k_0} k^2 \mathrm{d}k \\
&= \frac{2L^3}{\pi^3} \times \frac{1}{8} \times 4\pi \times \frac{1}{3} k_0^3 = \frac{V k_0^3}{3\pi^2}
\end{aligned}
$$

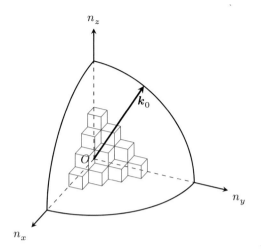

图 1　由能级"格子"形成的八分之一球体

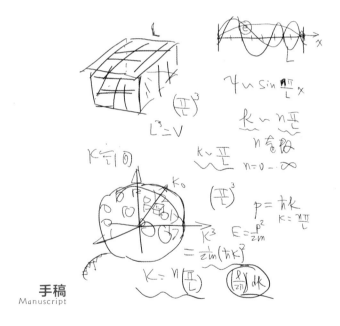

手稿
Manuscript

上式第一行等号右边的因子 2 来源于每两个电子占据一个能级；第二行将直角坐标下的积分换成了球坐标下的积分，k 是 $\boldsymbol{k}$ 的模长；最后一行 $V = L^3$ 是容器体积。由上式可知 k_0 为

$$k_0 = \left(3\pi^2 \frac{N}{V}\right)^{1/3} = \left(3\pi^2 n\right)^{1/3}$$

可见 k_0 只与电子数密度有关。当电子数增加时，用来排布电子的格子数会相应地增加，于是 k_0 会增大；当容器体积增大时，k 空间的格子体积会变小，相同 k_0 半径的八分之一球体将能容纳更多格点。这两种效果叠加在一起，刚好导致相同电子数密度的零温电子气体具有相同的 k_0。

另外，借助同一个八分之一球体上的积分，我们有

$$\overline{k^2} = \frac{2}{N} \times \iiint_{k_x,k_y,k_z>0;k<k_0} k^2 \frac{\mathrm{d}k_x \mathrm{d}k_y \mathrm{d}k_z}{(\pi/L)^3}$$

$$= \frac{2}{\pi^3 n} \iiint_{k_x,k_y,k_z>0;k<k_0} k^2 \mathrm{d}k_x \mathrm{d}k_y \mathrm{d}k_z$$

上式第一行的 $1/N$ 来源于求平均的操作。将上式代入式（1）可得

$$P = \frac{1}{3}\frac{\hbar^2 n}{m} \times \frac{2}{\pi^3 n} \iiint_{k_x,k_y,k_z>0;k<k_0} k^2 \mathrm{d}k_x \mathrm{d}k_y \mathrm{d}k_z$$

$$= \frac{\hbar^2}{\pi^3 m} \times \frac{2}{3} \times \frac{1}{8} \int \mathrm{d}\Omega \int_0^{k_0} k^4 \mathrm{d}k = \frac{\hbar^2 k_0^5}{15\pi^2 m}$$

将 k_0 的表达式代入，即可得到简并压最终的表达式：

$$P = \frac{\hbar^2}{15\pi^2 m}\left(3\pi^2 n\right)^{5/3}$$

此结果只适用于零温或者近零温的自由电子气体。

从上式可知，零温电子气体压强与电子数密度的 $5/3$ 次方成正比，与电子质量成反比。由于电子质量很小，因此白矮星的电子气体能够提供很大的简并压来抵抗引力坍缩。而对于中子星，如果把其内部的中子当作理想费米气体来处理，那么由于中子质量远大于电子质量，因此中子气体要想提供足够大的压强来抵抗引力坍缩的话，中子数密度必须足够大才行。当然，由于中子星内部的原子结构不复存在，因此所有中子几乎都是紧密靠在一起的，这种状态下的中子数密度比白矮星内部的电子数密度大得多。

小结
Summary

在本节中，我们分析了白矮星内部的电子情况，指出了由于屏蔽作用的存在，这些电子可以被当作自由费米气体来处理。同时，我们也论证了白矮星内部的电子气体适用于零温近似。然后，我们考虑了正方体盒子中的零温自由电子气体，通过无穷深方势阱的能级公式分析了电子在泡利不相容原理下的能级排布情况，并借助压强的微观来源推导了零温电子气体的简并压公式。我们发现，零温电子气体压强与电子数密度的5/3次方成正比，与电子质量成反比。

如何估算白矮星中心处的压强
——流体静平衡方程的应用[1]

摘要：在本节中，我们将会根据恒星的演化末期，逐个介绍白矮星、中子星、黑洞的物理特性。然后，我们将会推导星球的流体静平衡方程。通过分析白矮星内部压强随其半径的变化情况，我们将能够估算出白矮星中心处的压强与白矮星半径、质量的关系。这个结果会为我们下一节计算白矮星的半径提供部分理论基础。

白矮星是一种很有趣的天体，主要由电子简并物质构成。目前的物理学界认为白矮星是恒星演化末期的形态之一。白矮星具有很特别的光谱特征，这个特征是天文学家们识别白矮星的关键。虽然对白矮星的研究从 1910 年就开始了，但是"白矮星"（white dwarf）这个名称直到 1922 年才被提出。接下来，让我们开始白矮星的探究之旅吧。

一、恒星的演化末期

恒星在演化末期一般都会发生爆炸，从而抛撒出大量的物质。如果记恒星最后的剩余质量为 M，那么当 M 小于 1.44 倍太阳质量时，这颗恒星就会变成白矮星。因此，白矮星的质量上限是 1.44 倍太阳质量，这就是著名的钱德拉塞卡极限，由印度裔美籍物理学家钱德拉塞卡在 1931 年提出。在后面几节中，我们将会尝试推导钱德拉塞卡极限。

---

1 整理自搜狐视频 App"张朝阳"账号/作品/物理课栏目中的第 169、179 期视频，由李松执笔。

由于在形成的时候已经消耗掉所有燃料，因此白矮星内部不再存在核聚变反应。不过所幸，在形成之初白矮星就具有极高的温度，因此它可以借助自身余热来持续发光。随着年龄增长，白矮星会从最开始的白光逐渐降温变成红光，直到最后完全冷却，成为冰冷的黑矮星。理论计算表明，白矮星的这一历程非常漫长，甚至比当前的宇宙年龄还要大，因此到目前为止，人们都没有发现黑矮星存在。由于我们这几节只关心白矮星内部的电子气体，并且做了零温近似，因此我们最终得到的结果适用于白矮星的整个生命周期。

当恒星的剩余质量 M 大于 1.44 倍太阳质量时，电子气体简并压将无法抵抗住巨大的引力，恒星会进一步坍缩。如果 M 小于 3 倍太阳质量，那么引力坍缩会止步于中子星阶段。中子星与白矮星类似，内部的主要成分也是简并物质，只不过这些简并物质由中子构成。中子星是极度致密的天体，一小勺中子星物质就能达到 1 亿吨，这意味着中子星的半径极小。又因为中子星由恒星演化而来，所以它会继承恒星的一部分角动量。即使恒星最初的旋转速度不高，但是在它坍缩成中子星后，由于半径变小，因此在角动量守恒的影响下，中子星的自转速度也会非常高，每秒能自转好几百次。在中子星磁场与自转的共同作用下，中子星的辐射就像一个周期性旋转的手电筒，因此中子星被认为与脉冲星是同一种天体。

如果 M 大于 3 倍太阳质量，那么恒星会成为比中子星更致密的天体，比如还存在于假设阶段的夸克星，其甚至会变成黑洞。夸克星的致密程度比中子星的还要高，其中的奇异物质会导致它具有很多有趣的特性。黑洞是宇宙中非常奇特的天体，其物理性质包括极端的引力场、奇点、视界和霍金辐射。黑洞的引力场极为强大，甚至连光都无法从中逃离。黑洞内部存在奇点，一般认为在奇点处现有的物理定律都会失效。视界则是黑洞表面的边界，此边界内的物体无法逃离黑洞。此外，霍金辐射理论指出，黑洞可能会以辐射形式释放能量。这些独特的物理特性使得黑洞成为宇宙中最神秘和引人入胜的天体之一。不过，并非所有的黑洞都来源于恒星的演化，比如原初黑洞被认为诞生于宇宙大爆炸之初。

二、流体静平衡方程

虽然我们脚踩的大地显得非常坚硬，但是在大尺度上，地球物质其实更像流体，这是因为物质的剪切应力相对于巨大的引力来说可以忽略不计，因此，描述星球内部压强的方程是流体静平衡方程，它来源于星球内部压力与引力的平衡。

在星球内部取一个底面积是 dS、高是 dr 的柱状微元，柱状微元的母线与星球的径向平行，柱状微元到星球中心的距离是 r，如图 1 所示。

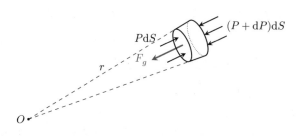

图 1　在星球内部选取柱状微元

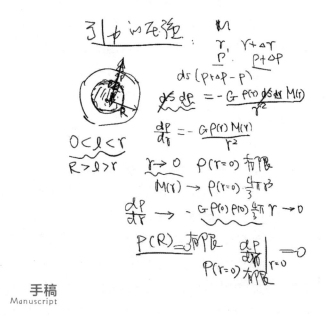

手稿
Manuscript

沿着星球半径方向，柱状微元受到 3 个力的作用：星球内部物质对该微元的引力、该微元上底面受到的压力和该微元下底面受到的压力。由于球的对称性，我们可以认为星球内部各处的压强只依赖于该处到星球中心的距离 r。设星球内部压强为 $P(r)$，如果以星球中心向外为正向，那么该微元上下底所受到的压力之和为

$$PdS - (P + dP)dS$$

接下来，让我们求该微元受到的引力。同样根据球的对称性，我们可以设距离星球中心 r 处的密度为 $\rho(r)$，于是柱体微元的质量为

$$dm = \rho(r)dSdr$$

另外，我们知道均匀球壳不会对其内部质点有引力作用（参见《张朝阳的物理课》第一卷第一部分），因此该微元受到的引力只来源于半径小于 r 处的物质。均匀球壳对外部质点的引力等于将整个球壳质量集中在球心处作为质点对外部质点的引力，因此半径小于 r 处的所有物质对该微元的引力等于所有这些物质集中在白矮星中心时对该微元的引力。设距离星球中心小于 r 的物质总质量为 $M(r)$，根据这里的讨论可知该微元受到的引力大小为

$$\left| F_g \right| = \frac{GM(r)dm}{r^2} = \frac{GM(r)\rho(r)dSdr}{r^2}$$

其中，G 为引力常数，引力 F_g 指向星球中心。

由于我们考虑的是星球静平衡状态，该微元受到的合力应该为 0，因此可以得到

$$PdS - (P + dP)dS + \left(-\frac{GM(r)\rho(r)dSdr}{r^2} \right) = 0$$

上式引力项的负号是因为我们设以星球中心向外为正向。简单运算一下可以将上式化简为

$$dSdP = -\frac{G\rho(r)M(r)dSdr}{r^2}$$

等式两边同时除以 dS，并写成导数形式可得

$$\frac{dP}{dr} = -\frac{G\rho(r)M(r)}{r^2}$$

这就是星球的流体静平衡方程，其中的压强表示星球处于静平衡时的压强。由于我们在推导过程中并没有用到具体的物质特性，因此它不仅适用于一般的大质量行星，也适用于恒星、白矮星等。

另外，我们可以把流体静平衡方程中的压强理解为具有一定物质分布的

星球如果要维持静平衡所需的内部压强。一般来说，星球内部压强由内部物质的物态所决定，如果星球内部物质所提供的压强小于这个方程给出的压强，那么这个星球会被引力进一步压缩；如果星球内部物质所提供的压强大于这个方程给出的压强，那么这个星球会反抗引力的压缩而向外膨胀。

三、估算白矮星中心处的压强

假设白矮星半径为 R，在白矮星表面，因为没有外部的力来压迫星球表面物质，因此表面的压强 $P(R) = 0$。当半径 r 趋近于 0 时[1]，物质密度 $\rho(r)$ 趋近于白矮星中心处的密度 $\rho(0)$。由于白矮星内部物质没有被无限压缩，因此 $\rho(0)$ 是一个有限值。当 r 非常接近 0 时，有

$$M(r) \sim \rho(0)\frac{4}{3}\pi r^3$$

将其代入流体静平衡方程，我们会发现当 r 趋近于 0 时有

$$\frac{\mathrm{d}P(r)}{\mathrm{d}r} \sim -\frac{G\rho(r)\left(\rho(0)\dfrac{4}{3}\pi r^3\right)}{r^2} = -G\rho(r) \times \rho(0)\frac{4}{3}\pi r \quad \rightarrow \quad 0$$

这说明压强随半径 r 变化的曲线在 $r = 0$ 处的切线是平行于 r 轴的。换言之，随着半径 r 从 0 变化到 R，压强从一个有限值 $P(0)$ 缓慢下降了一小段，然后较快速地下降到 0，如图 2 所示。

由于压强随半径 r 的变化曲线比较规则，因此我们可以采用线性近似来估算 $R/2$ 处的 $\mathrm{d}P/\mathrm{d}r$。假设白矮星中心处的压强为 P_c，线性近似下可以得到

$$\left.\frac{\mathrm{d}P}{\mathrm{d}r}\right|_{r=\frac{R}{2}} \approx \frac{0 - P_c}{R} = -\frac{P_c}{R} \tag{1}$$

另外，根据流体静平衡方程，有

$$\left.\frac{\mathrm{d}P}{\mathrm{d}r}\right|_{r=\frac{R}{2}} = -\frac{G\rho(R/2)M(R/2)}{(R/2)^2}$$

---

1 r 表示到星球（本节内主要为白矮星）中心处的距离，为了表述简洁，我们也将其称为半径，不过请注意与白矮星半径 R 相区别。

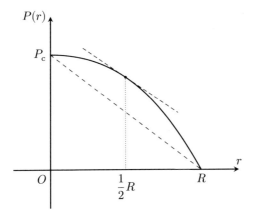

图 2 白矮星内部的压强随半径 r 的变化曲线示意图

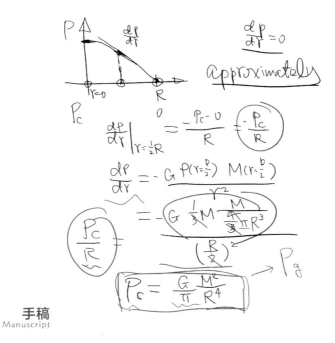

手稿
Manuscript

对于密度均匀的星球，$M(r)$ 正比于 r^3，于是 $M(R/2)$ 等于 $M/8$。但是，星球的密度一般不是均匀的，而是内大外小的，因此 $M(R/2)$ 往往大于 $M/8$。如果星球的密度随半径 r 线性变化，那么我们会发现 $M(R/2) = 5M/16 \approx 0.31M$。在这里，我们将 $M(R/2)$ 估算为 $M/3$，这说明我们认为偏向中心处的密度分布要比线性分布的大。进一步地，我们将 $\rho(R/2)$ 估算

为白矮星的平均密度，于是上式可以近似为

$$\left.\frac{dP}{dr}\right|_{r=\frac{R}{2}} \approx -\frac{G\frac{M}{3}\frac{M}{\frac{4}{3}\pi R^3}}{(R/2)^2} = -\frac{GM^2}{\pi R^5}$$

与式（1）结合可以得到

$$-\frac{P_c}{R} \approx -\frac{GM^2}{\pi R^5}$$

化简即得

$$P_c \approx \frac{G}{\pi}\frac{M^2}{R^4} \qquad\qquad (2)$$

这就是我们对白矮星中心处压强的估算值，只有在白矮星处于静平衡时候才成立。

在白矮星内部，大部分电子都被电离了出来，而由于原子核电荷的屏蔽作用，电子和电子之间几乎没有相互作用。又因为原子核直径很小，电子几乎不会与原子核相碰，所以，白矮星内部的电子近似形成了理想、自由电子气体。根据上一节的介绍，我们知道，即使在零温极限下，电子气体的压强也不为 0。于是，电子气体的简并压给白矮星内部压强做出了一部分贡献。对于剩余的原子核，即使我们将其认为是费米子，但是因为费米气体简并压与粒子质量成反比，所以原子核所提供的压强与电子气体简并压相比也可以忽略不计。由此可见，白矮星内部由电子气体的压强来抵抗引力坍缩。

假如我们给出一颗具有特定大小、特定质量的白矮星，但是我们目前还不知道它是否处于静平衡，那应该怎么对其状态进行判断呢？一种粗略的方法是，比较白矮星中心处的电子气体简并压与式（2）给出的压强：如果白矮星中心处的电子气体简并压小于式（2）给出的压强，那么这颗白矮星会被引力进一步压缩；如果白矮星中心处的电子气体简并压大于式（2）给出的压强，那么这颗白矮星会在过大的电子气体简并压的作用下膨胀；只有在电子气体简并压等于静平衡方程给出的压强时，白矮星才会维持平衡。

小结
Summary

在本节中，我们介绍了恒星在演化末期可能的归宿，并讨论了这些归宿各自的特点。然后，我们借助受力平衡条件推导了静态星球的流体静平衡方程，并借助此方程在一些特殊近似下估算了白矮星中心处的压强。此压强估算值是白矮星静平衡时所需的压强，如果内部物质提供的压强大于或小于此压强，就会导致白矮星的不稳定。

具有 1 倍太阳质量的白矮星有多大
——估算白矮星的半径[1]

摘要：在本节中，我们将讨论在白矮星中心处电子气体的简并压与流体静平衡所需的压强之间的关系，我们将由此推导出白矮星半径的估算值。我们将分析具有 1 倍太阳质量的白矮星的情况，计算出它的半径与平均电子数密度的估算值，并论证它确实是稳定存在的。最后，我们将指出目前的分析方法会面临哪些困难，我们所得到的结论会受哪些因素影响而变得不可靠。

在上一节中，我们推导了流体静平衡方程，并借此方程估算了白矮星中心处的压强。与白矮星相关的量非常多，为什么我们偏偏关心其中心处的压强呢？这是因为，我们可以借此来分析白矮星的稳定性，并由此推导出具有一定质量的白矮星的半径。一般来说，分析白矮星的稳定性需要考虑内部各处电子气体的简并压是否等于流体静平衡所需的压强，但是这样的话需要求解一个复杂的方程。如果只考虑白矮星中心处的压强，我们将能够以良好的精度得到有用的结论，并且能够避免繁杂的运算。

一、根据平衡条件得到白矮星的半径

在前面，我们推导了零温电子气体的简并压

$$P_d = \frac{\hbar^2}{15\pi^2 m_e}\left(3\pi^2 n\right)^{5/3}$$

---

1 整理自搜狐视频 App "张朝阳" 账号/作品/物理课栏目中的第 169、179 期视频，由李松执笔。

其中，n 是电子数密度，m_e 是电子质量，下标 d 表示简并压（degeneracy pressure）。

由于白矮星内部的大部分原子核是氦原子核，其质量约为 4 倍的质子质量：$4m_p$，因此白矮星的平均氦核数密度为

$$n_{He} = \frac{M/(4m_p)}{\frac{4}{3}\pi R^3} = \frac{1}{4}\frac{M}{\frac{4}{3}\pi R^3 m_p}$$

又因为白矮星一般是电中性的，因此一个氦核对应两个电子，这样的话平均电子数密度为

$$\bar{n}_e = 2n_{He} = \frac{1}{2}\frac{M}{\frac{4}{3}\pi R^3 m_p}$$

假设白矮星中心处的电子数密度是平均电子数密度的 α 倍，因此，白矮星中心处的电子数密度为

$$n_c = \alpha\bar{n}_e = \frac{\alpha}{2}\frac{M}{\frac{4}{3}\pi R^3 m_p} = \frac{\frac{\alpha}{2}M}{\frac{4}{3}\pi R^3 m_p}$$

将其代入电子气体的简并压公式，可以得到白矮星中心处的电子气体简并压为

$$P_d = \frac{\hbar^2}{5m_e}(9\pi^4)^{\frac{1}{3}}\left(\frac{\frac{\alpha}{2}M}{\frac{4}{3}\pi R^3 m_p}\right)^{\frac{5}{3}}$$

考虑到

$$\left(\frac{4}{3}\right)^5 = \frac{4\times256}{243} \approx 4$$

因此我们有

$$P_d \approx \frac{\hbar^2}{5m_e}\left(\frac{9}{4\pi}\right)^{\frac{1}{3}}\frac{\left(\frac{\alpha}{2}\right)^{5/3}}{m_p^{5/3}}\frac{M^{5/3}}{R^5}$$

将上式 $M^{5/3}/R^5$ 的系数记为 β：

$$\beta = \frac{\hbar^2}{5m_e}\left(\frac{9}{4\pi}\right)^{\frac{1}{3}}\frac{\left(\frac{\alpha}{2}\right)^{5/3}}{m_p^{5/3}}$$

这样我们就得到了简化的白矮星中心处电子气体的简并压公式：

$$P_d \approx \beta\frac{M^{5/3}}{R^5}$$

根据上一节的分析，我们知道静平衡下的白矮星中心处的压强为

$$P_c \approx \frac{G}{\pi}\frac{M^2}{R^4}$$

假设质量保持固定不变，将 P_c 与 P_d 随白矮星半径的变化情况绘于图 1 中。

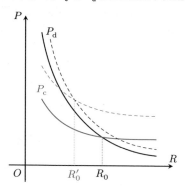

图 1　压强随白矮星半径的变化情况

可见，P_c 与 P_d 都随着半径 R 的增大而减小，但是 P_d 减小得更加迅速，因为 P_d 随着半径 R 的五次方衰减，而 P_c 只随着 R 的四次方衰减。P_c 与 P_d 两者关于 R 的曲线存在一个交点，对应于半径 R_0。当 $R < R_0$ 时，$P_d > P_c$，换言之，白矮星中心处的电子气体简并压大于维持流体静平衡所需的中心压强，因此这颗白矮星会被电子气体简并压推着往外膨胀，从而 R 会变大；当 $R > R_0$ 时，$P_d < P_c$，换言之，白矮星中心处的电子气体简并压小于维持流体静平衡所需的中心压强，这时候电子气体简并压无法承受引力的压缩，于是白矮星会进一步缩小，从而 R 会变小。从这里的分析可以知道，$R = R_0$ 是白矮星的稳定平衡点，因此 P_c 与 P_d 两条曲线的交点对应的半径 R_0 就是白矮

星的半径。

由这里的分析可以知道，R_0 满足 $P_d = P_c$，因此

$$\beta \frac{M^{5/3}}{R_0^5} = \frac{G}{\pi} \frac{M^2}{R_0^4}$$

从中解出 R_0，可得

$$R_0 = \frac{\pi \beta}{G} \frac{1}{M^{1/3}}$$

这就是我们对白矮星半径的估算值。从中可以看到，白矮星质量越大，半径越小，这是符合物理直觉的。这一点从图 1 也可以看出，因为 P_d 正比于 $M^{5/3}$，P_c 正比于 M^2，因此在 R 不变的情况下，增大 M 会导致 P_c 与 P_d 随白矮星半径变化的曲线上移，其中 P_c 的上移比例更大，这就会导致两条曲线的交点往左上角移动，也就是说白矮星的半径变小了。

二、分析具有 1 倍太阳质量的白矮星的情况

到目前为止，我们都没考虑过任何相对论效应。以当前的视角来看，根据前面对白矮星半径的估算结果，白矮星质量越大，其半径越小，但是无论白矮星质量多大，都能算出一个平衡半径 R_0，这似乎意味着白矮星并不存在质量上限。事实上，并非如此。我们先不讨论狭义相对论所带来的影响，我们将其留到本节最后再分析。前面的结果表明，无论白矮星质量有多大，电子气体都能提供足够的简并压来抵抗引力坍缩。但是，我们忽略了一点，当电子气体被压缩得足够紧密时，电子将会与质子发生散射，这会影响电子气体的性质。特别是，当白矮星半径非常小时，电子将会与质子结合成为中子，那么上述的一切分析就都失效了。因此，即使在非相对论电子气体框架内，白矮星也是存在质量上限的，只不过此上限可能非常大，以至于能把白矮星压缩到中子星的大小。

不管怎么说，具有 1 倍太阳质量的白矮星是可以稳定存在的，我们现在就用前面得到的结果来分析具有 1 倍太阳质量的白矮星的情况。

假设白矮星中心处的电子数密度是平均电子数密度的 4 倍，那么 $\alpha = 4$。事实上，如果假设电子数密度随着半径线性递减的话，那么白矮星中心处的电子数密度确实正好等于平均电子数密度的 4 倍，因此 $\alpha = 4$ 是一个合理的

假设。由此可以得到

$$\beta \approx \left(\frac{6.62\times10^{-34}}{2\pi}\right)^2 \frac{\left(\frac{9}{4\pi}\right)^{\frac{1}{3}}}{5\times9.11\times10^{-31}} \frac{\left(\frac{\alpha}{2}\right)^{5/3}}{(1.67\times10^{-27})^{5/3}}$$

$$\approx 9.3\times10^5 \times \left(\frac{4}{2}\right)^{5/3} \approx 3.0\times10^6$$

为了简洁，上式中我们略写了 β 的单位，我们只需知道 β 表达式内的每个量使用的都是国际单位制中的基本单位即可（没有 k、m 这些表示量级的前缀，但 kg 除外，因为"千克"本身是一个基本单位，而"克"是导出单位）。

因此，具有 1 倍太阳质量的白矮星的半径约为

$$R_0 = \frac{\pi\beta}{G}\frac{1}{M^{1/3}} \approx \frac{3.0\times10^6\times3.14}{6.67\times10^{-11}} \frac{1}{(2.0\times10^{30})^{1/3}}\ \text{m}$$

$$\approx 1.1\times10^7\ \text{m} = 1.1\times10^4\ \text{km}$$

此估算结果与实际结果比较接近，因此前面的估算是合理的。

同样，我们可以知道具有 1 倍太阳质量的白矮星的平均电子数密度约为

$$\bar{n}_e = \frac{1}{2}\frac{M}{\frac{4}{3}\pi R_0^3 m_p}$$

$$\approx \frac{1}{2}\times\frac{2.0\times10^{30}}{\frac{4}{3}\pi\times(1.1\times10^7)^3\times1.67\times10^{-27}}\ \text{m}^{-3}$$

$$\approx 0.11\times10^{36}\ \text{m}^{-3}$$

所以单个电子所占据的空间尺度约为

$$\Delta x \approx \frac{1}{\bar{n}_e^{1/3}} \approx 2.1\times10^{-12}\ \text{m} = 2100\ \text{fm}$$

原子核的尺度在 fm 量级，因此单个电子所占据的空间尺度远大于原子核的尺度，由此可知电子打到核子的概率非常小，所以电子与质子反应成为中子（并释放出一个中微子）的概率几乎可以忽略不计。从这个角度来看，具有 1 倍太阳质量的白矮星是稳定的。

不过，我们要强调的是，本节的分析并没有考虑狭义相对论所带来的影

响。事实上，如果我们考虑了相对论效应，会发现在相同动量的情况下相对论性电子的运动速度更小，从而导致它碰撞到容器壁的频率更低，于是，在其他条件都保持相同的情况下，相对论性电子气体的压强是小于非相对论性电子气体的压强的。那白矮星内部的电子气体在什么情况下才必须考虑相对论效应呢？答案是，当白矮星被压缩得很小的时候。在这种情况下，P_d 将不再严格正比于 R^{-5}。特别重要的一点是，存在一个质量上限 M，当恒星剩余物质质量大于这个质量上限时，无论恒星被压缩得多小，电子气体的简并压都无法抵抗住引力坍缩，这时此星球就会不断地坍缩，直到电子与质子反应成为中子，然后根据中子简并压能否抵抗住引力坍缩来决定该星球接下来的命运。这个质量上限 M 就是著名的钱德拉塞卡极限，我们将会在后面的章节中分析相对论性电子气体的压强，并估算出钱德拉塞卡极限。

小结
Summary

在本节中，我们借助前几节得到的结果分析了白矮星的平衡条件，从而得到了白矮星半径的估算值。我们根据 P_d 与 P_c 随白矮星半径变化的趋势，论证了白矮星的平衡是稳定平衡。进一步地，我们分析了白矮星半径随质量的变化情况，发现质量越大，白矮星半径越小。这些结论都很符合物理直觉。最后，我们分析了具有具有 1 倍太阳质量的白矮星的情况，发现它的半径大约是 11 000km，同时我们也计算了具有 1 倍太阳质量的白矮星内部的平均电子数密度，发现电子所占据的空间尺度远大于原子核的尺度，因此我们断言具有 1 倍太阳质量的白矮星是"稳定"的。不过，我们最后也指出了目前这些分析的缺陷。

09

电子气体的相对论修正与钱德拉塞卡极限

张朝阳手稿

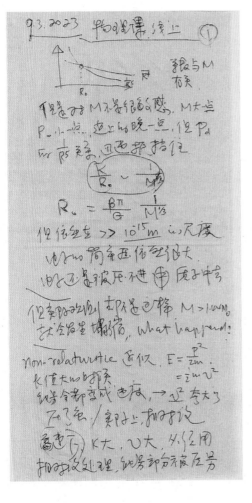

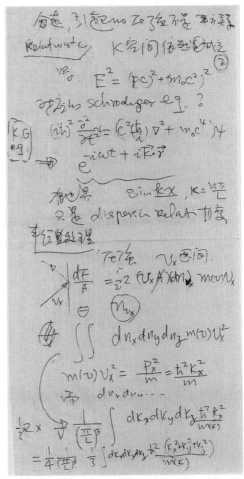

张朝阳手稿

Page ③:

$$= \frac{1}{V} \cdot \frac{1}{3} \frac{4\pi \hbar^2}{(\frac{2\pi}{L})^3} \int \frac{k^2 dk \cdot k^2 \alpha}{m(k)}$$

$$= \frac{\hbar^2}{3\pi^2} \int_0^{k_0} \frac{k^4 dk}{m(k)}$$

$$(mc^2)^2 = (m_0 c^2)^2 + (pc)^2$$

$$m^2 = m_0^2 + \frac{\hbar^2 k^2 c^2}{c^4}$$

$$m = \sqrt{(\frac{\hbar}{c} k)^2 + m_0^2}$$

$$P = \frac{\hbar^2 c}{3\pi^2 \hbar} \int_0^{k_0} \frac{k^4 dk}{\sqrt{k^2 + a^2}} \qquad a = \frac{m_0 c}{\hbar}$$

$$\int \frac{x^{2m}}{\sqrt{x^2 + a^2}} = \frac{(2 \times 2)!}{2^{2 \cdot 2}(2!)^2} \sqrt{x^2 + a^2}(-a^2(2x)) \qquad m = 2$$
$$+ \frac{2!}{4!} (2x)^3 + a^4 \ln|x + \sqrt{x^2 + a^2}|$$

当 k 很大时m的时候

$$\text{(K)} \longrightarrow \frac{3}{8} \sqrt{x^2 + a^2}(-2ax^2 + \frac{2}{3}x^3 + a^4 \ln(x + \sqrt{ }))$$
$$- a^4 \ln a$$

$$\gamma = k_0 \gg a = \frac{m_0 c}{\hbar} = \frac{9.1 \times 10^{-31} \times 3 \times 10^8 \times 6.28}{6.6 \times 10^{-34}} \sim 3 \times 10^{12}$$

$$k_0 \sim 10^{13} \gg a$$

可以忽略 x^3 项

$$P = \frac{\hbar c}{3\pi^2} \cdot \frac{3}{8} \cdot \frac{2}{3} \cdot k_0^4$$

$$= \frac{\hbar c}{12\pi^2} \cdot k_0^4$$

Page ④:

上节课 $k_0 = (3\pi^2 n)^{1/3}$

$$P = \frac{\hbar c}{12\pi^2} (3\pi^2)^{4/3} n^{4/3}$$

$$n = \frac{\alpha M}{\frac{4}{3}\pi R^3 m_p}$$

$$P_d = \frac{\hbar c}{12\pi^2} (3\pi^2)^{4/3} \frac{\alpha^{4/3}}{(\frac{4}{3}\pi)^{4/3}} \frac{1}{m_p^{4/3}} \frac{M^{4/3}}{R^4}$$

$$= \frac{\hbar c}{12\pi^2} (\frac{9\pi}{4})^{4/3} \alpha^{4/3} \frac{M^{4/3}}{m_p^{4/3}} \frac{1}{R^4}$$

$$P_g = \frac{G}{\pi} \cdot \frac{M^2}{R^4}$$

$$\frac{P_d}{P_g} = \frac{\hbar c}{12\pi^2} (\frac{9\pi}{4})^{4/3} \alpha^{4/3} \frac{1}{m_p^{4/3}} \frac{1}{M^{2/3}} \frac{\pi}{G}$$

$$M^{2/3} = \frac{6.62 \times 10^{-34} \times 3 \times 10^8}{2\pi \times 12\pi^2} (\frac{9\pi}{4})^{4/3} 2^{4/3} \overset{=1}{\times}$$

$$= \frac{\frac{\pi}{6.67 \times 10^{-11}} \times}{2.1 \times 10^{20}} (\frac{1}{1.67 \times 10^{-27}})^{4/3}$$

$$M = (2.1 \times 10^{20})^{3/2}$$

$$= 3.04 \times 10^{30}$$

$$= 1.5 M_\odot$$

(1.44)

相对论性粒子的量子力学是怎样的
——克莱因–戈尔登方程[1]

摘要：在本节中，我们将首次介绍相对论性粒子的量子力学。我们将从对相对论性粒子色散关系的复习开始，通过类比薛定谔方程的导出过程来从相对论性粒子的色散关系出发"推导"出克莱因–戈尔登方程。作为例子，我们将考虑无穷深势阱中的相对论性粒子，求解其克莱因–戈尔登方程并得到相应的能级公式。最后，我们会指出克莱因–戈尔登方程的局限性，不过这些局限性在目前来说并不影响我们使用。

到目前为止，我们已经介绍过很多量子力学的相关知识，不过这些量子力学知识都是基于薛定谔方程的，而薛定谔方程来源于牛顿力学中粒子能量与动量、势能的关系，因此，这样的量子力学处理的其实是非相对论性粒子。对于相对论性粒子，其量子力学是怎样的呢？对标薛定谔方程的运动方程是怎样的呢？下面就让我们回答这些问题吧。

一、相对论性粒子的色散关系

我们先从狭义相对论中的四维矢量开始。假设地面参考系为 S 系，相对于粒子静止的参考系为 S' 系，不失一般性地，我们假设粒子沿着 x 轴正方向运动，这样粒子的四维坐标就有如下形式

---

1 整理自搜狐视频 App"张朝阳"账号/作品/物理课栏目中的第 170、175 期视频，由费啸天、李松执笔。

$$X = \begin{pmatrix} ct \\ x \end{pmatrix}$$

我们暂不考虑另外两个空间坐标轴，因此上式只写了时间坐标与 x 坐标。如果我们选取时空坐标原点使得 S' 系与 S 系的原点重合，那么 X 将成为洛伦兹变换下的四维矢量。

固有时是不依赖于参考系的洛伦兹标量，因此，四维矢量对固有时的导数依然是四维矢量。类比牛顿力学，我们将 X 对固有时的导数称为四维速度

$$V = \frac{\mathrm{d}X}{\mathrm{d}\tau}$$

其中，τ 是固有时。

在 S' 系上，粒子经历的时间就是固有时，因此粒子的四维坐标为

$$X' = \begin{pmatrix} c\tau \\ x_0 \end{pmatrix}$$

上式中的 x_0 是个常数，表示粒子在 S' 系上的位置。一般来说，我们可以将其选为 0。由上式可知 S' 系上粒子的四维速度为

$$V' = \frac{\mathrm{d}X'}{\mathrm{d}\tau} = \frac{\mathrm{d}}{\mathrm{d}\tau} \begin{pmatrix} c\tau \\ x_0 \end{pmatrix} = \begin{pmatrix} c \\ 0 \end{pmatrix}$$

设 S' 系相对于 S 系的速度为 v，那么从 S 系变换到 S' 系的洛伦兹变换矩阵为

$$R = \begin{pmatrix} \gamma & -\gamma\beta \\ -\gamma\beta & \gamma \end{pmatrix}$$

其中，我们使用了狭义相对论中的标准记号

$$\beta = \frac{v}{c}, \quad \gamma = \frac{1}{\sqrt{1 - \beta^2}}$$

通过求 R 的逆，可以得到从 S' 系到 S 系的变换矩阵

$$R^{-1} = \begin{pmatrix} \gamma & \gamma\beta \\ \gamma\beta & \gamma \end{pmatrix}$$

于是，S 系上粒子的四维速度为

$$V = R^{-1}V' = \begin{pmatrix} \gamma c \\ \gamma v \end{pmatrix}$$

设粒子的静止质量为 m_0，我们可以定义粒子的四维动量为

$$P = m_0 V = \begin{pmatrix} m_0 \gamma c \\ m_0 \gamma v \end{pmatrix}$$

注意，粒子运动时的质量为 $m = m_0 \gamma$，因此又可以将粒子的四维动量写为

$$P = \begin{pmatrix} mc \\ mv \end{pmatrix}$$

从这个式子可以看出，粒子四维动量的空间部分正好是三维动量。同理，可以得到 S' 系上粒子的四维动量为

$$P' = \begin{pmatrix} m_0 c \\ 0 \end{pmatrix}$$

由于四维矢量的模是一个洛伦兹不变量，因此我们有

$$(mc)^2 - \boldsymbol{p}^2 = (mc)^2 - p^2 = (m_0 c)^2$$

其中，$\boldsymbol{p} = mv$ 是粒子的三维动量，p 是 $\boldsymbol{p}$ 的大小。即使不借助洛伦兹不变量的关系，也可以直接通过各个量的表达式来得到上式，感兴趣的读者可以尝试一下。

给上式两边同时乘以 c^2，可以得到

$$(mc^2)^2 - (pc)^2 = (m_0 c^2)^2$$

事实上，上式中的 mc^2 正是粒子的能量 E，我们可以通过相对论性粒子的动力学来证明这一点，感兴趣的读者可以查看《张朝阳的物理课》第二卷第二部分。由此我们得到

$$E^2 = (pc)^2 + (m_0 c^2)^2 \tag{1}$$

考虑到能量非负，从中可解出能量为

$$E = \sqrt{(pc)^2 + (m_0 c^2)^2}$$

这就是相对论性粒子能量与动量的关系，我们称之为色散关系。当然，有的时候也会将式（1）称为色散关系。

在上面的分析中，我们假设存在一个使粒子静止的参考系 S'，这个假设只在粒子的静止质量不为 0 时才成立。对于光子，它的静止质量为 0，我们能否找到一个参考系使得光子静止呢？答案是否定的。事实上，我们称"光子静止质量为 0"指的是，在任意参考系上，光子的能量、动量满足

$$E^2 - (pc)^2 = 0$$

于是，根据式（1）可以知道光子满足 $m_0 = 0$。从上式可以知道，光子的色散关系为

$$E = cp \qquad (2)$$

考虑到在量子力学中光子的能量、动量与角频率、波数的关系为

$$E = \hbar\omega, \quad p = \hbar k$$

将其代入式（2）即可得到

$$\omega = ck$$

这正是光学中光在真空中的色散关系。由此可见，表示能量、动量关系的色散关系与表示角频率、波数关系的色散关系所具有的物理意义其实是相似的，因此它们都采用同一名称就不足为奇了。

二、薛定谔方程与克莱因-戈尔登方程

我们知道，光的波动方程是

$$\frac{1}{c^2}\frac{\partial^2}{\partial t^2}\varphi - \nabla^2\varphi = 0$$

如果我们取 φ 为如下的平面波形式：

$$\varphi \propto e^{-i(\omega t - \boldsymbol{k}\cdot\boldsymbol{r})} = e^{-\frac{i}{\hbar}(Et - \boldsymbol{p}\cdot\boldsymbol{r})}$$

将其代入波动方程中立即得到平面波中的参数 E 与 $\boldsymbol{p}$ 必须满足

$$E^2 = c^2 \boldsymbol{p}^2$$

这正是光子的色散关系。这提示我们可以从粒子的色散关系还原出粒子所满足的方程。事实上，这正是薛定谔方程的导出思路。

我们知道，非相对论性粒子的能量、动量关系（色散关系）为

$$E = \frac{\boldsymbol{p}^2}{2m}$$

如果我们将粒子的波函数取为一样的平面波形式：

$$\psi \propto \mathrm{e}^{-\frac{\mathrm{i}}{\hbar}(Et - \boldsymbol{p} \cdot \boldsymbol{r})} \tag{3}$$

那么容易知道，只要在非相对论性粒子的色散关系中做如下替换

$$E \quad \rightarrow \quad \mathrm{i}\hbar \frac{\partial}{\partial t}$$

$$\boldsymbol{p} \quad \rightarrow \quad -\mathrm{i}\hbar \boldsymbol{\nabla}$$

然后补上波函数 ψ，即可得到如下形式的方程：

$$\mathrm{i}\hbar \frac{\partial}{\partial t} \psi = -\frac{\hbar^2}{2m} \boldsymbol{\nabla}^2 \psi$$

可以检验式（3）所示的平面波解是满足这个方程的。细心的读者肯定意识到上式其实就是自由粒子的薛定谔方程。由此可见，使用这样的替换方式是可以得到粒子相应的量子力学波动方程的。例如，假设空间存在势场 $V(\boldsymbol{r})$，那么有

$$E = \frac{\boldsymbol{p}^2}{2m} + V(\boldsymbol{r})$$

经过相同的替换操作，可以得到

$$\mathrm{i}\hbar \frac{\partial}{\partial t} \psi = -\frac{\hbar^2}{2m} \boldsymbol{\nabla}^2 \psi + V(\boldsymbol{r}) \psi$$

这正是有势场存在时的薛定谔方程。

这提示我们，如果从相对论性粒子的色散关系出发，那么我们将会得到相对论性粒子的量子力学波动方程。为此我们先考虑如下色散关系：

$$E = \sqrt{(\boldsymbol{p}c)^2 + (m_0 c^2)^2}$$

如果直接执行替换操作，我们会发现偏导数出现在根号里边，这会在数学上带来很多问题，比如算符的开方问题。回忆光子的波动方程，我们知道其中对时间的偏导数是二阶的，这意味着它对应于 E^2 而非 E。因此，我们考虑式（1）这样的色散关系：

$$E^2 = (\boldsymbol{p}c)^2 + (m_0 c^2)^2$$

经过替换操作，可以得到

$$\hbar^2 \frac{\partial^2}{\partial t^2} \psi - c^2 \hbar^2 \nabla^2 \psi + m_0^2 c^4 \psi = 0$$

经过变形，可以得到

$$\frac{1}{c^2} \frac{\partial^2}{\partial t^2} \psi - \nabla^2 \psi + \frac{m_0^2 c^2}{\hbar^2} \psi = 0$$

这就是著名的克莱因-戈尔登方程，描述的是自由的相对论性粒子。对于标量粒子，它是一个基本方程。但是对于像电子这样的带有自旋或者旋量的粒子，虽然其也满足克莱因-戈尔登方程，但是克莱因-戈尔登方程不是它们的基本方程。比如，对于电子这样的自旋 $-1/2$ 的粒子，其基本方程是狄拉克方程。通过对狄拉克方程进行算符操作可以回到克莱因-戈尔登方程。

如果存在势场 $V(\boldsymbol{r})$，相对论性粒子的能量、动量关系将变成

$$(E - V(\boldsymbol{r}))^2 = (\boldsymbol{p}c)^2 + (m_0 c^2)^2$$

因此，相应的克莱因-戈尔登方程将变成

$$-\frac{1}{c^2} \left(i\hbar \frac{\partial}{\partial t} - V(\boldsymbol{r}) \right)^2 \psi - \hbar^2 \nabla^2 \psi + m_0 c^2 \psi = 0$$

需要强调的是，因为单独一个势场 $V(\boldsymbol{r})$ 会破坏洛伦兹对称性，因此在狭义相对论中我们一般不单独考虑 $V(\boldsymbol{r})$，而是考虑一组协变的势场，比如电动力学中的电磁势，$V(\boldsymbol{r})$ 作为电磁势四维矢量的 0 分量出现，相应的矢量势部分也需要考虑进克莱因-戈尔登方程中。只有在矢量势为 0 的情况中，克莱因-戈尔登方程才会取上述形式。

三、相对论性粒子在一维无穷深势阱中的能级

现在我们以一维无穷深势阱为例求解克莱因-戈尔登方程，我们的目标是求出其能级。之所以选择无穷深势阱作为例子，主要有两个原因：一是这个模型足够简单，二是所得结论将会在我们求相对论性电子气体简并压时用上。

如图 1 所示，势阱宽度为 L。

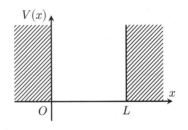

图 1 一维无穷深势阱

从物理角度来看，粒子不可能出现在势能无穷大的地方，因为这意味着粒子具有无穷大的能量。当然，这一点也可以通过有势场时的克莱因-戈尔登方程推导出，只不过涉及比较多的数学细节，我们在此从略，感兴趣的读者可以自行尝试。由此，我们得到波函数的如下边界条件：

$$\psi(0) = \psi(L) = 0 \tag{4}$$

在 $0 \leqslant x \leqslant L$ 区域内，粒子的波函数 $\psi_0(t,x)$ 满足一维克莱因-戈尔登方程：

$$\frac{1}{c^2}\frac{\partial^2}{\partial t^2}\psi_0 - \frac{\partial^2}{\partial x^2}\psi_0 + \frac{m_0^2 c^2}{\hbar^2}\psi_0 = 0$$

由于我们的目标是求能级，因此可以设波函数为

$$\psi_0(t,x) \propto \mathrm{e}^{-\mathrm{i}\frac{Et}{\hbar}}\psi(x)$$

这本质上就是分离变量法，容易知道其中的 E 就是能量。将其代入一维克莱因-戈尔登方程，可以推导得知 $\psi(x)$ 满足

$$-\frac{\partial^2}{\partial x^2}\psi(x) = \frac{E^2 - m_0^2 c^4}{c^2 \hbar^2}\psi(x)$$

此方程的通解为

$$\psi(x) = c_1 \cos(kx) + c_2 \sin(kx)$$

其中，c_1 与 c_2 是积分常数，k 需要与 E 满足特定的关系：

$$k^2 = \frac{E^2 - m_0^2 c^4}{c^2 \hbar^2}$$

考虑到边界条件（见式（4）），我们容易知道：

$$c_1 = 0$$

$$k = \frac{n\pi}{L}$$

其中，n 只取正整数值。这个结果与非相对论性粒子的一维无穷深势阱的结果是一样的。

由此可以知道

$$E_n^2 = c^2 \hbar^2 k^2 + (m_0 c^2)^2 = c^2 \hbar^2 \left(\frac{n\pi}{L}\right)^2 + (m_0 c^2)^2$$

其中，我们用下标形式表示 n 不同取值对应的 E 的不同取值。这时候我们会面临一个问题，E 究竟可以取哪些值？虽然从物理上我们知道 E 表示能量，但是在求解克莱因-戈尔登方程的过程中 E 只是一个参数，可正可负。如果我们直接执行开方操作，可以得到

$$E_n = \pm\sqrt{c^2 \hbar^2 \left(\frac{n\pi}{L}\right)^2 + (m_0 c^2)^2}$$

这似乎表明每个正整数 n 都对应两个能级。然而，事实却并非如此。其中涉及克莱因-戈尔登方程自身的问题，也就是会出现负能级。如果我们接受这些负能级的话，就会发现粒子的能量没有下限，这样的系统是不稳定的。克莱因-戈尔登方程的负能级问题需要在量子场论中解决，我们在此模型中只需要知道取其中的正能级部分即可，由此可得能级为

$$E_n = \sqrt{c^2 \hbar^2 \left(\frac{n\pi}{L}\right)^2 + (m_0 c^2)^2}$$

此结果将会帮助我们得到相对论性电子气体的简并压公式。

小结
Summary

在本节中，我们介绍了相对论性粒子的色散关系，然后阐述了通过色散关系猜测粒子的量子力学波动方程的方法，由此我们得到了描述相对论性粒子的克莱因-戈尔登方程。接着，我们以一维无穷深势阱为例求解了克莱因-戈尔登方程，得到了它的能级公式，并且介绍了克莱因-戈尔登方程的负能级问题。我们发现，无穷深势阱下的克莱因-戈尔登方程的能级结构与非相对论情形下的无穷深势阱的能级结构是相似的，只不过在色散关系上有所不同。

零温电子气体为什么有相对论效应
——分析相对论性电子气体的简并压[1]

摘要：在本节中，我们将使用前面章节介绍克莱因-戈尔登方程所得的结果来分析相对论性电子气体的简并压。首先定性介绍为什么在零温情况下，电子气体会受到相对论效应的影响，然后仿照非相对论情形的推导，利用相对论性粒子的能级公式来得到相对论性电子气体的简并压。

在前面的章节中，我们在非相对论框架下估算了白矮星的半径，发现白矮星并不存在一个质量上限，这与实际情况不符。同时，我们也定性指出了其中的原因，即没有考虑相对论效应。正因如此，我们需要进一步探索相对论性电子气体的简并压，其一是为了检验前述定性分析的结论是否正确，其二是为了估算白矮星的质量上限，也就是著名的钱德拉塞卡极限。不过，这两个目的都将在下一节中完成，本节我们主要推导相对论性电子气体的简并压公式。

一、零温电子气体为什么会受相对论效应的影响

心思缜密的读者应该注意到了，（近似）零温的物体，其内部自由度基本都被冻结了，那它怎么会受到相对论效应的影响呢？以经典理想气体为例，如果它处于零温状态，那么这意味着其所有气体分子的平动动能、转动

---

1 整理自搜狐视频 App "张朝阳" 账号/作品/物理课栏目中的第 170、179 期视频，由李松执笔。

动能及振动能量都为 0，于是气体分子处于相对静止的状态，这种情况下相对论效应完全可以忽略不计。那么，为什么零温电子气体会有相对论效应？

事实上，这一点与电子是费米子密切相关。如前述分析所提到的，零温经典气体的所有分子都处于相对静止的状态，如果基于量子力学的视角，那么这意味着这些分子都处在相同的态上，因此所得结论不适用于遵循泡利不相容原理的粒子系统，例如电子气体。相反，玻色子系统是符合上述分析结论的。

我们知道，方形容器中的电子气体，其能级在 k 空间的第一象限中形成格点分布。由于泡利不相容原理，每个能级格点中只能容纳两个电子，分别对应着电子的两个自旋状态。因此，即使电子气体处于零温状态，其中的电子也不可能全部处在基态。如前面章节所介绍的，这些电子会从基态开始向高能级排布，直到所有电子排布完成。处于高能级的电子的 $k = |\mathbf{k}|$ 会取到相对较大的值，因此该电子的等效速度一般并不小，从而会受到相对论效应的影响。特别是在一些极端情况下，具有较大速度值的电子占多数，从而主导了电子气体的宏观性质。

二、推导相对论性电子气体的压强公式

由于在狭义相对论中，力依然等于动量在单位时间内的改变量，因此我们可以仿照非相对论情形进行分析。

容易知道，单位时间内电子碰撞容器壁（设面积为 A）所导致的动量改变量为

$$\sum_{v_x > 0} 2(mv_x) \times Av_x n_{v_x}$$

上式假设了容器壁垂直于 x 轴，电子分布在 x 轴负方向，因此只有 x 轴方向的速度分量 v_x 大于 0 的电子才能碰上该容器壁。n_{v_x} 是电子速度的 x 分量为 v_x 的电子数密度。上式中的求和在必要情况下需要理解为积分。

由于单位时间内动量的改变量就是力，因此上式中的量除以 A 即电子气体的压强，于是得到

$$P = \sum_{v_x > 0} 2(mv_x) \times v_x n_{v_x} = \sum_{v_x} mv_x^2 n_{v_x}$$

其中，我们利用了速度分布关于 v_x 的正负是对称的这一性质。

在相对论情形下，电子质量会依赖于速度 v 的大小

$$m = \gamma m_0 = \frac{m_0}{\sqrt{1-(v/c)^2}}$$

因此，质量 m 不仅依赖于 v_x，还依赖于 v_y、v_z，于是前面关于压强的表达式实际应为

$$P = \sum_{v_x, v_y, v_z} m v_x^2 n_{v_x, v_y, v_z} \tag{1}$$

另一方面，相对论性电子需要通过狄拉克方程来描述，不过这里暂且只考虑电子的空间运动，因此可用克莱因-戈尔登方程来描述。借助克莱因-戈尔登方程在一维无穷深势阱的能级公式

$$E_n = \sqrt{c^2 \hbar^2 \left(\frac{n\pi}{L}\right)^2 + (m_0 c^2)^2}$$

其中，n 为取正整数值的量子数（请勿与表示电子数密度的 n 混淆），L 为势阱宽度。由此可以知道在三维无穷深方势阱中，能级为

$$E_k = \sqrt{c^2 \hbar^2 \boldsymbol{k}^2 + (m_0 c^2)^2}$$

其中

$$\boldsymbol{k} = \frac{\pi}{L}(n_x \boldsymbol{e}_x + n_y \boldsymbol{e}_y + n_z \boldsymbol{e}_z)$$

n_x、n_y、n_z 都是量子数，只能取正整数值（请勿与表示电子数密度的 n 混淆）。由此可见，对于相对论性电子，其能级在 $\boldsymbol{k}$ 空间的分布与在非相对论情形下是一致的，都是格点分布。

又因为粒子动量 $\boldsymbol{p} = \hbar \boldsymbol{k}$，因此应该有

$$\hbar \boldsymbol{k} = m\boldsymbol{v} = m v_x \boldsymbol{e}_x + m v_y \boldsymbol{e}_y + m v_z \boldsymbol{e}_z$$

注意到量子数 n_x、n_y、n_z 都只能取正整数值，这似乎表明 v 的各个分量都大于 0。事实上，这种看法是错误的，这是因为关系 $\boldsymbol{p} = \hbar \boldsymbol{k}$ 只在平面波的情况下成立，而我们说"量子数 n_x、n_y、n_z 都只能取正整数值"针对的是无

穷深方势阱中的驻波

$$e^{-i\omega t}\sin(k_x x)\sin(k_y y)\sin(k_z z)$$
$$\propto e^{-i\omega t}(e^{ik_x x}-e^{-ik_x x})(e^{ik_y y}-e^{-ik_y y})(e^{ik_z z}-e^{-ik_z z})$$

从上式可以看到，每个能级的驻波在每个坐标轴方向上都有朝正方向运动的平面波部分，也有朝负方向运动的部分，而且这两部分的振幅是一样的。因此，从统计诠释的角度来看，每个能级上的电子，都以$1/2$的概率朝x轴正方向运动，或者以$1/2$的概率朝x轴负方向运动；对于y轴、z轴方向，有类似的结果。因此，v与k满足的关系其实是

$$mv_x = \pm\hbar k_x, \quad mv_y = \pm\hbar k_y, \quad mv_z = \pm\hbar k_z$$

并且对于处在某个能级的电子，其速度取定上式中任意一组正负号的概率都是

$$\left(\frac{1}{2}\right)^3 = \frac{1}{8}$$

不过，不管是哪一组正负号，都有

$$mv_x^2 = \frac{p_x^2}{m} = \frac{\hbar^2 k_x^2}{m(k)}$$

其中，我们在最右边用函数形式表达了m对$k=|\boldsymbol{k}|$的依赖。于是，式（1）可以改写为

$$P = \sum_{v_x,v_y,v_z} \frac{\hbar^2 k_x^2}{m(k)} n_{v_x,v_y,v_z} \tag{2}$$

然后，我们利用速度分布的对称性将上式的求和过程改写为只对各速度分量大于 0 的部分进行求和，可得

$$P = 2^3 \sum_{v_x>0,v_y>0,v_z>0} \frac{\hbar^2 k_x^2}{m(k)} n_{v_x,v_y,v_z} \tag{3}$$

这样做是为了使接下来的计算不会导致重复。

如果我们用$N(U)$表示速度处于区域微元U内的电子数，其中U为

$$U = [v_x, v_x + \mathrm{d}v_x] \times [v_y, v_y + \mathrm{d}v_y] \times [v_z, v_z + \mathrm{d}v_z]$$

那么根据 n_{v_x, v_y, v_z} 的定义，有

$$n_{v_x, v_y, v_z} = \frac{N(U)}{V} \qquad (4)$$

式中的 $V = L^3$ 为方形盒子（可视作三维无穷深方势阱）的体积。考虑到 $\boldsymbol{v}$ 与 $\boldsymbol{k}$ 的关系，速度空间内的区域微元 U 对应如下的 $\boldsymbol{k}$ 空间区域微元

$$[k_x, k_x + \mathrm{d}k_x] \times [k_y, k_y + \mathrm{d}k_y] \times [k_z, k_z + \mathrm{d}k_z]$$

并且根据前面的讨论，每个在此区域微元内的电子，都有 1/8 的概率处在速度空间的区域微元 U 内。又因为每个能级格子的体积为 $(\pi/L)^3$，并且每个能级上会排布两个电子，因此 $N(U)$ 为

$$N(U) = 2 \times \frac{1}{8} \times \frac{\mathrm{d}k_x \mathrm{d}k_y \mathrm{d}k_z}{\left(\dfrac{\pi}{L}\right)^3} = \frac{V}{4\pi^3} \mathrm{d}^3 \boldsymbol{k}$$

将该结果代入式（4），可得

$$n_{v_x, v_y, v_z} = \frac{1}{4\pi^3} \mathrm{d}^3 \boldsymbol{k}$$

接着将该式代入式（3），立即得到

$$
\begin{aligned}
P &= 2^3 \sum_{v_x > 0, v_y > 0, v_z > 0} \frac{\hbar^2 k_x^2}{m(k)} n_{v_x, v_y, v_z} \\
&= 2^3 \iiint_{k_x > 0, k_y > 0, k_z > 0, k < k_0} \frac{\hbar^2 k_x^2}{m(k)} \frac{1}{4\pi^3} \mathrm{d}^3 \boldsymbol{k} \\
&= \frac{2\hbar^2}{\pi^3} \iiint_{k_x > 0, k_y > 0, k_z > 0, k < k_0} \frac{k_x^2}{m(k)} \mathrm{d}^3 \boldsymbol{k} \\
&= \frac{2\hbar^2}{\pi^3} \times \frac{1}{8} \iiint_{k < k_0} \frac{k_x^2}{m(k)} \mathrm{d}^3 \boldsymbol{k} \\
&= \frac{\hbar^2}{4\pi^3} \iiint_{k < k_0} \frac{k_x^2}{m(k)} \mathrm{d}^3 \boldsymbol{k} \qquad (5)
\end{aligned}
$$

其中，k_0 是能级在 $\boldsymbol{k}$ 空间中排布出来的八分之一球体的半径，上式倒数第二

行出现的因子1/8是因为我们将对第一象限八分之一球体的积分改成了对整个球体的积分。

在推导式（5）的过程中，我们需要很仔细地分析平面波基矢与驻波基矢之间的变换关系，稍不注意就会遗漏一些关键因子。事实上，我们可以先将压强改写成平均值的形式，而平均值作为可测量的物理量，是不依赖于基矢的选择的，这样就可以更方便地从平面波基矢变换到驻波基矢。为此，可以将式（2）改写为

$$P = \sum_{v_x, v_y, v_z} n_{v_x, v_y, v_z} \times \frac{\sum\limits_{v_x, v_y, v_z} \dfrac{\hbar^2 k_x^2}{m(k)} n_{v_x, v_y, v_z}}{\sum\limits_{v_x, v_y, v_z} n_{v_x, v_y, v_z}} = n \overline{\frac{\hbar^2 k_x^2}{m(k)}}$$

其中等号最右边 $\hbar^2 k_x^2 / m(k)$ 上的一横表示平均值。上式中的平均值虽然是在平面波视角下求得的，但由于基矢的变换不会改变物理观测值，因此这个平均值也可以理解为驻波视角下的平均值，这样我们只需在 k 空间的能级格点上求平均值即可。考虑到每个能级格点的大小为

$$\left(\frac{\pi}{L}\right)^3$$

因此，k 空间上的体积微元 $\mathrm{d}^3 k$ 所包含的格点个数大约为

$$\frac{\mathrm{d}^3 k}{\left(\dfrac{\pi}{L}\right)^3} = \left(\frac{L}{\pi}\right)^3 \mathrm{d}^3 k$$

又因为每个格点中会排布两个电子，因此，按 k 空间的能级格点来进行平均值计算可得

$$
\begin{aligned}
P = n \overline{\frac{\hbar^2 k_x^2}{m(k)}} &= n \frac{2 \times \iiint\limits_{k_x>0, k_y>0, k_z>0, k<k_0} \dfrac{\hbar^2 k_x^2}{m(k)} \left(\dfrac{L}{\pi}\right)^3 \mathrm{d}^3 k}{N} \\
&= \frac{2}{\pi^3} \frac{n}{N/L^3} \iiint\limits_{k_x>0, k_y>0, k_z>0, k<k_0} \frac{\hbar^2 k_x^2}{m(k)} \mathrm{d}^3 k
\end{aligned}
$$

其中，k_0 是能级在 k 空间中排布出来的八分之一球体的半径。利用关系

$n = N / L^3$，并且将对八分之一球体的积分改写成对整个球体的积分，可得

$$P = \frac{2}{\pi^3} \times \frac{1}{8} \iiint_{k < k_0} \frac{\hbar^2 k_x^2}{m(k)} \mathrm{d}^3 \boldsymbol{k} = \frac{\hbar^2}{4\pi^3} \iiint_{k < k_0} \frac{k_x^2}{m(k)} \mathrm{d}^3 \boldsymbol{k}$$

这个结果与式（5）的结果一致，其推导过程避免了基矢变换所导致的复杂关系，从而显得更加简洁。

考虑到空间各向同性，上式可以改写为

$$P = \frac{\hbar^2}{4\pi^3} \times \frac{1}{3} \iiint_{k < k_0} \frac{k_x^2 + k_y^2 + k_z^2}{m(k)} \mathrm{d}^3 \boldsymbol{k} = \frac{\hbar^2}{3\pi^2} \int_0^{k_0} \frac{k^4}{m(k)} \mathrm{d}k$$

其中我们将直角坐标下的积分换成了球坐标下的积分，并完成了角度部分的积分计算。

根据质能关系，有

$$E^2 = (mc^2)^2 = (m_0 c^2)^2 + (pc)^2$$

由此可得

$$m = \sqrt{m_0^2 + \left(\frac{\hbar k}{c}\right)^2}$$

所以

$$P = \frac{\hbar^2}{3\pi^2} \int_0^{k_0} \frac{k^4}{\sqrt{m_0^2 + \left(\frac{\hbar k}{c}\right)^2}} \mathrm{d}k = \frac{\hbar c}{3\pi^2} \int_0^{k_0} \frac{k^4}{\sqrt{k^2 + (m_0 c / \hbar)^2}} \mathrm{d}k$$

令 $a = m_0 c / \hbar$，借助积分公式

$$\int \frac{x^{2m}}{\sqrt{x^2 + a^2}} \mathrm{d}x$$
$$= \frac{(2m)!}{2^{2m}(m!)^2} \left[\sqrt{x^2 + a^2} \sum_{r=1}^m \frac{r!(r-1)!}{(2r)!} (-a^2)^{m-r} (2x)^{2r-1} + (-a^2)^m \ln\left| x + \sqrt{x^2 + a^2} \right| \right]$$

可得

$$\int_0^{k_0} \frac{k^4}{\sqrt{k^2+a^2}}\mathrm{d}k$$

$$= \frac{4!}{2^4(2!)^2}\left[\sqrt{k^2+a^2}\left(\frac{1!0!}{2!}(-a^2)(2k)+\frac{2!1!}{4!}(2k)^3\right)+a^4\ln\left|k+\sqrt{k^2+a^2}\right|\right]\Bigg|_{k=0}^{k=k_0}$$

$$= \frac{3}{8}\left[\sqrt{k^2+a^2}\left(\frac{2}{3}k^3-a^2k\right)+a^4\ln\left|k+\sqrt{k^2+a^2}\right|\right]\Bigg|_{k=0}^{k=k_0}$$

$$= \sqrt{k_0^2+a^2}\left(\frac{1}{4}k_0^3-\frac{3}{8}a^2k_0\right)+\frac{3}{8}a^4\ln\left(\frac{k_0+\sqrt{k_0^2+a^2}}{a}\right)$$

所以

$$P = \frac{\hbar c}{3\pi^2}\left[\sqrt{k_0^2+a^2}\left(\frac{1}{4}k_0^3-\frac{3}{8}a^2k_0\right)+\frac{3}{8}a^4\ln\left(\frac{k_0+\sqrt{k_0^2+a^2}}{a}\right)\right] \qquad (6)$$

容易知道，k_0 由总电子数与 $\boldsymbol{k}$ 空间的能级格点决定，而相对论情形下的能级格点与非相对论情形下的一致，因此 k_0 仍然与非相对论情形下的一致，这就意味着

$$k_0 = (3\pi^2 n)^{1/3}$$

将其代入式（6）即可得到电子简并压的表达式。因为 $a = m_0 c / \hbar$ 为常数，可见即使对于相对论性电子气体，其简并压也只由电子数密度决定。

小结
Summary

在本节中，我们利用泡利不相容原理分析了为什么电子气体即使处于零温状态，仍可能受到相对论效应的影响——这是因为零温电子气体中存在不少速度非常高的电子，这些电子的相对论效应会导致电子气体的宏观性质发生改变。然后，我们利用前面章节介绍克莱因-戈尔登方程时所得到的能级公式，推导了零温状态下相对论性电子气体的简并压公式，发现相对论性电子气体的简并压只与电子数密度有关，这一点与非相对论情形类似。

白矮星的质量上限是多少
——估算钱德拉塞卡极限[1]

摘要：在本节中，我们先定性讨论相对论效应会导致气体压强变大还是变小，然后简单说明估算白矮星半径时为什么需要考虑相对论性电子气体的压强。在定性分析完成之后，我们将使用上一节得到的相对论性电子气体简并压公式推导出极端相对论情形下的电子气体的简并压，然后用于分析白矮星的稳定平衡，从而估算出白矮星的钱德拉塞卡极限。

在上一节中，我们推导得到了零温情况下的相对论性电子气体的简并压公式，这个公式比非相对论情形下的简并压公式要复杂得多，不过幸运的是，简并压只与电子数密度有关，这将有利于我们进行分析。如上一节所提到的，得到压强公式并非我们的最终目的，估算白矮星的质量上限才是。下面就让我们来完成这一目标。

一、为什么估算白矮星半径时需要考虑相对论效应

我们知道，气体的压强本质上是气体粒子（原子、分子或者电子等）对容器壁的碰撞所导致的力的现象。而力本质上是动量转移所导致的，因此在相同的动量大小下，碰撞粒子数越多，所表现出来的压强越大。在相对论情形下，动量大小为 p 的粒子，其速度大小为

---

1 整理自搜狐视频 App "张朝阳" 账号/作品/物理课栏目中的第 170、179 期视频，由李松执笔。

$$v = \frac{p}{m} = \frac{p}{\gamma m_0} \leqslant \frac{p}{m_0}$$

其中，m 是粒子的动质量，m_0 是粒子的静止质量（简称静质量）。上式最右边是非相对论性粒子在具有动量 p 时的速度。可见，在相同动量、相同静质量的情况下，相对论性粒子的速度小于非相对论性粒子的速度。

另一方面，在粒子数密度固定的情况下，粒子碰到容器壁的频率正比于粒子速度，因此，相同动量的相对论性粒子碰撞容器壁的频率要小于非相对论性粒子，这就导致相对论性气体的压强相对更低。

从前面章节的分析可以知道，电子数密度越大，这些电子能级在 k 空间排布的八分之一球体的半径 k_0 就越大，因此球体最外层的电子所具有的能量就越大，从而越接近于极端相对论性粒子。如果无论白矮星被压缩得多小，我们都使用非相对论性电子气体的简并压公式，那么根据前面的讨论，此简并压公式给出的压强结果将会比实际情况大，最终表现为无论白矮星质量多大，电子气体的简并压都足以抵抗引力坍缩。因此，为了结果可靠，我们必须使用相对论性电子气体的压强公式。

从上面的分析还可以知道一点，那就是在白矮星质量固定的情况下，白矮星被压缩得越小，其中的电子气体越接近于极端相对论性电子气体；反之则越接近于非相对论性电子气体。

在后文中我们将会看到，如果考虑极端相对论情形，电子气体简并压 P_d 与白矮星半径 R 的关系满足

$$P_d \propto \frac{1}{R^4}$$

对于真实的电子气体，由于 R 越小越接近于极端相对论情形，因此上式在 R 越小的时候越符合实际情况。另一方面，我们知道，如果要维持白矮星稳定，白矮星中心处的压强需满足

$$P_c \propto \frac{1}{R^4}$$

可见在 $R \to 0$ 的过程中，P_d 与 P_c 都以 R^{-4} 的趋势增大，这就导致了在半径-压强坐标系上，P_d 与 P_c 的曲线可能没有交点，这时白矮星将不能稳定存在。

二、极端相对论性电子气体的简并压

根据上一节的推导，零温情况下的相对论性电子气体的简并压为

$$P = \frac{\hbar c}{3\pi^2}\left[\sqrt{k_0^2 + a^2}\left(\frac{1}{4}k_0^3 - \frac{3}{8}a^2 k_0\right) + \frac{3}{8}a^4 \ln\left(\frac{k_0 + \sqrt{k_0^2 + a^2}}{a}\right)\right] \quad (1)$$

其中，$a = m_0 c / \hbar$ 为常数，$k_0 = (3\pi^2 n)^{1/3}$ 只依赖于电子数密度 n。

由于我们的目标是估算白矮星的质量上限，因此我们只需要关心白矮星被挤压得非常致密的情形即可，此时电子数密度变得非常大。相应地，$k_0 = (3\pi^2 n)^{1/3}$ 也会变得非常大。这意味着，电子在 $\boldsymbol{k}$ 空间能级格点上所排布出来的八分之一球体的半径将变得非常大，球体内绝大部分电子都具有极高的能量，因此这种情形对应着极端相对论情形。

在极端相对论情形下，由于 k_0 很大，所以

$$\sqrt{k_0^2 + a^2} \approx k_0$$

同时，我们可以只考虑式（1）中 k_0 的最高次项，这样就得到

$$P \approx \frac{\hbar c}{3\pi^2} \times \frac{1}{4}k_0^3 \sqrt{k_0^2 + a^2} \approx \frac{\hbar c}{12\pi^2} k_0^4$$

考虑到 $k_0 = (3\pi^2 n)^{1/3}$，将其代入上式，即可得到

$$P \approx \frac{\hbar c}{12\pi^2}\left(3\pi^2 n\right)^{4/3} \quad (2)$$

可见，相比于非相对论性电子气体的简并压，极端相对论性电子气体的简并压对 n 的依赖由 $n^{5/3}$ 变成了 $n^{4/3}$，因此极端相对论性电子气体的简并压小于相同电子数密度情况下的非相对论性电子气体的简并压，这与我们在前面通过半定量分析所得的结果相同。

三、估算白矮星的质量上限：钱德拉塞卡极限

根据前面的分析，白矮星中心处的电子数密度约为

$$n_{\mathrm{c}} = \frac{\alpha}{2}\frac{M}{\frac{4}{3}\pi R^3 m_{\mathrm{p}}} = \frac{\frac{\alpha}{2}M}{\frac{4}{3}\pi R^3 m_{\mathrm{p}}}$$

其中 α 是中心处的电子数密度相较于平均电子数密度的倍数，一般可以近似取为 4，m_{p} 是质子质量。

考虑 n_{c} 变得很大的情况，对应于 M 很大或者 R 很小的情况，此时白矮星中心处的电子气体处于极端相对论情形下。将上式代入式（2），可知在此情况下白矮星中心处的电子气体简并压为

$$P_{\mathrm{d}} = \frac{\hbar c}{12\pi^2}\left(\frac{9\pi}{4}\right)^{\frac{4}{3}}\left(\frac{\alpha}{2}\right)^{4/3}\frac{M^{4/3}}{m_{\mathrm{p}}^{4/3}}\frac{1}{R^4} \qquad (3)$$

由此可见，在白矮星质量 M 保持固定的情况下，当 $R \to 0$ 时，P_{d} 是渐近正比于 R^{-4} 的，这一点与非相对论情形下 P_{d} 正比于 R^{-5} 有着本质区别。当 R 变得很大时，n_{c} 会变得很小，这时电子气体退化成非相对论性电子气体，其简并压将正比于 $1/R^5$。将这里的讨论总结起来即

$$P_{\mathrm{d}} \sim \begin{cases} \dfrac{1}{R^4}, & \text{if } R \to 0 \\[2mm] \dfrac{1}{R^5}, & \text{if } R \to \infty \end{cases}$$

为了后面讨论方便，我们引入两个比例系数 $C_{\mathrm{d}0}$ 和 $C_{\mathrm{d}\infty}$，将上式表示为

$$P_{\mathrm{d}} \approx \begin{cases} \dfrac{C_{\mathrm{d}0}}{R^4}, & \text{if } R \to 0 \\[2mm] \dfrac{C_{\mathrm{d}\infty}}{R^5}, & \text{if } R \to \infty \end{cases}$$

根据前几节的估算，无论 R 的取值是大还是小，维持白矮星平衡所需的中心压强都是

$$P_{\mathrm{c}} = \frac{G}{\pi}\frac{M^2}{R^4} \propto \frac{1}{R^4}$$

保持白矮星质量 M 固定不变，考虑 P_{d}、P_{c} 与半径 R 的关系。根据前面章节使用非相对论性电子气体的简并压对白矮星半径进行估算的分析可以知道，白矮星能够保持稳定平衡的必要条件是 P_{d} 曲线与 P_{c} 曲线存在交点。在 R 比较大时，P_{d} 渐近地正比于 $1/R^5$，而 P_{c} 正比于 $1/R^4$，于是有 $P_{\mathrm{d}} < P_{\mathrm{c}}$，这意味着此时电子气体简并压不足以提供星球稳定平衡时所需的压强，因此白矮星必定会继续坍缩，半径不断变小。需要注意的是，我们前面的推导结果是基

于稳定平衡条件的，因此不能直接用在坍缩的动力学过程中，不过我们在这里只是讨论白矮星能不能稳定平衡，基本逻辑是先认为白矮星处在稳定平衡状态，然后使用稳定平衡状态下的结果来检验是否满足稳定平衡的必要条件，因此使用前面的结果来讨论是合适的。

当 R 变小时，白矮星内部的电子气体会逐渐过渡到极端相对论情形，此时 P_d 将渐近正比于 $1/R^4$。另一方面，无论 R 的取值是大还是小，P_c 都正比于 $1/R^4$，这就会导致出现两种情况。

第一种情况是，P_c 正比于 $1/R^4$ 的比例系数小于 $C_{d\infty}$，这意味着当 R 很小时 P_c 将小于 P_d，这与 R 比较大的情况刚好相反，因此 P_d 曲线与 P_c 曲线必定存在交点，交点所对应的半径就是白矮星稳定平衡时的半径，如图 1 所示。

第二种情况是，P_c 正比于 $1/R^4$ 的比例系数大于 $C_{d\infty}$，这意味着即使在极端相对论情形下 P_c 仍大于 P_d，P_d 曲线与 P_c 曲线也不存在交点，如图 2 所示。因此，无论半径为多少，电子气体都无法提供足够的压强抵抗白矮星坍缩。于是，这种情况下的白矮星不能处于稳定平衡的状态。

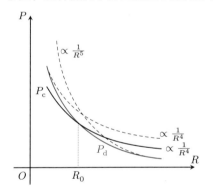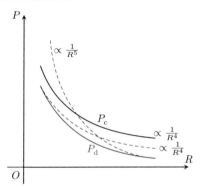

图 1　第一种情况：　　　　　　图 2　第二种情况：
P_d 与 P_c 曲线存在交点　　　P_c 曲线完全处在 P_d 曲线的上方

当 R 很小时，极端相对论近似成立，因此式（3）适用，此时 P_d 正比于 $M^{4/3}$，或者说比例系数 $C_{d\infty}$ 正比于 $M^{4/3}$，而 P_c 正比于 M^2，于是，当 M 增大时，P_c 正比于 $1/R^4$ 的比例系数的增速将大于 $C_{d\infty}$ 随 M 增大的增速。因此，只要 M 足够大，P_c 正比于 $1/R^4$ 的比例系数将大于 $C_{d\infty}$。根据前面的讨论，此质量对应的白矮星将无法稳定平衡存在。那白矮星的临界质量是多少呢？临界质量是刚好使得（半径-压强坐标系上的）P_d、P_c 曲线不相交的质量，

换言之，临界质量满足

$$\lim_{R \to 0} \frac{P_d}{P_c} = \lim_{R \to 0} \frac{\dfrac{\hbar c}{12\pi^2}\left(\dfrac{9\pi}{4}\right)^{\frac{4}{3}}\left(\dfrac{\alpha}{2}\right)^{4/3}\dfrac{M^{4/3}}{m_p^{4/3}}\dfrac{1}{R^4}}{\dfrac{G}{\pi}\dfrac{M^2}{R^4}} = 1$$

化简上式，可知临界质量满足

$$M^{2/3} = \frac{\hbar c}{12\pi G}\left(\frac{9\pi}{4}\right)^{4/3}\frac{\left(\dfrac{\alpha}{2}\right)^{4/3}}{m_p^{4/3}}$$

代入相关数值（与前面章节一样，α 取为 4），可得

$$M \approx \left[\frac{6.62\times10^{-34}\times3.0\times10^8}{2\pi\times12\pi\times6.67\times10^{-11}}\left(\frac{9\pi}{4}\right)^{4/3}\times\frac{2^{4/3}}{(1.67\times10^{-27})^{4/3}}\right]^{3/2} \text{kg}$$

$$\approx 3.2\times10^{30}\,\text{kg} \approx 1.6M_{sun}$$

这就是我们估算得到的白矮星的质量上限，大约是1.6倍太阳质量。因为我们在推导过程中使用了多次近似，这将导致结果与实际结果（1.44倍太阳质量，被称为钱德拉塞卡极限）存在一定的差异，不过相对误差只有大约10%，精确程度还是很高的。

小结
Summary

　　在本节中，我们定性分析了相对论效应为什么会导致理想气体的压强降低，同时介绍了估算被极端挤压的白矮星的半径时需要使用相对论性电子气体简并压公式的原因。在白矮星受到极端挤压的情况下，其中的电子气体处在极端相对论情形下。白矮星中心处的电子气体简并压随着白矮星半径 R 的缩小渐近正比于 $1/R^4$。相对应地，如果不考虑相对论效应，那么白矮星中心处的电子气体简并压会以 $1/R^5$ 的趋势增大。正因这种差异，在极端相对论情形下，白矮星中心处的压强可能不足以抵抗引力压缩，这就导致了白矮星存在质量上限。这里使用简洁明了的方法估算得到白矮星质量上限约为1.6倍太阳质量，与实际的结果（1.44倍太阳质量）非常接近。

10

氢原子基态能级的
相对论修正

张朝阳手稿

$$mc^2 = (m_0^2 c^4 + p^2 c^2)^{1/2} \qquad m_0 c^2 \frac{p^4}{m_0 c^4} \qquad \langle v^2 \rangle =$$

$$= m_0 c^2 \left(1 + \frac{p^2}{m_0^2 c^2}\right)^{1/2}$$

$$= m_0 c^2 \left\{ 1 + \frac{1}{2} \frac{p^2}{m_0^2 c^2} + \frac{1}{2} \cdot \frac{1}{2}\left(-\frac{1}{2}\right)\left(\frac{p^2}{m_0^2 c^2}\right)^2 \right\}$$

$$= m_0 c^2 + \frac{p^2}{2m} - \frac{1}{8}\frac{p^4}{m_0^3 c^2} \qquad -\frac{1}{8}\frac{1}{m_0^3 c^2}(2m)(E-V)^2$$

$$T = \frac{p^2}{2m_0} - \frac{1}{8}\frac{p^4}{m_0^3 c^2}$$

$$\langle \frac{p^2}{2m} \rangle + \langle V \rangle = E_n \qquad = -\frac{1}{2m_0 c^2}(E^2 - 2EV + V^2)$$

$$p^2 = 2m(E-V) \qquad = -\frac{E^2}{2m_0 c^2}\left\{ 1 - 2\frac{V}{E} + \left(\frac{V}{E}\right)^2 \right\}$$

$$= -\frac{E^2}{2m_0 c^2}\left\{ 1 - 2\times 2 + \bcancel{4} \right\} = \boxed{\frac{5 E^2}{2 m_0 c^2}}$$

$$-\frac{5}{2}\frac{E_n^2}{m_0 c^2} \qquad\qquad m_0 c^2 = \frac{9.1\times 10^{-31} \times 9\times 10^{16}}{16\times 10^{-19}}$$

$$= -\frac{5}{4}\frac{2E_n}{m_0 c^2}\cdot E_n \qquad\qquad = 512\ keV$$

$$= -\frac{5}{4}\frac{2\times 13.6\,ev}{500\times 10^3\,ev}$$

$$-\frac{5}{4}\frac{2\times 13.6\,ev}{512\times 10^3}$$

$$= -\frac{5}{4}(137.2)$$

相对论效应会怎么影响氢原子基态能级
——浅谈量子力学中的微扰论[1]

摘要：在《张朝阳的物理课》第一卷第五部分中，我们学习了怎么求解氢原子的能级。当时使用了经典力学中的氢原子哈密顿量来分析，因此并没有考虑相对论（这里只考虑狭义相对论）所带来的影响。在本节中，我们将回顾氢原子的薛定谔方程、基态能级及基态波函数，然后介绍怎么使用微扰论计算能级修正，并将其用于分析氢原子基态能级的相对论修正。

在以前我们讲解量子力学时，我们处理的都是一些简单的系统，例如氢原子、谐振子等。但是现实世界中的模型都是非常复杂的，即使简单如氢原子，也会受到各种各样的影响，从而导致其能级、波函数出现偏离。一般来说，严格求解扰动后的模型是困难的，甚至是不可能的。不过，幸运的是，这些扰动都只产生轻微的影响，因此我们可以使用被称为"微扰论"的方法来近似求解。接下来，我们就以氢原子为例，学习一下怎么计算其基态能级的相对论修正。

一、氢原子的薛定谔方程、基态能级与基态波函数

在非相对论量子力学中，氢原子是一个简单的系统，其中的电子、质子在两者之间的库仑力作用下运动。经过分离变量之后，氢原子的哈密顿量为

1　整理自搜狐视频 App "张朝阳" 账号/作品/物理课栏目中的第 184 期视频，由王朕铎、李松执笔。

$$H_0 = T_0 + V(r) = \frac{\boldsymbol{p}^2}{2m} - \frac{1}{4\pi\varepsilon_0}\frac{q^2}{r}$$

其中，q 是电子电荷，$\boldsymbol{p}$ 是电子与质子的相对动量，r 是电子到质子的距离，ε_0 是真空介电常数，m 是电子与质子的约化质量。由于电子质量远远小于质子质量，因此可以将 m 看成电子质量。为简略起见，我们定义

$$e^2 = \frac{q^2}{4\pi\varepsilon_0}$$

将哈密顿量 H 中的相对动量、距离换成对应的算符，便得到哈密顿算符：

$$\hat{H}_0 = \hat{T}_0 + \hat{V}(r) = \frac{\boldsymbol{p}^2}{2m} - \frac{e^2}{r}$$

在上式中，我们省略了动量算符、位置算符的算符符号。当 $\boldsymbol{p}$ 或者 r 出现在量子态前面时，应当将其理解成算符。

氢原子的能级是哈密顿算符的本征值，可由如下的（定态）薛定谔方程求解：

$$\hat{H}_0 \,|\psi\rangle = E\,|\psi\rangle$$

我们已经在《张朝阳的物理课》第一卷第五部分中求解过这个方程了，相应的能级为

$$E_n = -\frac{e^2}{2a_0}\frac{1}{n^2} \approx \frac{-13.6\,\text{eV}}{n^2}, \qquad n = 1, 2, 3, \cdots$$

其中，a_0 为玻尔半径：

$$a_0 = \frac{\hbar^2}{me^2}$$

同样，从《张朝阳的物理课》第一卷第五部分可以知道氢原子的基态波函数为

$$\psi_{100}(\boldsymbol{r}) = \frac{1}{\sqrt{\pi a_0^3}}\,\text{e}^{-r/a_0}$$

其中，波函数的下标 100 表示主量子数 $n=1$，角动量量子数和磁量子数都为 0。

二、非简并能级的微扰计算

我们的最终目的是求相对论导致的氢原子基态能级的偏移，其中需要用到非简并能级的微扰论。为此，我们在这里简单介绍一下非简并能级微扰论的数学原理。

假设我们已经求解出哈密顿算符 $\hat{H}_0$ 的某个能级 $E^{(0)}$ 以及相应的归一化量子态 $|\psi^{(0)}\rangle$，并且这个能级是非简并的，也就是说，能级 $E^{(0)}$ 所对应的能量本征态在忽略一个常数因子之外有且仅有 $|\psi^{(0)}\rangle$ 这一个。然后，我们现在需求解哈密顿算符 $\hat{H}=\hat{H}_0+\Delta\hat{H}$ 的本征值，其中 $\Delta\hat{H}$ 可被认为是一个修正项，它只会对系统产生量级为 δ（$0\leqslant\delta\ll1$）的相对影响。于是，我们可以认为经过 $\Delta\hat{H}$ 修正后，能级变成了

$$E=E^{(0)}+E^{(1)}+O(\delta^2)$$

其中，$E^{(1)}$ 是 δ 的一阶项。同理，修正后的量子态变成

$$|\psi\rangle=|\psi^{(0)}\rangle+|\psi^{(1)}\rangle+O(\delta^2)$$

由于量子态的归一化条件，我们有

$$\begin{aligned}1&=\langle\psi\,|\,\psi\rangle\\&=\langle\psi^{(0)}\,|\,\psi^{(0)}\rangle+\langle\psi^{(0)}\,|\,\psi^{(1)}\rangle+\langle\psi^{(1)}\,|\,\psi^{(0)}\rangle+\langle\psi^{(1)}\,|\,\psi^{(1)}\rangle+O(\delta^2)\\&=\langle\psi^{(0)}\,|\,\psi^{(0)}\rangle+\langle\psi^{(0)}\,|\,\psi^{(1)}\rangle+\langle\psi^{(1)}\,|\,\psi^{(0)}\rangle+O(\delta^2)\end{aligned}$$

上式中第二行到第三行的原因是：$\langle\psi^{(1)}\,|\,\psi^{(1)}\rangle$ 是 δ 的二阶项，可以被收缩进 $O(\delta^2)$ 中。又因为 $|\psi^{(0)}\rangle$ 是归一化的态，因此有

$$\langle\psi^{(0)}\,|\,\psi^{(0)}\rangle=1$$

结合前面两式，只考虑 δ 的一阶项，立即得到

$$\langle\psi^{(0)}\,|\,\psi^{(1)}\rangle+\langle\psi^{(1)}\,|\,\psi^{(0)}\rangle=0 \tag{1}$$

由此可见，即使我们没有给出 $\Delta\hat{H}$ 的具体形式，本征态的一阶修正项也必须满足一定的约束条件。

另外，能级 E 作为 $\hat{H}$ 的本征态，满足下式：

$$
\begin{aligned}
E &= \langle \psi \mid \hat{H} \mid \psi \rangle = \langle \psi \mid (\hat{H}_0 + \Delta\hat{H}) \mid \psi \rangle \\
&= \left(\langle \psi^{(0)} \mid + \langle \psi^{(1)} \mid \right) (\hat{H}_0 + \Delta\hat{H}) \left(\mid \psi^{(0)} \rangle + \mid \psi^{(1)} \rangle \right) + O(\delta^2) \\
&= \langle \psi^{(0)} \mid \hat{H}_0 \mid \psi^{(0)} \rangle + \langle \psi^{(0)} \mid \hat{H}_0 \mid \psi^{(1)} \rangle + \langle \psi^{(1)} \mid \hat{H}_0 \mid \psi^{(0)} \rangle \\
&\quad + \langle \psi^{(0)} \mid \Delta\hat{H} \mid \psi^{(0)} \rangle + O(\delta^2)
\end{aligned}
\tag{2}
$$

在上式最后一行，我们已经将 δ 的二阶项收缩进 $O(\delta^2)$ 中，比如 $\langle \psi^{(0)} \mid \Delta\hat{H} \mid \psi^{(1)} \rangle$。考虑到 $\mid \psi^{(0)} \rangle$ 是 $\hat{H}_0$ 以 $E^{(0)}$ 为本征值的本征态，因此有

$$
\hat{H}_0 \mid \psi^{(0)} \rangle = E^{(0)} \mid \psi^{(0)} \rangle, \quad \langle \psi^{(0)} \mid \hat{H}_0 = \langle \psi^{(0)} \mid E^{(0)}
$$

将其代入式（2）并使用 $\mid \psi^{(0)} \rangle$ 的归一化条件，即可得到

$$
E = E^{(0)} + E^{(0)} \left(\langle \psi^{(0)} \mid \psi^{(1)} \rangle + \langle \psi^{(1)} \mid \psi^{(0)} \rangle \right) + \langle \psi^{(0)} \mid \Delta\hat{H} \mid \psi^{(0)} \rangle + O(\delta^2)
$$

考虑到式（1），可得

$$
E = E^{(0)} + \langle \psi^{(0)} \mid \Delta\hat{H} \mid \psi^{(0)} \rangle + O(\delta^2)
$$

因此，在只考虑 δ 的一阶项的情况下，我们有

$$
E^{(1)} = E - E^{(0)} = \langle \psi^{(0)} \mid \Delta\hat{H} \mid \psi^{(0)} \rangle
$$

这说明能级的一阶修正项等于哈密顿算符的修正项在零阶波函数上的期望值。这个结果在《张朝阳的物理课》第二卷第三部分的最后一节中推导抗磁性时就已经使用过，只不过当时没有给出证明过程。需要强调的是，此结果只适用于非简并态的能级修正，对于简并态的能级修正，情况要复杂得多，不能贸然使用此结果。

三、氢原子基态能级的相对论修正

我们观察氢原子哈密顿量 H_0，可以发现它的动能项为

$$
T_0 = \frac{\boldsymbol{p}^2}{2m}
$$

而这样的动能仅在牛顿力学中成立。在狭义相对论中，粒子的动能将会取非常不一样的形式。根据粒子的能量 E、动量 $\boldsymbol{p}$、静止质量 m_0 之间的关系（c

是光速）：

$$E^2 = (m_0 c^2)^2 + \boldsymbol{p}^2 c^2$$

可以得到

$$E = \sqrt{(m_0 c^2)^2 + \boldsymbol{p}^2 c^2}$$

这部分能量包含了粒子的"静能" $m_0 c^2$，为了将动能求出来，我们需要将这部分能量减掉：

$$T = E - m_0 c^2 = \sqrt{(m_0 c^2)^2 + \boldsymbol{p}^2 c^2} - m_0 c^2 = m_0 c^2 \left(\sqrt{1 + \frac{\boldsymbol{p}^2}{m_0^2 c^2}} - 1 \right)$$

感兴趣的读者可以借助经典力学计算出在质子库仑势中以玻尔半径做圆周运动的电子的速度，我们会发现这个速度远小于光速，因此我们可以在 $\boldsymbol{p} = 0$ 处对上式做泰勒展开，保留最开头的两个非零项，可得

$$T \approx \frac{\boldsymbol{p}^2}{2m_0} - \frac{1}{8} \frac{(\boldsymbol{p}^2)^2}{m_0^3 c^2}$$

其中，第二项就是低速近似下的相对论修正项。因此，带修正项的哈密顿量为

$$H = \frac{\boldsymbol{p}^2}{2m_0} - \frac{1}{8} \frac{(\boldsymbol{p}^2)^2}{m_0^3 c^2} - \frac{1}{4\pi\varepsilon_0} \frac{q^2}{r} = H_0 - \frac{1}{8} \frac{(\boldsymbol{p}^2)^2}{m_0^3 c^2}$$

其中，我们已经用静止质量 m_0 替代了 H_0 中的质量。

回到量子力学的视角，由上式可知哈密顿算符的修正项为

$$\Delta \hat{H} = -\frac{1}{8} \frac{(\boldsymbol{p}^2)^2}{m_0^3 c^2}$$

由于动能算符为 $\hat{T} = \boldsymbol{p}^2 / (2m_0)$，因此我们可以将 $\Delta \hat{H}_0$ 改写为

$$\Delta \hat{H}_0 = -\frac{1}{2m_0 c^2} \left(\frac{\boldsymbol{p}^2}{2m_0} \right)^2 = -\frac{1}{2m_0 c^2} \hat{T}^2 = -\frac{1}{2m_0 c^2} (\hat{H}_0 - \hat{V})^2$$

如果考虑电子自旋或者质子自旋，氢原子的基态能级是简并的。但是，由于这里的哈密顿算符都不涉及自旋自由度，因此我们可以忽略自旋，这样的话

氢原子基态可被看作非简并态，于是我们可以使用非简并能级的微扰论来计算能级偏移：

$$\Delta E_1 = \langle \psi_{100} \mid \Delta \hat{H}_0 \mid \psi_{100} \rangle = -\frac{1}{2m_0 c^2} \langle \psi_{100} \mid (\hat{H}_0 - \hat{V})^2 \mid \psi_{100} \rangle$$

$$= -\frac{1}{2m_0 c^2} \left(\langle \psi_{100} \mid \hat{H}_0^2 - \hat{H}_0 \hat{V} - \hat{V}\hat{H}_0 + \hat{V}^2 \mid \psi_{100} \rangle \right)$$

考虑到 $|\psi_{100}\rangle$ 是 $\hat{H}_0$ 以 E_1 为本征值的本征态，因此有

$$\hat{H}_0 \mid \psi_{100} \rangle = E_1 \mid \psi_{100} \rangle, \quad \langle \psi_{100} \mid \hat{H}_0 = \langle \psi_{100} \mid E_1$$

由此可得

$$\Delta E_1 = -\frac{1}{2m_0 c^2} \left(E_1^2 - 2E_1 \langle \psi_{100} \mid \hat{V} \mid \psi_{100} \rangle + \langle \psi_{100} \mid \hat{V}^2 \mid \psi_{100} \rangle \right) \tag{3}$$

为了求出最终的表达式，我们需要将其中的 $\langle \psi_{100} \mid \hat{V} \mid \psi_{100} \rangle$ 和 $\langle \psi_{100} \mid \hat{V}^2 \mid \psi_{100} \rangle$ 都求出来。其中，$\langle \psi_{100} \mid \hat{V} \mid \psi_{100} \rangle$ 可以通过位力定理来求，不过为了内容完整性，我们直接使用算符均值的定义通过积分来求。为此，我们先计算如下均值：

$$\left\langle \psi_{100} \left| \frac{1}{r} \right| \psi_{100} \right\rangle = \iiint \frac{|\psi_{100}|^2}{r} \mathrm{d}^3 \boldsymbol{r} = \frac{1}{\pi a_0^3} \iiint e^{-2r/a_0} \frac{1}{r} \mathrm{d}^3 \boldsymbol{r}$$

$$= \frac{1}{\pi a_0^3} \int_0^\infty e^{-2r/a_0} \frac{4\pi r^2}{r} \mathrm{d}r = \frac{1}{a_0} \int_0^\infty e^{-2r/a_0} \frac{2r}{a_0} \mathrm{d}\left(\frac{2r}{a_0} \right) = \frac{1}{a_0}$$

因此，我们有

$$\langle \psi_{100} \mid \hat{V} \mid \psi_{100} \rangle = -e^2 \left\langle \psi_{100} \left| \frac{1}{r} \right| \psi_{100} \right\rangle = -\frac{e^2}{a_0} = 2E_1$$

对于 $\langle \psi_{100} \mid \hat{V}^2 \mid \psi_{100} \rangle$，我们先计算如下均值：

$$\left\langle \psi_{100} \left| \frac{1}{r^2} \right| \psi_{100} \right\rangle = \iiint \frac{|\psi_{100}|^2}{r^2} \mathrm{d}^3 \boldsymbol{r} = \frac{1}{\pi a_0^3} \iiint e^{-2r/a_0} \frac{1}{r^2} \mathrm{d}^3 \boldsymbol{r}$$

$$= \frac{1}{\pi a_0^3} \int_0^\infty e^{-2r/a_0} \frac{4\pi r^2}{r^2} \mathrm{d}r = \frac{2}{a_0^2} \int_0^\infty e^{-2r/a_0} \mathrm{d}\left(\frac{2r}{a_0} \right) = \frac{2}{a_0^2}$$

由此可得

$$\langle \psi_{100} \,|\, \hat{V}^2 \,|\, \psi_{100} \rangle = e^4 \left\langle \psi_{100} \left| \frac{1}{r^2} \right| \psi_{100} \right\rangle = \frac{2e^4}{a_0^2} = 8E_1^2$$

将这些结果代入式（3），可以得到

$$\Delta E_1 = -\frac{1}{2m_0 c^2}\left(E_1^2 - 2E_1 \cdot 2E_1 + 8E_1^2 \right) = -\frac{5E_1^2}{2m_0 c^2} = -\frac{5}{4}\left(\frac{2|E_1|}{m_0 c^2} \right)|E_1|$$

上式等号最右边括号内的量正好是著名的精细结构常数 $\alpha = e^2 / (\hbar c)$ 的平方：

$$\frac{2|E_1|}{m_0 c^2} = \left(\frac{e^2}{\hbar c} \right)^2 = \alpha^2 \approx \left(\frac{1}{137} \right)^2$$

因此 ΔE_1 可以写为

$$\Delta E_1 = -\frac{5\alpha^2}{4}|E_1|$$

代入精细结构常数的数值（$\alpha \approx 1/137$）可以知道，动能项的相对论效应让氢原子基态能级向下移动了大约 0.0067%。

　　最后，我们强调一点，这里计算的仅仅是电子动能的相对论修正对基态能级所带来的影响，但是同量级的修正项除了动能修正项，还有其他两个修正项：一项和轨道角动量有关，因为基态轨道角动量为 0，因此不会受此项影响；另一项和电子的颤动有关，被称为达尔文项，它只对基态能级产生影响，会导致基态能级发生偏移：$\Delta E_D = \alpha^2|E_1|$。

小结
Summary

　　在本节中，我们回顾了氢原子的能级与基态波函数，并点明了这些结果并没有考虑相对论效应。为了了解相对论会怎么改变氢原子的基态能级，我们先学习了非简并能级的微扰计算，然后将其用在考虑了相对论动能低速修正的哈密顿算符上，计算得知相对论的动能效应会导致氢原子能级向下移动大约 0.0067%。其实，几乎所有的量子模型都是无法解析求解的，本节所介绍的微扰计算方法在很多实际问题中都能发挥出巨大的作用。

11

奥本海默近似
与化学键

张朝阳手稿

$$A\left(\langle\psi_1|+\langle\psi_2|\right)\Big|\frac{P_e^2}{2m}-\frac{e^2}{r_1}-\frac{e^2}{r_2}\Big|\left(|\psi_1\rangle+|\psi_2\rangle\right)$$

$$\langle\psi_1|+\langle\psi_2|\left(\frac{P_e^2}{2m}-\frac{e^2}{r_1}\right)|\psi_1\rangle = E_0\langle\psi_1|\psi_1\rangle + E_0\langle\psi_2|\psi_1\rangle \xrightarrow{J}$$

$$\langle\psi_1|+\langle\psi_2|\frac{P_e^2}{2m}-\frac{e^2}{r_2}|\psi_2\rangle = E_0\langle\psi_2|\psi_2\rangle + E_0\langle\psi_1|\psi_2\rangle \xrightarrow{J}$$

$$\langle\psi_1|+\langle\psi_2|\frac{e^2}{r_2}|\psi_1\rangle = \langle\psi_1|\frac{e^2}{r_2}|\psi_1\rangle + \langle\psi_2|\frac{e^2}{r_2}|\psi_1\rangle \quad \overset{D}{} \quad E$$

$$\langle\psi_1|+\langle\psi_2|\frac{e^2}{r_1}|\psi_2\rangle = \langle\psi_1|\frac{e^2}{r_1}|\psi_2\rangle + \langle\psi_2|\frac{e^2}{r_1}|\psi_2\rangle \quad \overset{E}{} \quad \overset{D}{}$$

$$= A^2(2E_0+2E_0J+2D+2E) = A^2 2E_0(1+J) + 2A^2(D+E)$$
$$= E_0 + (1 \quad)$$

$$\langle\psi|\psi\rangle = |A|^2\left\{\langle\psi_1|\psi_1\rangle + \langle\psi_2|\psi_2\rangle + \langle\psi_1|\psi_2\rangle + \langle\psi_2|\psi_1\rangle\right\} = A^2(2+2J) = 1$$

$$A^2 = \frac{1}{2}\frac{1}{1+J}$$

$$\int \sin\theta\, d\theta\, r_1^2 dr_1\, e^{-(r_1+r_2)/a_0}$$

$$\vec{r_2} = \vec{r_1} + \vec{R}$$

$$r_2^2 = r_1^2 + R^2 + 2r_1 R\cos\theta$$

$$= \int r_1^2 dr_1\, e^{-r_1/a_0} \int \sin\theta\, d\theta\, e^{-r_2/a_0} \quad\quad \int x\, e^{-x/a} = \frac{e^{-x/a}}{a}$$

$$2r_2 dr_2 = \mp 2 r_1 R\sin\theta\, d\theta$$

$$= \int r_1^2 dr_1\, e^{-r_1/a_0}\Big|_{r_1-R}^{} (-1)\frac{1}{R} r_2 dr_2 e^{-r_2/a_0}$$

$$r_1\sin\theta\, d\theta = -\frac{1}{R} r_2 dr_2$$
$$= \int r_1 dr_1\, e^{-r_1/a_0}\frac{1}{R}\int_{}^{r_1+R} r_2\, e^{-r_2/a_0}\, dr_2$$

$$\theta=0 \quad r_2^2 = r_1^2 + R^2 + 2r_1 R$$
$$= \int \frac{r_1}{R}\, e^{-r_1/a_0}$$

$$\theta=\pi \quad r_2^2 = r_1^2 + R^2 - 2r_1 R$$

$$(-1)\, a_0\, e^{-r_2/a_0}(r_2+a_0)\Big|_{(r_1-R)}^{r_1+R_0}$$

$$= \int_{r_1=0}^{R}\frac{1}{R} r_1 e^{-r_1/a_0} a_0\left[a_0 e^{-R-r_1/a_0}(R-r_1)+a_0\right]_{(r_1-R)}^{r_1+R_0}$$

$$- a_0 e^{-(r_1+R_0)}(r_1+R_0 + a_0)$$

怎么理解双原子分子的比热阶梯
——初探玻恩–奥本海默近似与变分法[1]

摘要：在本节中，我们将会以氢分子为例，介绍用于分析双原子分子的"玻恩-奥本海默近似"。我们将质量悬殊的原子核与价电子近似为两个独立系统，先假设原子核相距一定的距离、保持静止不动，然后聚焦于电子的运动，这样我们就能分析双原子分子的能级了，进而推导出双原子分子的比热阶梯。变分法作为下一步求解电子导致的等效势能的方法，我们还会介绍它的数学原理，以及怎么将变分法改造成一种求解基态波函数、基态能量的近似方法。

在上一节中，我们提到了大部分现实模型是不可精确求解的，因此我们需要近似求解方法，上一节提到的微扰论就是一种近似求解方法。微扰论虽然简单方便，但是它有一个致命缺点，即我们必须将系统的哈密顿算符分成两部分，第一部分能被精确求解，第二部分相比于第一部分只产生微小的改变，对于现实模型能做到如此分解的少之又少，因此我们需要其他的近似求解方法，比如接下来将会介绍到的玻恩-奥本海默近似与变分法。

一、玻恩–奥本海默近似：以氢分子为例

对量子世界的探索始于 20 世纪初，普朗克和爱因斯坦首先认识到能量取值的离散性。紧接着，玻尔、海森堡和薛定谔各自提出了量子力学不同的

1　整理自搜狐视频 App "张朝阳"账号/作品/物理课栏目中的第 171、173 期视频，由陈广尚、李松执笔。

数学形式，而玻恩则用概率诠释给这些数学形式赋予了物理意义。量子力学的重大成功之一是其对氢原子光谱的完美解释，以及由此带来的对原子结构的认识。

我们知道，氢原子是自然界中最简单的原子，它由一个质子和一个电子组成。我们早在《张朝阳的物理课》第一卷第五部分中就已经求解了氢原子的能级与部分波函数。氢原子的基态能量与基态波函数分别为

$$E_1 = -\frac{e^2}{2a_0}$$

$$\psi_H(r) = \frac{1}{\sqrt{\pi a_0^3}} e^{-r/a_0}$$

其中，a_0 是氢原子的玻尔半径，e 与电子电荷 q 的关系为 $e^2 = q^2/(4\pi\varepsilon_0)$。

在利用量子力学成功描述氢原子之后，玻恩和海森堡等人很快把目光投向了更复杂的物质结构——分子。彼时，二十出头的奥本海默刚刚从剑桥来到哥廷根。受玻恩影响，奥本海默开始思考用量子力学解释化学结构的可能性。很快，他以敏锐的物理直觉完成了对双原子分子的解析。在与导师玻恩合作发表的论文中，奥本海默提出了现在被称为"玻恩-奥本海默近似"的方法，用于研究双原子分子的结构。

最简单的双原子分子是氢分子，它由两个氢核（质子）及两个围绕它们运动的电子组成。按照量子力学的基本原理，描述这样一个系统，原则上需要用到以 4 个位置矢量为变量的波函数

$$\psi(r_{p1}, r_{p2}, r_{e1}, r_{e2})$$

其中，下标 p 代表质子，下标 e 代表电子。

注意，在氢分子的系统中，质子的质量远远大于电子。如果把质子比作大象，电子则好比在大象周围飞舞的飞虫。大象的行动特别迟缓，而飞虫总在"嗡嗡嗡"地高速飞行。想象我们处在飞虫的视角，在飞虫飞行绕圈的时间段内，大象几乎可以被看作静止不动。同理，对氢分子，由于电子与质子之间巨大的质量差，我们可以近似地认为电子的运动和质子的运动是相对独立的，因此整个系统的态可被近似地分解为质子态与电子态之间的张量积：

$$|\psi\rangle = |\psi_p\rangle \otimes |\psi_e\rangle$$

基于前面的讨论,当我们专注于研究电子的运动时,可以认为两个质子保持间隔 R 且静止不动。另外,由于带负电的电子与带正电的质子之间会相互吸引,因此当我们聚焦于质子的运动时,高速运动的电子将被"抹匀"成"黏合剂",从而质子对电子的吸引可被等效为质子间的一种拉扯住两个质子的吸引势。

事实上,第二个方面所论述的思想已经被我们介绍过很多次了。参照《张朝阳的物理课》第一卷关于双原子分子比热容的讨论,在其中我们将双原子分子等效为通过弹簧连接在一起的两个小球,这样的模型其实就源于玻恩-奥本海默近似。根据我们这里的讨论,双原子分子中两个"小球"之间相对运动的哈密顿量为

$$H_{pp} = \frac{\boldsymbol{p}^2}{2\mu} + V(R) = -\frac{\hbar^2}{2\mu}\nabla_R^2 + \frac{\boldsymbol{L}^2}{2\mu R^2} + V(R)$$

其中, μ 是这两个原子的约化质量, $V(R)$ 是考虑了电子运动所带来的影响的有效势能。当两个原子核距离较远时,原子核对电子的吸引占主导作用,因此在 R 较大的范围内有效势能会随着 R 的减小而减小;当两个原子核距离较近时,原子核之间的库仑排斥占主导作用,此范围内的有效势能会随着 R 的减小而增大。因此,我们预计 $V(R)$ 会存在一个最小值,否则这两个原子不会形成一个稳定的分子结构。设该最小值对应的原子核距离为 R_0,我们在 R_0 处将有效势能展开到第二阶,有

$$V(R) \approx V(R_0) + \frac{1}{2}V''(R_0)(R - R_0)^2$$

于是,有效势能近似是一个谐振子势能。如果写出 H_{pp} 所对应的定态薛定谔方程,我们会近似得到

$$\left(-\frac{\hbar^2}{2\mu}\left(\frac{\partial^2}{\partial R^2} + \frac{2}{R}\frac{\partial}{\partial R}\right) + \frac{\boldsymbol{L}^2}{2\mu R^2} + V(R_0) + \frac{1}{2}V''(R_0)(R - R_0)^2\right)\psi(\boldsymbol{R}) = E\psi(\boldsymbol{R})$$

其中,我们已经使用了 $V(R)$ 的二阶展开式。注意

$$\left(\frac{\partial^2}{\partial R^2} + \frac{2}{R}\frac{\partial}{\partial R}\right)\psi(\boldsymbol{R}) = \frac{1}{R}\frac{\partial^2}{\partial R^2}R\psi(\boldsymbol{R})$$

因此，如果我们定义新的波函数为 $u(\boldsymbol{R}) = R\psi(\boldsymbol{R})$，将会得到如下方程

$$\left(-\frac{\hbar^2}{2\mu}\frac{\partial^2}{\partial R^2} + \frac{\boldsymbol{L}^2}{2\mu R^2} + V(R_0) + \frac{1}{2}V''(R_0)(R-R_0)^2\right)u(\boldsymbol{R}) = Eu(\boldsymbol{R})$$

　　进一步地，由于双原子分子只在平衡位置做微小振动（准确地说，在 $R = R_0$ 附近时角动量相关部分的能量远小于 $V''(R_0)(R-R_0)^2/2$ 所对应的"谐振子"能量），因此我们可以将与角动量有关的项中的 R 近似为 R_0，由此得到

$$\left(-\frac{\hbar^2}{2\mu}\frac{\partial^2}{\partial R^2} + \frac{1}{2}V''(R_0)(R-R_0)^2 + \frac{\boldsymbol{L}^2}{2\mu R_0^2} + V(R_0)\right)u(\boldsymbol{R}) = Eu(\boldsymbol{R})$$

上式大括号中的第一项、第二项共同组成了谐振子哈密顿算符。又因为角动量算符在位置表象下只包含角度方向的偏导数，因此角动量算符不会对 R 产生影响。于是，经过变量分离后，系统可被分解为角动量部分与谐振子部分，该系统的能级可以用角动量量子数 l 与谐振子能级的量子数 n 来标记：

$$E_{l,n} = l(l+1)B + \left(n+\frac{1}{2}\right)\hbar\omega + V(R_0)$$

其中，B 是常数，ω 是等效谐振子的角频率。上式等号右边第一项可以被认为是分子的转动动能，第二项可以被认为是谐振子能量。从量级上看

$$B \approx 0.01 \text{ eV}$$
$$\hbar\omega \approx 0.1 \text{ eV}$$

　　这两个数值的量级差异说明了双原子分子的转动自由度更容易被热激发。一般来说，最先被激发的是平动自由度，这会导致气体的定容比热为 $3k_B N_A/2$。当温度逐渐升高时，双原子分子的转动自由度就会被激发，这时气体的定容比热就会变成 $5k_B N_A/2$。如果温度继续升高，那么振动自由度也会被激发，这样的话，定容比热就变成了 $7k_B N_A/2$。因此，双原子分子的定容比热会随着温度的上升而大致呈现出两个阶梯变化。同时，实验结果与理论分析符合得很好，佐证了系统中原子核运动与电子运动间的独立性。

　　那么，势能 $V(R)$ 是如何求出的呢？现在让我们将目光放回对电子运动的刻画上，我们考虑一个更简单的模型——氢分子离子。氢分子离子可以被

认为是由氢分子电离出一个电子后得到的，它由两个质子和围绕它们的单个电子组成，如图 1 所示。

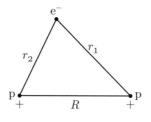

图 1 氢分子离子示意图

根据前述理由，我们可以认为两个相距 R 的质子是静止的，而电子在两个质子的库仑力场中运动，这种情况下的哈密顿量为

$$H_{\mathrm{BO}} = \frac{\boldsymbol{p}_{\mathrm{e}}^2}{2m_{\mathrm{e}}} - \frac{e^2}{r_1} - \frac{e^2}{r_2} + \frac{e^2}{R}$$

其中，等号右边第一项是电子的动能，第二项、第三项是电子与质子间的吸引势能，最后一项是质子间的排斥势能。定性地看，电子处于束缚态，因此它的能量应该是一个负值，正好与上式最后一项互相"抗衡"。在固定 R 的情况下求出 H_{BO} 的基态能量，此能量值就是我们要求的 $V(R)$。

说了这么多，那玻恩-奥本海默近似究竟是怎样一种近似呢？总的来说，根据运动特征，将系统近似划分为两个或多个独立部分，并分步进行求解的方法，就是所谓的玻恩-奥本海默近似。它的提出是 20 世纪初量子力学的重大突破之一，该方法大大简化了将量子力学应用到多体系统和复杂系统时的计算难度，因此玻恩-奥本海默近似是现代量子化学的基石之一。

二、利用变分法求解基态波函数与基态能量的数学原理

为了给出氢分子离子的等效势能 $V(R)$，我们需要求解玻恩-奥本海默近似下的哈密顿算符 $\hat{H}_{\mathrm{BO}}$ 的基态能量。按照传统思路，我们需要求解对应的定态薛定谔方程。不幸的是，该方程在数学上极其复杂，解析求解该方程极为困难。因此，我们转而使用一种被称为"变分法"的近似求解方法，这种方法能帮助我们近似地得到系统的基态波函数与基态能量。

利用变分法求解基态波函数与基态能量的数学原理其实非常简单。为简

单起见，我们假设系统能级可以被量子数 n 标记，相应的本征方程为

$$\hat{H}|\psi_n\rangle = E_n|\psi_n\rangle$$

其中的能量本征态是正交归一的：

$$\langle\psi_n|\psi_m\rangle = \delta_{mn}$$

根据能量本征态的完备性，任意一个归一化的量子态 $|\psi\rangle$ 都可被表示为

$$|\psi\rangle = \sum_{n=1}^{\infty} c_n|\psi_n\rangle$$

利用本征态的正交归一性质，可以知道 $|\psi\rangle$ 的能量均值为

$$\langle\psi|\hat{H}|\psi\rangle = \sum_{n=1}^{\infty}|c_n|^2 E_n$$

又因为基态能量是所有能级能量中最小的，因此有

$$\langle\psi|\hat{H}|\psi\rangle = \sum_{n=1}^{\infty}|c_n|^2 E_n \geqslant \sum_{n=1}^{\infty}|c_n|^2 E_1 = E_1\sum_{n=1}^{\infty}|c_n|^2 = E_1\langle\psi|\psi\rangle = E_1$$

此结果表明，基态能量是系统中所有归一化的态所对应的能量均值中的最小值。

　　因此，求解基态波函数等同于求解一个归一化波函数，让它的能量均值达到最小。基于这一事实，求解基态波函数与基态能量的问题可被转化为一个求解泛函最小值的问题，后者的系统处理方法被称为变分法，我们会在本书讲解分析力学的时候详细介绍这一方法，我们会从变分原理推导出欧拉-拉格朗日方程，并以此方程来求解变分问题。

　　到目前为止，我们关于利用变分法求解基态波函数的分析都是精确的，没有涉及任何近似。因此，可以预计，当我们使用变分法来严格求解基态波函数时，最终得到的欧拉-拉格朗日方程就是薛定谔方程。这样我们绕了一圈又回到了原点，相当于白干一场。然而，在实际操作中，我们一般可以根据一些物理性质，对基态波函数的形式提出一些约束，或者猜测基态波函数具有某种特定的形式，并称它们为试探波函数。然后，在这些试探波函数中我们求出相应的能量均值，其中的最小能量均值所对应的试探波函数就是近似基态波函数，这个最小能量均值就是近似基态能量。

以最简单的试探波函数集为例：$\{\psi_1, \psi_2\}$，假设这两个波函数都已经归一化，然后分别求出 $\langle \psi_1 | \hat{H} | \psi_1 \rangle$ 和 $\langle \psi_2 | \hat{H} | \psi_2 \rangle$，假设我们的结果满足

$$\langle \psi_1 | \hat{H} | \psi_1 \rangle < \langle \psi_2 | \hat{H} | \psi_2 \rangle$$

那么我们就将 ψ_1 作为（近似）基态波函数，而 $\langle \psi_1 | \hat{H} | \psi_1 \rangle$ 则是（近似）基态能量。当然，试探波函数的个数是不受限制的，甚至可以是依赖于某个参数 θ 的 ψ_θ。在这种情况下，我们可以计算出

$$E(\theta) = \langle \psi_\theta | \hat{H} | \psi_\theta \rangle$$

然后求 $E(\theta)$ 的最小值。假设最小值在 $\theta = \theta_0$ 处得到，那么我们就取 ψ_{θ_0} 为（近似）基态波函数，而 $E(\theta_0)$ 就是（近似）基态能量。

由上述分析可见，利用变分法近似求解基态波函数与基态能量的近似程度依赖于我们选取的试探波函数集。为了降低误差，我们必须将试探波函数集选取得足够接近基态波函数。为了达到此目的，我们往往需要借助系统的一些特征来构造试探波函数，比如系统的对称性等。

小结
Summary

在本节中，我们先以氢分子为例介绍了玻恩–奥本海默近似，说明了玻恩–奥本海默近似是我们分析双原子分子比热容的基础。对于氢分子或者后来的氢分子离子，玻恩–奥本海默近似将系统分解成两部分：第一部分是固定原子核，然后考虑电子在库仑势场下的运动，最终求出一个等效势能；第二部分是原子核在等效势能下的运动。能进行这样分解的原因是，电子质量远远小于原子核质量。最后，我们指出，对系统基态波函数的求解等价于求解能量均值泛函取最小值时的波函数，这就是利用变分法求解基态波函数与基态能量的数学原理。如果想让这种方法成为一种可行的近似求解方法，我们需要选取一组合适的函数作为试探波函数集，然后从中找出能让能量均值取最小值的试探波函数作为基态波函数的近似。本节介绍的这些方法将会成为我们后面分析氢分子离子、氦原子的基础。

化学键的本质是什么
——玻恩–奥本海默近似与变分法的应用[1]

摘要：在本节中，我们将会以氢分子离子为例介绍玻恩–奥本海默近似与变分法的具体应用。我们先根据系统的对称性选取两个波函数作为电子在两个固定质子系统中的试探波函数，然后分别求出这两个试探波函数的能量均值，并将其中的较小值作为电子导致的有效势能。借助此有效势能，我们将会发现两个质子能够形成束缚态，这正是化学键的物理成因。

在上一节中，我们介绍了玻恩–奥本海默近似，以及怎么利用变分法求解基态波函数与基态能量。当时我们介绍这两种方法时并没有给出具体的应用案例，因此显得有点像空中楼阁。实际上，这两种方法都具有非常多的应用，其中最简单的例子莫过于氢分子离子了。下面就让我们来分析氢分子离子的结构成因吧。

一、根据对称性选择试探波函数

在上一节中，我们使用玻恩–奥本海默近似得到了氢分子离子中电子运动部分的哈密顿量：

$$H_{BO} = \frac{p_e^2}{2m_e} - \frac{e^2}{r_1} - \frac{e^2}{r_2} + \frac{e^2}{R}$$

---

1 整理自搜狐视频 App"张朝阳"账号/作品/物理课栏目中的第 171 期视频，由陈广尚、李松执笔。

其中，各个符号的含义请参见上一节的介绍。根据上一节的分析，如果我们要分析两个质子的运动情况，就必须先求出电子导致的等效势能，而这个等效势能等于 $\hat{H}_{\mathrm{BO}}$ 的基态能量。要想严格求解 $\hat{H}_{\mathrm{BO}}$ 的基态能量，是非常困难的，我们改用变分法来近似求解，为此我们需要先选取合适的函数作为试探波函数。

如果电子恰好在第一个质子附近运动，满足 $r_1 \ll R$，我们可以认为整个系统是一个以第一个质子为核的氢原子，加上一个非常遥远、对电子几乎没有影响的独立质子。在这种情况下，电子的波函数近似于氢原子基态波函数：

$$\psi_{\mathrm{e}1}(\boldsymbol{r}) \approx \frac{1}{\sqrt{\pi a_0^3}} \mathrm{e}^{-r_1/a_0}$$

同理，如果电子恰好在第二个质子附近运动（ $r_2 \ll R$ ），电子的波函数应当近似于

$$\psi_{\mathrm{e}2}(\boldsymbol{r}) \approx \frac{1}{\sqrt{\pi a_0^3}} \mathrm{e}^{-r_2/a_0}$$

于是，可以猜测在一般情况下电子的基态波函数应当近似于以上两个波函数的线性组合：

$$\psi \approx c_1 \psi_{\mathrm{e}1} + c_2 \psi_{\mathrm{e}2}$$

同时，注意到质子的编号具有人为性，交换两个质子并不会改变系统的物理状态。我们先不考虑归一化的问题，在忽略一个常数因子的情况下，ψ 可以写为

$$\psi \propto \psi_{\mathrm{e}1} + c_3 \psi_{\mathrm{e}2}$$

如果交换两个质子，那么 ψ 将会变成 ψ'

$$\psi' \propto \psi_{\mathrm{e}2} + c_3 \psi_{\mathrm{e}1} = c_3(\psi_{\mathrm{e}1} + c_3^{-1}\psi_{\mathrm{e}2}) \propto \psi_{\mathrm{e}1} + c_3^{-1}\psi_{\mathrm{e}2}$$

由于交换两个质子不会改变系统的物理状态，因此 ψ 与 ψ' 表示同一个物理状态，于是 ψ 与 ψ' 最多相差一个常数因子。对比 ψ 与 ψ' 的表达式可得 $c_3 = c_3^{-1}$，这说明 $c_3 = \pm 1$。于是我们得到如下两个波函数：

$$\psi_{e+} = A(\psi_{e1} + \psi_{e2})$$
$$\psi_{e-} = B(\psi_{e1} - \psi_{e2})$$

其中，A 和 B 是归一化常数。在上式中，第一个波函数是交换对称的，第二个是交换反对称的。这两个波函数组成了我们的试探波函数集，接下来我们需要分别求出它们的能量均值。

二、求试探波函数的能量均值

我们先求 ψ_{e+} 的能量均值。由于 H_{BO} 中含有常数项，因此为了简洁起见，我们先忽略掉此项。为此，我们定义

$$H_e = \frac{\pmb{p}_e^2}{2m_e} - \frac{e^2}{r_1} - \frac{e^2}{r_2}$$

对于态 $|\psi_{e+}\rangle$，我们有

$$\langle \psi_{e+} | H_e | \psi_{e+} \rangle = |A|^2 (\langle \psi_{e1} | + \langle \psi_{e2} |) \left(\frac{\pmb{p}_e^2}{2m_e} - \frac{e^2}{r_1} - \frac{e^2}{r_2} \right) (|\psi_{e1}\rangle + |\psi_{e2}\rangle)$$

考虑到 $|\psi_{e1}\rangle$ 是以第一个质子为核的氢原子基态，$|\psi_{e2}\rangle$ 是以第二个质子为核的氢原子基态，因此有

$$\left(\frac{\pmb{p}_e^2}{2m_e} - \frac{e^2}{r_1} \right) |\psi_{e1}\rangle = E_1 |\psi_{e1}\rangle$$

$$\left(\frac{\pmb{p}_e^2}{2m_e} - \frac{e^2}{r_2} \right) |\psi_{e2}\rangle = E_1 |\psi_{e2}\rangle$$

由此可得

$$\langle \psi_{e+} | H_e | \psi_{e+} \rangle$$
$$= |A|^2 \Bigg[(\langle \psi_{e1} | + \langle \psi_{e2} |) \left(\frac{\pmb{p}_e^2}{2m_e} - \frac{e^2}{r_1} \right) |\psi_{e1}\rangle + (\langle \psi_{e1} | + \langle \psi_{e2} |) \left(\frac{\pmb{p}_e^2}{2m_e} - \frac{e^2}{r_2} \right) |\psi_{e2}\rangle$$
$$+ (\langle \psi_{e1} | + \langle \psi_{e2} |) \left(-\frac{e^2}{r_2} \right) |\psi_{e1}\rangle + (\langle \psi_{e1} | + \langle \psi_{e2} |) \left(-\frac{e^2}{r_1} \right) |\psi_{e2}\rangle \Bigg]$$
$$= |A|^2 \Bigg[2E_1 + E_1 (\langle \psi_{e2} | \psi_{e1}\rangle + \langle \psi_{e1} | \psi_{e2}\rangle) + \langle \psi_{e1} | \left(-\frac{e^2}{r_2} \right) |\psi_{e1}\rangle$$
$$+ \langle \psi_{e2} | \left(-\frac{e^2}{r_1} \right) |\psi_{e2}\rangle + \langle \psi_{e2} | \left(-\frac{e^2}{r_2} \right) |\psi_{e1}\rangle + \langle \psi_{e1} | \left(-\frac{e^2}{r_1} \right) |\psi_{e2}\rangle \Bigg]$$

为表达简便，可以引入记号

$$J = \langle \psi_{e2} | \psi_{e1} \rangle = \langle \psi_{e1} | \psi_{e2} \rangle$$

$$D = \langle \psi_{e1} | \left(-\frac{e^2}{r_2} \right) | \psi_{e1} \rangle = \langle \psi_{e2} | \left(-\frac{e^2}{r_1} \right) | \psi_{e2} \rangle$$

$$E = \langle \psi_{e2} | \left(-\frac{e^2}{r_2} \right) | \psi_{e1} \rangle = \langle \psi_{e1} | \left(-\frac{e^2}{r_1} \right) | \psi_{e2} \rangle$$

需要注意的是，在对 J 的定义中用到了氢原子基态波函数是实函数这一性质，在对 D 和 E 的定义中用到了交换下标 1 和 2 不改变物理状态这一事实。

利用这组记号，能量均值可以写为

$$\langle \psi_{e+} | \hat{H}_e | \psi_{e+} \rangle = |A|^2 \left(2E_1 + 2JE_1 + 2D + 2E \right)$$

$$= |A|^2 \left(2E_1(1+J) + 2(D+E) \right)$$

其中的系数 A 应当由归一化条件给出。注意

$$\langle \psi_{e+} | \psi_{e+} \rangle = |A|^2 \left(\langle \psi_{e1} | + \langle \psi_{e2} | \right) \left(|\psi_{e1}\rangle + |\psi_{e2}\rangle \right)$$

$$= |A|^2 \left(1 + 1 + \langle \psi_{e1} | \psi_{e2} \rangle + \langle \psi_{e2} | \psi_{e1} \rangle \right)$$

$$= 2|A|^2 (1+J)$$

因此从归一化条件可以得到

$$|A|^2 = \frac{1}{2} \frac{1}{1+J}$$

于是，态 $|\psi_{e+}\rangle$ 的能量均值可被表达为

$$\langle \psi_{e+} | \hat{H}_e | \psi_{e+} \rangle = E_1 + \frac{D+E}{1+J} \tag{1}$$

接下来，我们的任务是求出 J、D 与 E 的解析表达式。我们先来求 J，在位形空间，它等于如下积分的值：

$$J = \iiint \mathrm{d}^3 r_1 \frac{1}{\pi a_0^3} \mathrm{e}^{-r_1/a_0} \mathrm{e}^{-r_2/a_0}$$

$$= \frac{2}{a_0^3} \int_0^{+\infty} r_1^2 \mathrm{d}r_1 \int_0^\pi \sin\theta \mathrm{d}\theta \, \mathrm{e}^{-r_1/a_0} \mathrm{e}^{-r_2/a_0} \tag{2}$$

其中，球坐标中的极角的定义如图 1 所示。

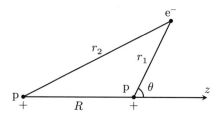

图 1　球坐标中的极角的定义

需要注意的是，r_2 依赖于 r_1 和 θ。利用余弦定理可以得到

$$r_2^2 = r_1^2 + R^2 + 2r_1 R \cos\theta$$

我们固定 r_1，然后考察微分 $\mathrm{d}r_2$ 与 $\mathrm{d}\theta$ 之间的关系。为此，我们对上式进行微分，可得

$$2r_2 \mathrm{d}r_2 = -2r_1 R \sin\theta \mathrm{d}\theta$$

因此

$$\sin\theta \mathrm{d}\theta = -\frac{r_2}{r_1 R}\mathrm{d}r_2$$

此关系可以用于替换式（2）中的 $\sin\theta \mathrm{d}\theta$，不过我们需要仔细考虑 r_2 的取值范围。当 $\theta = 0$ 时，$r_2 = R + r_1$；当 $\theta = \pi$ 时，$r_2 = |R - r_1|$。因此，式（2）第二行的积分可以改写为

$$\begin{aligned}
J &= \frac{2}{a_0^3 R} \int_0^{+\infty} r_1 \mathrm{d}r_1 \mathrm{e}^{-r_1/a_0} \int_{|R-r_1|}^{R+r_1} r_2 \mathrm{d}r_2 \mathrm{e}^{-r_2/a_0} \\
&= \frac{2a_0}{R} \int_0^{+\infty} r_1 \mathrm{d}r_1 \mathrm{e}^{-r_1} \int_{|R/a_0-r_1|}^{R/a_0+r_1} r_2 \mathrm{d}r_2 \mathrm{e}^{-r_2}
\end{aligned}$$

为了得到第二行，我们同时对两个积分变量进行换元。对于 r_2 的积分，我们可以利用如下不定积分表达式：

$$\int \mathrm{e}^{\alpha x} \mathrm{d}x = \frac{1}{\alpha}\mathrm{e}^{\alpha x} + C$$

然后在等号两边同时对 α 求导，求完之后取 $\alpha = -1$ 即可得到

$$\int x\mathrm{e}^{-x}\mathrm{d}x = -(1+x)\mathrm{e}^{-x} + C$$

利用这个不定积分表达式，我们有

$$\int_{|R/a_0-r_1|}^{R/a_0+r_1} r_2 \mathrm{d}r_2 \mathrm{e}^{-r_2} = \mathrm{e}^{-|R/a_0-r_1|}\left(1+\left|\frac{R}{a_0}-r_1\right|\right) - \mathrm{e}^{-(R/a_0+r_1)}\left(1+\frac{R}{a_0}+r_1\right)$$

因为有 $|R/a_0-r_1|$ 的存在，接下来对 r_1 的积分需要将积分区间 $[0,+\infty)$ 划分成 $[0,R/a_0]$ 与 $(R/a_0,+\infty)$ 两个子区间进行积分。在各个子区间中，$|R/a_0-r_1|$ 的绝对值符号可以根据 (R/a_0-r_1) 的正负情况被拿掉，从而被积函数变成了不含绝对值的函数。接下来的积分求解就没有原则性的困难了，纯粹是体力活。经过一番计算之后，我们会得到

$$J = \mathrm{e}^{-x}\left(1+x+\frac{x^2}{3}\right)$$

其中，$x = R/a_0$ 为无量纲的量。

使用同样的积分技巧，我们可以得到

$$D = -\frac{e^2}{a_0}\frac{1}{x}\left[1-(1+x)\mathrm{e}^{-2x}\right] = 2E_1\frac{1}{x}\left[1-(1+x)\mathrm{e}^{-2x}\right]$$

$$E = -\frac{e^2}{a_0}(1+x)\mathrm{e}^{-x} = 2E_1(1+x)\mathrm{e}^{-x}$$

为了行文简洁，这里不再赘述其中的积分过程，感兴趣的读者可以自行通过求积分来检验这两个结果。

将 J、D 与 E 的解析表达式代入式（1）可得

$$\langle\psi_{e+}|\hat{H}_e|\psi_{e+}\rangle = E_1\left(1+\frac{2}{x}\frac{1-(1+x)\mathrm{e}^{-2x}+(x+x^2)\mathrm{e}^{-x}}{1+(1+x+x^2/3)\mathrm{e}^{-x}}\right)$$

$$= E_1\left(1+\frac{2}{x}-\frac{2}{x}\frac{(1+x)\mathrm{e}^{-2x}+(1-2x^2/3)\mathrm{e}^{-x}}{1+(1+x+x^2/3)\mathrm{e}^{-x}}\right)$$

又因为

$$\frac{e^2}{R} = \left(-\frac{e^2}{2a_0}\right)\left(-\frac{2a_0}{R}\right) = -\frac{2E_1}{x}$$

所以我们得到

$$V_+(x) = \langle \psi_{e+} \mid \hat{H}_{BO} \mid \psi_{e+} \rangle = \langle \psi_{e+} \mid \hat{H}_e \mid \psi_{e+} \rangle + \langle \psi_{e+} \mid \frac{e^2}{R} \mid \psi_{e+} \rangle$$

$$= E_1 \left(1 - \frac{2}{x} \frac{(1+x)e^{-2x} + (1-2x^2/3)e^{-x}}{1+(1+x+x^2/3)e^{-x}} \right)$$

对于态 $\mid \psi_{e-} \rangle$，我们不必完全重复一遍上面的过程，因为其中遇到的积分项都在上面计算过了。经过简单的分析，我们会发现

$$\langle \psi_{e-} \mid \hat{H}_e \mid \psi_{e-} \rangle = |B|^2 \left(2E_1(1-J) + 2(D-E) \right)$$

以及

$$|B|^2 = \frac{1}{2} \frac{1}{1-J}$$

因此，我们有

$$V_-(x) = \langle \psi_{e-} \mid \hat{H}_{BO} \mid \psi_{e-} \rangle = E_1 + \frac{D-E}{1-J} + \frac{e^2}{R} = E_1 \left(1 - \frac{2}{x} \frac{(1+x)e^{-2x} - (1-2x^2/3)e^{-x}}{1-(1+x+x^2/3)e^{-x}} \right)$$

三、化学键的物理成因

根据 $V_+(x)$ 与 $V_-(x)$ 的表达式，我们可以做出如图 2 所示的势能函数图，其中成键轨道对应 $V_+(x)$，反键轨道对应 $V_-(x)$。"成键轨道"与"反键轨道"的名称由来可参见下文的介绍。

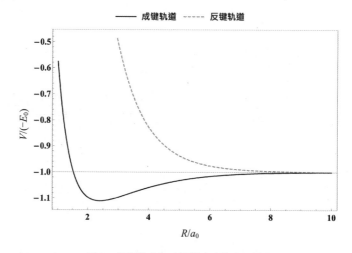

图 2　成键轨道和反键轨道的势能函数图

从图 2 可以看出，$V_+(x) < V_-(x)$，因此态 $|\psi_{e+}\rangle$ 与态 $|\psi_{e-}\rangle$ 相比更接近氢分子离子中电子的基态。根据变分法近似求解基态波函数与基态能量的数学原理，我们应该取态 $|\psi_{e+}\rangle$ 作为（近似）基态，相应的 $V_+(x) = V_+(R/a_0)$ 则是想求的基态能量。因此，氢分子离子中电子导致的两个质子间的等效势能为 $V_+(x)$。

我们还可以从图 2 中看出，$V_+(x)$ 在 $x = 2.5$ 附近有一个势阱，这意味着两个质子可以形成束缚态。用化学的语言来表述就是两个质子之间共用的电子形成了化学键，该化学键将两个质子牢牢地捆绑在一起。定性地说，交换对称的波函数会导致两个原子的电子云互相重叠，从我们这里的计算结果来看，这样的状态是形成化学键的基础，因此我们称其为"成键轨道"。其次，交换反对称的波函数所给出的等效势能 $V_-(x)$ 并不存在势阱，于是不存在对应两个质子间的束缚态。直观而言，交换反对称的波函数意味着两个原子的电子云互相排斥，因此我们将其称为"反键轨道"。

小结
Summary

在本节中，我们以氢分子离子为例详细展示了玻恩–奥本海默近似、变分法的具体应用。我们先通过玻恩–奥本海默近似得到了两个质子固定不动时电子的哈密顿量，然后尝试求出电子导致的等效势能。为了最终能够得到一个解析结果，我们用变分法近似地计算电子的哈密顿算符的基态波函数与基态能量，而这个基态能量就是我们要求的等效势能。我们发现，在试探波函数取交换对称的波函数时，等效势能存在势阱，这个势阱正是两个质子能形成束缚态的原因，因此我们从物理的角度解释了化学键的成因。另外，我们还发现交换反对称的波函数导致的等效势能大于交换对称的波函数导致的等效势能，而且前者不会出现势阱。

12

用变分法计算
氦原子的能级

张朝阳手稿

交叉项

$$\int (\psi_1^2(r_1))(\psi_2(r_2))^2 \frac{e^2}{r_{12}} d^3\vec{r_1} d^3\vec{r_2} = \int \frac{-r_{12}dr_{12}}{r_{12}r_1 r_2} = \frac{-1}{r_1 r_2}\int \frac{r_1+r_2}{r_{12}} dr_{12}$$

$$= \int d^3\vec{r_1} \frac{z^3}{\pi a_0^3} e^{-2Zr_1/a_0} e^2 \int \frac{z^3}{\pi a_0^3} \frac{e^{-2Zr_2/a_0}}{r_{12}}$$

$$= \frac{1}{r_1 r_2}\Big[|r_1-r_2|-(r_1+r_2)\Big]$$

$$= \frac{z^6 e^2}{\pi^2 a_0^6}\int e\, d\vec{r_1}\iint \frac{e^{-2Zr_2/a_0} \sin\theta \, r_2^2 \, dr_2 d\phi d\theta}{(r_1^2+r_2^2-2r_1 r_2\cos\theta)^{1/2}}$$

$$= \int r_2^2 dr_2 \frac{e}{r_1 r_2}\Big[|r_1-r_2|-(r_1+r_2)\Big]$$

$$= \int \frac{r_2}{r_1} e^{-2Zr_2/a_0}\Big[|r_1-r_2|-(r_1+r_2)\Big]dr_2$$

$$\vec{r_{12}} = \vec{r_1}-\vec{r_2} \qquad 2r_1 dr_{12} = -2r_1 r_2 \sin\theta\, d\theta$$

$$r_{12}^2 = r_1^2 + r_2^2 - 2r_1 r_2\cos\theta$$

$$\sin\theta\, d\theta = -\frac{r_{12}dr_{12}}{r_1 r_2}$$

$$\theta = 0 \quad r_{12} = (r_1-r_2)$$

$$= -\frac{1}{r_1}\int_0^{r_1} e^{-2Zr_2/a_0}(-2r_2)r_2 + \frac{1}{r_1}\int_{r_1}^{\infty} e^{-2Zr_2/a_0}(-2r_1)$$

$$= -\frac{2}{r_1}\int_0^{r_1} e^{-2Zr_2/a_0} dr_2\, r_2^2 + \int_{r_1}^{\infty} r_1 r_2 e\, dr_2$$

$$\frac{z^6 e^2}{\pi^2 a_0^6}\int e\, d\vec{r_1}\int \frac{d\phi \sin\theta\, d\theta\, r_2^2\, dr_2}{r_{12}}(r_1+r_2) \qquad r_2 dr_{12} = r_1 r_2 \sin\theta\, d\theta$$

$$= 2\alpha\left(\frac{a_0}{2Z}\right)^3\int \frac{1}{r_1} e^{-2Zr_1/a_0} dr_1$$

$$\alpha\underbrace{\left(2\pi\cdot\frac{z^6 e^2}{\pi^2 a_0^6}\right)}\int e^{-2Zr_2/a_0} d\vec{r_1}\int \frac{r_2 dr_2}{r_{12}}\frac{e}{r_1 r_2} r_{12} dr_{12} = 2\alpha\left(\frac{a_0}{2Z}\right)^3\int \frac{e^{-2Zr_1/a_0}}{r_1} dr_1\Big[2-(x+2)e^{-x}\Big]$$

$$= \alpha\int e^{-2Zr_1/a_0} d\vec{r_1}\int dr_2\, r_2 e^{-2Zr_2/a_0}\int^{r_1+r_2}_{|r_1-r_2|} dr_{12} = 2\alpha( )^3\iint e^{-2Zr_1/a_0}\times 2\cdot 4\pi r_1^2 dr_1-\int \frac{dr_1}{r_1}(2+x_1)e^{-2x_1}$$

$$= \alpha\int \frac{e^{-2Zr_1/a_0}}{r_1} d\vec{r_1}\int dr_2 r_2 e^{-2Zr_2/a_0}\binom{0-r_1\ (2r_2)}{r_1-\infty\ (2r_1)} = 2\alpha( )^3 4\pi\Big[2\int_0^\infty e^{-2Zr_1/a_0} r_1 dr_1 - \int \frac{e^{-2x_1}}{r_1}(2+x_1)dr_1\Big]$$

$$= \alpha\int \frac{e^{-2Zr_1/a_0}}{r_1} d\vec{r_1}\Big[2\int_0^{r_1} r_2^2 e^{-2Zr_2/a_0} dr_2 + 2\int_{r_1}^\infty r_1 r_2 e^{-2Zr_2/a_0} dr_2\Big] = 2\alpha( )^3 4\pi\Big[2\left(\frac{a_0}{2Z}\right)^2 - 2\frac{\frac{a_0}{4Z}}{}\Big]$$

$$= 2\alpha\int \frac{1}{r_1} e^{-2Zr_1/a_0} d\vec{r_1}\Big[\int_0^{x_1} x^2 e^{-x} dx + \int_{x_1}^\infty x_1 x e^{-x} dx\Big]\left(\frac{a_0}{2Z}\right)^3 = 2\alpha( )^3 4\pi\Big[\frac{3}{8}\left(\frac{a_0}{2Z}\right)^2 - \frac{1}{2}\frac{\frac{a_0}{4Z}}{}\int_0^\infty x^2 e^{-x}dx\Big]$$

$$= \frac{\pi}{2}\alpha()^3 \frac{a_0^2}{z^2} 5$$

$$= \frac{\pi}{2} \cdot 2\pi \times \frac{z^6 e^2}{\pi^2 a^6}\left(\frac{a_0}{2z}\right)^3 \frac{a_0^2}{z^2}$$

$$= \frac{5ze^2}{8a_0} \checkmark \qquad -4+\frac{5}{8}=\frac{-36+5}{8}$$

$$-\frac{z^2 e^2}{a_0} + z\left(\frac{z-2}{z}\right)\frac{ze^2}{a_0} + \boxed{\frac{5ze^2}{8a_0}}$$

$$= \frac{e^2}{a_0}z^2 - \frac{e^2}{a_0}\frac{27}{8}z$$

$$2z - \frac{27}{8} = 0 \quad z = \frac{27}{16} \neq \frac{27}{16}$$

$$\frac{p_1^2}{2m} + \frac{p_2^2}{2m} - \frac{ze^2}{r_1} - \frac{ze^2}{r_2} + \frac{e^2}{r_{12}}$$

$$\left(\frac{p_1^2}{2m} - \frac{ze^2}{r_1}\right) + \left(\frac{p_2^2}{2m} - \frac{ze^2}{r_2}\right) + \frac{e^2}{r_{12}}$$

$$\frac{(z-2)}{z}\left(+\frac{ze^2}{r_1} + \frac{ze^2}{r_2}\right)$$

$$e^2 \left\{-\frac{z^2}{2a_0} + \left(\frac{z-2}{z}\right)\frac{z^2}{a_0}\right\} \quad \frac{2e^2z^2}{a_0}\left(-\frac{1}{2}+1-\frac{2}{z}\right)$$

$$= e^2 \frac{z^2}{a_0}\left\{\left(-\frac{1}{2}\right)+\left(\frac{z-2}{z}\right)\right\} \times z \quad \frac{ze^2}{a_0}\frac{z}{2}\left(\frac{1}{2}-\frac{2}{z}\right)$$

$$\int_0^\infty x e^{-x}\,dx$$
$$= -(1+x)e^{-x}\Big|_0^\infty$$
$$= (1+x)e^{-x}\Big|_\infty^0$$
$$= 1$$

$$\int_0^\infty x^2 e^{-x}\,dx$$
$$= -e^{-x}\left\{1+(1+x)^2\right\}\Big|_0^\infty$$
$$= e^{-x}\left\{1+(1+x)^2\right\}\Big|_\infty^0 = 2$$

$$\frac{5}{2}\pi\alpha\left(\frac{a}{2z_0}\right)^3 \frac{a^2}{z^2}$$

$$= \frac{5}{8}\pi \cdot 2\pi \times \frac{z^6 e^2}{\pi a^6}\frac{a^2}{z^2}\frac{a^3}{8z_0^3}$$

$$= \frac{5}{8}\frac{ze^2}{a}$$

$$\left(z^2 - 4z + \frac{5}{8}z\right)\frac{e^2}{a}$$

$$= \frac{3}{8}z^2 - z$$

$$2z - \frac{27}{8} = 0$$

$$z = \frac{27}{16}$$

氦原子的基态能量怎么求
——变分法的进一步应用[1]

摘要：在本节中，我们将用变分法计算氦原子的基态波函数与基态能量。氦原子具有两个核外电子，每个电子的电子云都会对另一个电子产生屏蔽效应，从而导致另一个电子感受到的核电荷有所减少。我们将基于这一点来构造试探波函数。在求解这些波函数的能量均值时，还需要用到与上一节类似的积分换元技巧。最后我们会发现，用变分法求出的氦原子基态能量近似值与实验值非常接近。

氢原子的薛定谔方程可以被严格求解，但是在推广到氢分子时，物理学家遇到了问题，因为氢分子是由两个质子和两个电子组成的，它远比一个质子和一个电子的氢原子复杂，其中需要处理多原子核和多电子的问题。

在前面两节中，我们介绍了玻恩-奥本海默近似解决多原子核的问题。这个近似认为原子核的质量很大，电子在高速运动时原子核几乎不动，这样就只需关心电子的波函数。在当时，我们选取了氢分子离子来展示整个分析过程。之所以选取氢分子离子做例子，是因为它具有两个原子核，但是只含有一个电子，这样我们就可以避开多电子带来的困难。

但是，当我们面对多电子时该怎么求解呢？如果使用变分法来近似求解，怎么选取合适的试探波函数呢？为了展示如何处理多电子的情况，我们

---

1 整理自搜狐视频 App "张朝阳" 账号/作品/物理课栏目中的第 173、174 期视频，由管子卿、李松执笔。

这一次选择氦原子来进行研究。氦原子由一个原子核和两个电子组成，原子核数量的最小化有助于我们降低多核带来的困难程度，从而突出如何处理多电子这一主旨。

一、多电子间的屏蔽效应

氦原子模型的示意图如图 1 所示。

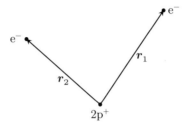

图 1　氦原子模型的示意图

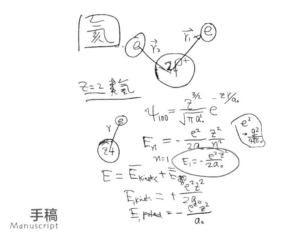

手稿
Manuscript

与单电子的氢分子离子相比，氦原子的两个电子之间存在库仑排斥，它们的波函数该如何求解呢？直接求解必然会面临困难，为此我们需要使用变分法来近似求解，那么问题就转变成了如何选取合适的试探波函数。

我们先假设氦原子的电子波函数具有类氢轨道波函数的形式。类氢轨道波函数满足下面的本征方程

$$\left(\frac{\hat{\boldsymbol{p}}^2}{2m} - \frac{Ze^2}{r} \right) \psi(\boldsymbol{r}) = E\psi(\boldsymbol{r})$$

其中，e 与电子电荷 q 的关系为 $e^2 = q^2 / (4\pi\varepsilon_0)$。上式是单电子在带 Z 个正电荷的原子核周围运动所满足的定态薛定谔方程。在氦原子中，如果我们换一个视角，把某个电子对另一个电子点对点的排斥势等效地视为它的电子云对核电荷吸引势的屏蔽，那么就可以考虑把核电荷数 Z 作为一个参数而不是定值：当屏蔽不存在时，电子应当处在核电荷数 $Z = 2$ 的基态上；考虑了屏蔽后，核电荷数 Z 不再精确等于 2，而应该略小于 2，至于 Z 究竟等于多少，我们目前还不得而知。不过，我们可以将 Z 作为试探波函数的一个参数，然后寻找能让试探函数的能量均值取到最小时的 Z，那么对应的试探波函数就是接近基态的波函数。

回到对类氢轨道波函数的讨论上，和氢原子轨道波函数一样，前者由不同的量子数标记，对应于不同的能量取值。我们这里的目标是求氦原子的基态，所以描述核外的一个电子，只需用到类氢轨道的基态波函数：

$$\psi_{100}(r) = \frac{Z^{3/2}}{\sqrt{\pi a_0^3}} e^{-Zr/a_0}$$

注意，指数函数上的 r 前有一个因子 Z，这意味着电子的最概然半径变成了 a_0 / Z，换言之，当 Z 变得越小时，氦原子核对电子的束缚越松，电子轨道越弥散。

基态类氢轨道波函数的能量是

$$E = -\frac{e^2 Z^2}{2a_0}$$

可见它与 Z^2 成正比。我们在用微扰论求解氢原子基态能级的相对论修正那一节中求解了氢原子基态波函数的势能均值，结果为

$$\langle \psi_{100} | \hat{V} | \psi_{100} \rangle_{\mathrm{H}} = -\frac{e^2}{a_0}$$

其中，下标 H 表示氢原子，便于与我们目前面对的类氢原子的情况做出区别。对于基态类氢轨道波函数的势能均值，我们只需将上式中的 e 放大 Z 倍即可，由此可得

$$\overline{E}_V = -\frac{e^2 Z^2}{a_0}$$

进一步地，我们也可以得到此时电子的动能均值为

$$\overline{E}_k = \langle \psi_{100} | \frac{\hat{p}^2}{2m} | \psi_{100} \rangle = \langle \psi_{100} | \hat{H} - \hat{V} | \psi_{100} \rangle = E - \overline{E}_V = \frac{e^2 Z^2}{2a_0}$$

二、构造两个电子的试探波函数

现在我们正式考虑氦原子的哈密顿量。由于氦原子核的质量远大于电子质量，与玻恩-奥本海默近似类似，因此我们可以假设氦原子核保持静止不动，这样我们只需考虑两个电子的动能、电子与核的吸引势能及电子间的排斥势能。以原子核为坐标原点，将 1 号电子到原子核的距离记为 r_1，将 2 号电子到原子核的距离记为 r_2，两个电子间的距离记为 r_{12}，这样就得到了如下的哈密顿量：

$$H = \frac{\boldsymbol{p}_1^2}{2m} + \frac{\boldsymbol{p}_2^2}{2m} - \frac{2e^2}{r_1} - \frac{2e^2}{r_2} + \frac{e^2}{r_{12}}$$

由于氦原子具有两个电子，所以它们的波函数需要用两个位置矢量来描述。基于前面对电子屏蔽效应的讨论，我们可以将每个电子各自的波函数取基态类氢轨道波函数，分别为

$$\psi_1(\boldsymbol{r}_1) = \frac{Z^{3/2}}{\sqrt{\pi a_0^3}} e^{-Zr_1/a_0}$$

$$\psi_2(\boldsymbol{r}_2) = \frac{Z^{3/2}}{\sqrt{\pi a_0^3}} e^{-Zr_2/a_0}$$

因此，我们将试探波函数取这两个波函数的乘积：

$$\psi(\boldsymbol{r}_1, \boldsymbol{r}_2) = \psi_1(\boldsymbol{r}_1)\psi_2(\boldsymbol{r}_2) = \frac{Z^3}{\pi a_0^3} e^{-Z(r_1+r_2)/a_0}$$

波函数记号 $\psi(\boldsymbol{r}_1, \boldsymbol{r}_2)$ 虽然没有显式地包含 Z，但是我们需要记住它其实是依赖于 Z 的。由于我们所用的基态类氢轨道波函数已经是归一化的，因此我们构造出来的这个试探波函数也是归一化的。

值得注意的是，这里的试探波函数关于两个电子是对称的。但是，电子作为费米子，其波函数应该具有反对称性，那么这样的试探波函数不会违反物理原理吗？事实上，上述试探波函数还没有包含电子的自旋部分。如果这两个电子的自旋波函数是反对称的，那么整个波函数将是反对称的，因此不会违反相应的物理原理。不过，因为我们这里考虑的氦原子的哈密顿量不涉及自旋，所以构造试探波函数时可以略去对自旋波函数的讨论。

三、初步计算试探波函数的能量均值

试探波函数带有一个参数 Z，不同的 Z 值对应着不同的试探波函数，所有这些试探波函数构成了我们的试探波函数集。我们需要从中找到能让能量均值取最小值的那个试探波函数。为了达到此目的，我们可以求出以 Z 作为自变量的能量均值函数，然后求此函数的最小值位置。

考虑到我们的试探波函数由两个基态类氢轨道波函数相乘得到，因此我们将氦原子的哈密顿量 H 改写成如下形式：

$$H = \left(\frac{\boldsymbol{p}_1^2}{2m} - \frac{Ze^2}{r_1}\right) + \frac{Z-2}{Z}\frac{Ze^2}{r_1} + \left(\frac{\boldsymbol{p}_2^2}{2m} - \frac{Ze^2}{r_2}\right) + \frac{Z-2}{Z}\frac{Ze^2}{r_2} + \frac{e^2}{r_{12}}$$

其中，第一个括号内的部分正好是第一个电子的类氢哈密顿量，第二个括号内的部分正好是第二个电子的类氢哈密顿量，我们将这两个哈密顿量分别记为 H_1 和 H_2。进一步地，上式中的 Ze^2/r_1 正好是第一个电子的类氢哈密顿量中的势能 V_1 的 -1 倍，类似地，Ze^2/r_2 正好是第二个电子的类氢哈密顿量中的势能 V_2 的 -1 倍。因此，我们可以将 H 简写为

$$H = H_1 + H_2 - \frac{Z-2}{Z}V_1 - \frac{Z-2}{Z}V_2 + \frac{e^2}{r_{12}}$$

如果有

$$-\frac{Z-2}{Z}V_1 - \frac{Z-2}{Z}V_2 + \frac{e^2}{r_{12}} = 0$$

那么我们将处在最理想的情况，在这种情况下，$H = H_1 + H_2$，电子的屏蔽效应不再是一个用于近似的假设，并且我们构造的试探波函数正是 H 的本征波函数。可惜的是，不存在常数 Z 使得上式成立。

回顾前面关于基态类氢轨道波函数的讨论，有

$$\langle \psi_1 | \hat{H}_1 | \psi_1 \rangle = \langle \psi_2 | \hat{H}_2 | \psi_2 \rangle = -\frac{e^2 Z^2}{2a_0}$$

$$\langle \psi_1 | \hat{V}_1 | \psi_1 \rangle = \langle \psi_2 | \hat{V}_2 | \psi_2 \rangle = -\frac{e^2 Z^2}{a_0}$$

利用这两组关系，可以得到试探波函数的能量均值为

$$\begin{aligned}
\langle \psi | \hat{H} | \psi \rangle &= \langle \psi_1 | \hat{H}_1 | \psi_1 \rangle \langle \psi_2 | \psi_2 \rangle + \langle \psi_1 | \psi_1 \rangle \langle \psi_2 | \hat{H}_2 | \psi_2 \rangle \\
&\quad - \frac{Z-2}{Z} \langle \psi_1 | \hat{V}_1 | \psi_1 \rangle \langle \psi_2 | \psi_2 \rangle - \frac{Z-2}{Z} \langle \psi_1 | \psi_1 \rangle \langle \psi_2 | \hat{V}_2 | \psi_2 \rangle \\
&\quad + \langle \psi | \frac{e^2}{r_{12}} | \psi \rangle \\
&= -2 \frac{e^2 Z^2}{2a_0} + 2 \frac{Z-2}{Z} \left(\frac{e^2 Z^2}{a_0} \right) + \langle \psi | \frac{e^2}{r_{12}} | \psi \rangle \\
&= (Z^2 - 4Z) \frac{e^2}{a_0} + \langle \psi | \frac{e^2}{r_{12}} | \psi \rangle
\end{aligned}$$

我们发现，试探波函数能量均值的前面几项都可以直接使用单电子基态类氢轨道波函数的结论直接替换，但是还剩下一个"交叉项"，这一项中被态矢所夹的算符涉及两个电子之间的距离 r_{12}，因此无法套用单电子波函数的结论，需要更进一步的计算。

四、利用积分技巧计算能量均值的交叉项

我们将交叉项的积分显式地表达出来，不难发现它涉及对两个位置矢量的积分：

$$\langle \psi | \frac{e^2}{r_{12}} | \psi \rangle = \frac{Z^6 e^2}{\pi^2 a_0^6} \iiint d^3 \boldsymbol{r}_1 \iiint d^3 \boldsymbol{r}_2 e^{-2Z(r_1 + r_2)/a_0} \frac{1}{r_{12}}$$

从上式可以知道，交叉项是一个六重积分，为了将它求出来，我们可以先把 $\boldsymbol{r}_1$ "摁住"不动，对 $\boldsymbol{r}_2$ 进行积分。如图 2 所示，以 $\boldsymbol{r}_1$ 为极轴建立球坐标系，记 $\boldsymbol{r}_2$ 与 $\boldsymbol{r}_1$ 的夹角为 θ，$\boldsymbol{r}_2$ 的方位角为 ϕ（图 2 中未画出）。

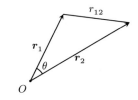

图 2　以 r_1 为极轴建立球坐标系

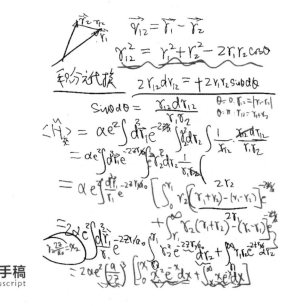

手稿
Manuscript

　　注意，被积函数只与夹角 θ 有关，与方位角 ϕ 无关，因此我们可以先对 ϕ 积分，即

$$
\begin{aligned}
\langle\psi\,|\,\frac{e^2}{r_{12}}\,|\,\psi\rangle &= \frac{Z^6 e^2}{\pi^2 a_0^6}\iiint \mathrm{d}^3 r_1 \int_0^{+\infty} r_2^2 \mathrm{d}r_2 \int_0^{\pi}\sin\theta\mathrm{d}\theta\int_0^{2\pi}\mathrm{d}\phi\,\mathrm{e}^{-2Z(r_1+r_2)/a_0}\frac{1}{r_{12}}\\
&= \frac{2Z^6 e^2}{\pi a_0^6}\iiint \mathrm{d}^3 r_1 \int_0^{+\infty} r_2^2 \mathrm{d}r_2 \int_0^{\pi}\sin\theta\mathrm{d}\theta\,\mathrm{e}^{-2Z(r_1+r_2)/a_0}\frac{1}{r_{12}}
\end{aligned}
$$

两个电子间的距离 r_{12} 是关于 θ 的函数，并且函数关系非常复杂，直接对 θ 积分相当困难。不过，我们可以使用上一节介绍的积分换元技巧。根据三角形的余弦定理，有

$$
r_{12}^2 = r_1^2 + r_2^2 - 2r_1 r_2\cos\theta
$$

注意，在对 θ 积分时，r_1 和 r_2 都保持固定，因此上式中只有 r_{12} 和 θ 是变量。

对上式等号两边求微分，可得

$$2r_{12}\mathrm{d}r_{12} = 2r_1 r_2 \sin\theta\mathrm{d}\theta$$

于是

$$\sin\theta\mathrm{d}\theta = \frac{r_{12}}{r_1 r_2}\mathrm{d}r_{12}$$

上式可以帮助我们将对 θ 的积分变换成对 r_{12} 的积分。不难发现，当 θ 从 0 变化到 π 时，r_{12} 的取值从 $|r_1 - r_2|$ 增大到 $r_1 + r_2$，因此我们有

$$\langle\psi|\frac{e^2}{r_{12}}|\psi\rangle = \frac{2Z^6 e^2}{\pi a_0^6}\iiint\mathrm{d}^3 r_1 \int_0^{+\infty} r_2^2\mathrm{d}r_2 \int_{|r_1-r_2|}^{r_1+r_2}\frac{r_{12}}{r_1 r_2}\mathrm{d}r_{12}\, \mathrm{e}^{-2Z(r_1+r_2)/a_0}\frac{1}{r_{12}}$$

$$= \frac{2Z^6 e^2}{\pi a_0^6}\iiint\mathrm{d}^3 r_1 \frac{\mathrm{e}^{-2Zr_1/a_0}}{r_1}\int_0^{+\infty}\mathrm{d}r_2\, r_2\mathrm{e}^{-2Zr_2/a_0}\int_{|r_1-r_2|}^{r_1+r_2}\mathrm{d}r_{12}$$

其中，对 r_{12} 的积分是容易计算的，结果为

$$\int_{|r_1-r_2|}^{r_1+r_2}\mathrm{d}r_{12} = r_1 + r_2 - |r_1 - r_2|$$

考虑到有绝对值运算存在，我们将对 r_2 的积分划分成两部分：

$$I = \int_0^{+\infty}\mathrm{d}r_2\, r_2\mathrm{e}^{-2Zr_2/a_0}\int_{|r_1-r_2|}^{r_1+r_2}\mathrm{d}r_{12} = \int_0^{+\infty}\mathrm{d}r_2 r_2\mathrm{e}^{-2Zr_2/a_0}\left(r_1 + r_2 - |r_1 - r_2|\right)$$

$$= \int_0^{r_1}\mathrm{d}r_2\, r_2\mathrm{e}^{-2Zr_2/a_0}\left(r_1 + r_2 - |r_1 - r_2|\right) + \int_{r_1}^{+\infty}\mathrm{d}r_2\, r_2\mathrm{e}^{-2Zr_2/a_0}\left(r_1 + r_2 - |r_1 - r_2|\right)$$

$$= 2\int_0^{r_1}\mathrm{d}r_2\, r_2^2\mathrm{e}^{-2Zr_2/a_0} + 2r_1\int_{r_1}^{+\infty}\mathrm{d}r_2\, r_2\mathrm{e}^{-2Zr_2/a_0}$$

为了简单起见，我们定义

$$x_1 = \frac{2Zr_1}{a_0}, \quad x_2 = \frac{2Zr_2}{a_0}$$

于是积分 I 可以写为

$$I = \frac{a_0^3}{4Z^3}\left(\int_0^{x_1}\mathrm{d}x_2\, x_2^2\mathrm{e}^{-x_2} + x_1\int_{x_1}^{+\infty}\mathrm{d}x_2\, x_2\mathrm{e}^{-x_2}\right) \tag{1}$$

可以看到，其中出现了幂函数与指数函数相乘的积分。关于这一类积分，我们在上一节也介绍了相应的求解技巧。首先我们有

$$\int e^{\beta x} dx = \frac{1}{\beta} e^{\beta x} + C$$

对上式求 β 的一阶导数和二阶导数，然后让 $\beta = -1$，即可得到

$$\int x e^{-x} dx = -(1+x) e^{-x} + C$$

$$\int x^2 e^{-x} dx = -(2 + 2x + x^2) e^{-x} + C$$

由此，我们有

$$\int_0^{x_1} dx_2 \, x_2^2 e^{-x_2} = -(2 + 2x_2 + x_2^2) e^{-x_2} \Big|_{x_2=0}^{x_2=x_1} = 2 - (2 + 2x_1 + x_1^2) e^{-x_1}$$

$$\int_{x_1}^{+\infty} dx_2 \, x_2 e^{-x_2} = -(1 + x_2) e^{-x_2} \Big|_{x_2=x_1}^{x_2=+\infty} = (1 + x_1) e^{-x_1}$$

将这两个结果代入式（1）可得

$$I = \frac{a_0^3}{4Z^3} \left(2 - (2 + 2x_1 + x_1^2) e^{-x_1} + x_1(1 + x_1) e^{-x_1} \right) = \frac{a_0^3}{4Z^3} \left(2 - (2 + x_1) e^{-x_1} \right)$$

借助这个积分值，我们得到

$$\langle \psi | \frac{e^2}{r_{12}} | \psi \rangle = \frac{2Z^6 e^2}{\pi a_0^6} \iiint d^3 r_1 \frac{e^{-2Z r_1 / a_0}}{r_1} \frac{a_0^3}{4Z^3} \left(2 - (2 + x_1) e^{-x_1} \right)$$

将对 r_1 的积分化为球坐标积分，并将其中的角度积分计算出来，然后将 r_1 变换为 x_1，可得

$$\langle \psi | \frac{e^2}{r_{12}} | \psi \rangle = \frac{Z e^2}{2a_0} \int_0^{+\infty} dx_1 (2x_1 e^{-x_1} - 2x_1 e^{-2x_1} - x_1^2 e^{-2x_1})$$

其中的幂函数与指数函数的乘积的积分都可以用前面介绍的技巧求出，只是 β 取 -1 还是取 -2 的区别而已。最终我们会得到

$$\langle \psi | \frac{e^2}{r_{12}} | \psi \rangle = \frac{Z e^2}{2a_0} \left(2 - \frac{2}{4} - \frac{2}{8} \right) = \frac{5}{8} \frac{Z e^2}{a_0}$$

这就是交叉项的最终积分结果。

将上式代回态 $|\psi\rangle$ 的能量均值中，我们得到

$$\langle \psi | \hat{H} | \psi \rangle = \frac{e^2}{a_0} \left(Z^2 - 4Z + \frac{5}{8} Z \right) = \frac{e^2}{a_0} \left(Z^2 - \frac{27}{8} Z \right)$$

五、氦原子的基态能量

通过前面的结果可以知道，$\langle \psi | \hat{H} | \psi \rangle$ 是关于 Z 的二次函数，并且 Z^2 项的系数大于 0，因此 $\langle \psi | \hat{H} | \psi \rangle$ 关于 Z 存在且只存在一个最小值。求 $\langle \psi | \hat{H} | \psi \rangle$ 关于 Z 的导数，可得

$$\frac{\mathrm{d}}{\mathrm{d}Z} \langle \psi | \hat{H} | \psi \rangle = \frac{e^2}{a_0} \left(2Z - \frac{27}{8} \right)$$

让该导数值等于 0，可知此时有 $Z = 27/16 \approx 1.7$。因此，有效核电荷数确实略小于 2，电子间的库仑排斥屏蔽了部分核电荷。

能量均值的最小值为

$$E_{\min} = -\left(\frac{27}{16} \right)^2 \frac{e^2}{a_0} \approx -2.85 \frac{e^2}{a_0}$$

这就是我们用变分法求得的氦原子的基态能量。氦原子的基态能量的实验值约为

$$E_{\exp} \approx -2.90 \frac{e^2}{a_0}$$

可见，我们求得的基态能量近似值与实验值非常接近。这也说明了我们选取的试探波函数和真实的基态波函数非常接近。

小结
Summary

在本节中，我们使用变分法近似地求解了氦原子的基态波函数与基态能量，所得结果与实验结果非常接近。我们选取试探波函数时充分考虑了电子之间的屏蔽效应，这才使得我们最终获得了足够精确的结果。由此可见，使用变分法求解量子力学问题时，选取适当的试探波函数是非常关键的一步，这直接影响了最终结果的精确程度。可惜的是，试探波函数的选取没有固定的法则，因此我们在选取试探波函数时要充分借助系统自身的特性，同时要发挥自己的物理直觉。

13

分析力学与双单摆

$(\nabla L) \cdot \delta$

$\int \nabla L \cdot \vec{n}$

$= \frac{\partial L}{\partial x}\delta x + \frac{\partial L}{\partial y}\delta y$

$= \frac{\partial L}{\partial x}\delta x + \frac{\partial L}{\partial \dot{x}}\frac{d}{dt}\delta x$

$= \frac{\partial L}{\partial x}\delta x + \frac{d}{dt}\left(\frac{\partial L}{\partial \dot{x}}\delta x\right) - \frac{d}{dt}\left(\frac{\partial L}{\partial \dot{x}}\right)\delta x$

$= \left[\frac{\partial L}{\partial x} - \frac{d}{dt}\left(\frac{\partial L}{\partial \dot{x}}\right)\right]\delta x + \frac{d}{dt}\left(\frac{\partial L}{\partial \dot{x}}\delta x\right)$

$\frac{d}{dt}\left(\frac{\partial L}{\partial \dot{x}}\delta x\right) = \frac{d}{dt}\frac{\partial L}{\partial \dot{x}}\delta x$
$\qquad + \frac{\partial L}{\partial \dot{x}}\frac{d}{dt}(\delta x)$

$x = x$
$\dot{x} = y$
$\delta x = \delta x$
$\delta \dot{x} = \delta y$

$\delta \dot{x} = \frac{d}{dt}\delta x \qquad \vec{n} = \delta x \vec{i}$
$\qquad\qquad\qquad + \delta y \vec{j}$

$\left(\frac{\partial L}{\partial \dot{P}}\delta x\right)\Big|_{t_1}^{t_2}$

(Understand)

$L = T - V$

$P = \frac{\partial L}{\partial \dot{q}}$

$H = P\dot{q} - L = H(P, q)$

$\frac{dH}{dt} = \dot{q}\frac{dP}{dt} + P\frac{d\dot{q}}{dt}$

$\qquad - \frac{\partial L}{\partial \dot{q}}\frac{d\dot{q}}{dt} - \frac{\partial L}{\partial q}\frac{dq}{dt}$

$= \dot{q}\frac{d}{dt}\left(\frac{\partial L}{\partial \dot{q}}\right) + \frac{\partial L}{\partial \dot{q}}\frac{d\dot{q}}{dt}$

$\qquad - \frac{\partial L}{\partial \dot{q}}\frac{d\dot{q}}{dt} - \frac{\partial L}{\partial q}\frac{dq}{dt}$

$= \dot{q}\left(\frac{d}{dt}\frac{\partial L}{\partial \dot{q}} - \frac{\partial L}{\partial q}\right) = 0$

form $\frac{dH}{dt} = 0$, H是个守恒量

$\frac{dP}{dt} = \frac{d}{dt}\left(\frac{\partial L}{\partial \dot{q}}\right) = \left(\frac{\partial L}{\partial q}\right)_{\dot{q}}$

$L = P\dot{q} - H$

$\left(\frac{\partial L}{\partial q}\right)_{\dot{q}} = \left(\frac{\partial P}{\partial q}\right)_{\dot{q}}\dot{q}$

$- \frac{\partial H}{\partial q} - \left(\frac{\partial H}{\partial P}\right)\left(\frac{\partial P}{\partial q}\right)_{\dot{q}} = \frac{dP}{dt}$

$\dot{q}$

$P = \frac{\partial L}{\partial \dot{q}} = P(\dot{q}, q)$

$H(P, q)$

$= H(P\dot{q}, q)$

q

张朝阳手稿

正则角频率公式

$$\ddot{\theta}_1 = -\frac{g}{l_1}\left(1+\frac{m_2}{m_1}\right)\theta_1 + \frac{g}{l_1}\frac{m_2}{m_1}\theta_2$$

$$\ddot{\theta}_2 = \frac{g}{l_2}\left(1+\frac{m_2}{m_1}\right)\theta_1 - \frac{g}{l_2}\left(1+\frac{m_2}{m_1}\right)\theta_2$$

$$\begin{pmatrix}\ddot{\theta}_1\\ \ddot{\theta}_2\end{pmatrix} = \overline{\begin{pmatrix}\theta_1\\ \theta_2\end{pmatrix}} = -H\begin{pmatrix}-\frac{g}{l_1}\left(1+\frac{m_2}{m_1}\right) & \frac{g}{l_1}\frac{m_2}{m_1}\\ \frac{g}{l_2}\left(1+\frac{m_2}{m_1}\right) & -\frac{g}{l_2}\left(1+\frac{m_2}{m_1}\right)\end{pmatrix}$$

$$\begin{pmatrix}\theta_1\\ \theta_2\end{pmatrix} = T\begin{pmatrix}\phi_1\\ \phi_2\end{pmatrix} = T\begin{pmatrix}e^{i\omega_1 t}\\ e^{i\omega_2 t}\end{pmatrix}$$

T又是这个矩阵 和谐的

$$T\frac{d^2}{dt^2}\begin{pmatrix}\phi_1\\ \phi_2\end{pmatrix} = H_1 T\begin{pmatrix}\phi_1\\ \phi_2\end{pmatrix}$$

$$T\begin{pmatrix}-\omega_1^2 & 0\\ 0 & -\omega_2^2\end{pmatrix}\begin{pmatrix}\phi_1\\ \phi_2\end{pmatrix} = H_1 T\begin{pmatrix}\phi_1\\ \phi_2\end{pmatrix}$$

$$\begin{pmatrix}\omega_1^2 & 0\\ 0 & \omega_2^2\end{pmatrix} = T^{-1}H_1 T\begin{pmatrix}\phi_1\\ \phi_2\end{pmatrix}$$

对角化 H对角化

$$H = \begin{pmatrix}\frac{g}{l_1}\left(1+\frac{m_2}{m_1}\right) & -\frac{g}{l_1}\frac{m_2}{m_1}\\ -\frac{g}{l_2}\left(1+\frac{m_2}{m_1}\right) & \frac{g}{l_2}\left(1+\frac{m_2}{m_1}\right)\end{pmatrix}$$

$$H_{11}+H_{22} = g\left(1+\frac{m_2}{m_1}\right)\left(\frac{1}{l_1}+\frac{1}{l_2}\right)$$

$$H_{11}-H_{22} = g\left(1+\frac{m_2}{m_1}\right)\left(\frac{1}{l_1}-\frac{1}{l_2}\right)$$

$$H_{12}H_{21} = \frac{g^2}{l_1 l_2}\frac{m_2}{m_1}\left(1+\frac{m_2}{m_1}\right)$$

$$H_1 = \begin{pmatrix}H_{11} & H_{12}\\ H_{21} & H_{22}\end{pmatrix}$$

$$\det(H-\lambda I) = 0$$

$$(H_{11}-\lambda)(H_{22}-\lambda) - H_{12}H_{21} = 0$$

$$\lambda^2 - (H_{11}+H_{22})\lambda + H_{11}H_{22} - H_{12}H_{21} = 0$$

$$\lambda = \frac{1}{2}(H_{11}+H_{22}) \pm \frac{1}{2}\sqrt{(H_{11}+H_{22})^2 - 4H_{11}H_{22} + 4H_{12}H_{21}}$$

$$= \frac{1}{2}(H_{11}+H_{22}) \pm \frac{1}{2}\sqrt{(H_{11}-H_{22})^2 + 4H_{12}H_{21}}$$

$$\lambda = \frac{1}{2}g\left(1+\frac{m_2}{m_1}\right)\left(\frac{1}{l_1}+\frac{1}{l_2}\right) \pm \frac{g}{2}\sqrt{\left(1+\frac{m_2}{m_1}\right)^2\left(\frac{1}{l_1}-\frac{1}{l_2}\right)^2 + 4\frac{1}{l_1 l_2}\frac{m_2}{m_1}\left(1+\frac{m_2}{m_1}\right)}$$

$$= \frac{1}{2}g\left(1+\frac{m_2}{m_1}\right)\left[\frac{1}{l_1}+\frac{1}{l_2} \pm \sqrt{\left(\frac{1}{l_1}-\frac{1}{l_2}\right)^2 + 4\frac{\frac{1}{l_1 l_2}\frac{m_2}{m_1}}{1+\frac{m_2}{m_1}}}\right]$$

当 $l_1=l_2=l, m_1=m_2$

$$\omega^2 = \frac{g}{l}(2+\sqrt{2})$$

根号改成 $\max$

所以 $\omega^2 > 0$ 故 $\geq$

$$\underline{\omega^2 = \frac{g}{l}(2\pm\sqrt{2})}$$

$$\omega_1 = \sqrt{\frac{g}{l}(2+\sqrt{2})}$$

$$\omega_2 = \sqrt{\frac{g}{l}(2-\sqrt{2})}$$

$$T^{-1}HT = \begin{pmatrix}\omega_1^2 & 0\\ 0 & \omega_2^2\end{pmatrix}$$

$$H = T\begin{pmatrix}\omega_1^2 & 0\\ 0 & \omega_2^2\end{pmatrix}T^{-1}$$

$$\begin{pmatrix}\theta_1\\ \theta_2\end{pmatrix} = \begin{pmatrix}a & b\\ c & d\end{pmatrix}\begin{pmatrix}\phi_1\\ \phi_2\end{pmatrix}$$

$$T\begin{pmatrix}\omega_1^2\cos\frac{\theta}{2}e^{-i\phi} & \omega_2^2\sin\frac{\theta}{2}e^{i\phi}\\ \omega_1^2\sin\frac{\theta}{2}e^{-i\phi} & \omega_2^2\cos\frac{\theta}{2}e^{i\phi}\end{pmatrix}$$

$$T = \begin{pmatrix}a & b\\ c & d\end{pmatrix}$$

$$T^{-1} = \begin{pmatrix}\cos\frac{\theta}{2}e^{-i\phi} & \sin\frac{\theta}{2}e^{-i\phi}\\ -\sin\frac{\theta}{2}e^{-i\phi} & \cos\frac{\theta}{2}e^{-i\phi}\end{pmatrix}$$

$$T = \begin{pmatrix}\cos\frac{\theta}{2}e^{i\phi} & -\sin\frac{\theta}{2}e^{i\phi}\\ +\sin\frac{\theta}{2}e^{-i\phi} & \cos\frac{\theta}{2}e^{-i\phi}\end{pmatrix}$$

$$\begin{pmatrix}H_{11} & H_{12}\\ H_{21} & H_{22}\end{pmatrix} = \begin{pmatrix}\cos\frac{\theta}{2}e^{i\phi} & -\sin\frac{\theta}{2}e^{i\phi}\\ +\sin\frac{\theta}{2}e^{-i\phi} & \cos\frac{\theta}{2}e^{i\phi}\end{pmatrix}\begin{pmatrix}\omega_1^2 & 0\\ 0 & \omega_2^2\end{pmatrix}\begin{pmatrix}\cos\frac{\theta}{2}e^{-i\phi} & \sin\frac{\theta}{2}e^{i\phi}\\ -\sin\frac{\theta}{2}e^{-i\phi} & \cos\frac{\theta}{2}e^{i\phi}\end{pmatrix}$$

拉格朗日力学
——不出现受力分析的力学问题求解[1]

摘要：我们过去利用牛顿力学讨论过诸如潮汐、地球运动等很多问题。牛顿力学处理问题的基本逻辑是对研究对象展开受力分析，然后写出牛顿第二定律的动力学方程再进行求解。然而实际问题中经常出现大小未知的力，比如正压力或者静摩擦力。在这种情况下，必须同时讨论系统的每个组成部分，并通过运动学规律寻求方程的化简，导致整个问题的处理十分复杂。在本节中，我们对拉格朗日力学体系展开讨论，并通过一些例子来讨论它相对于牛顿力学的简便之处。

一、几何光学的费马原理

相传，在 17 世纪，法国大科学家费马就意识到，人们通过实验总结出的几何光学规律可以统一表达为一个简单的原理，即几何光学光线的实际传播轨迹对应一个量取得极值。这个量定义为折射率和光传播路程的乘积，被称为光程。费马原理表达的是

$$\delta \int n \mathrm{d}l = 0$$

其中，光的起终点被固定，n 是空间各处的折射率，而 $\mathrm{d}l$ 是光可能路线上的元弧长。对于均匀空间中，由于 n 是常数，因此当起终点固定时，极值路线

---

1 整理自搜狐视频 App "张朝阳"账号/作品/物理课栏目中的第 177 期视频，由管子卿、王朕铎执笔。

（事实上是最短路线）正是连接两点的直线。这也就是均匀介质中光沿直线传播的定律。而反射定律同样可以通过镜像对称起点或终点中的一个，然后利用两点之间直线最短来得到论证。

除了可以将光的实际路径解释为最短程路径，我们也可以根据介质中的光速有着 $v = c/n$ 的形式，将费马原理表达为光总选择花费时间最短的路线来进行移动。现在在我们利用费马原理演示如何得到光通过介质表面时的折射定律。考虑两介质之间是平面界面的情形，如图 1 所示。

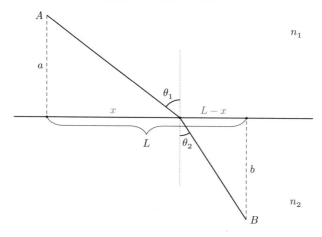

图 1 利用费马原理证明折射定律

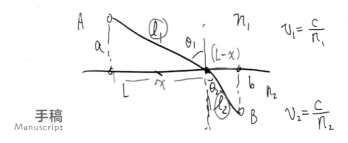

令 L 代表 A、B 两点连线在界面上投影的距离，由于光在均匀介质中沿直线传播，因此决定光的实际路径的参数只有其路线同界面的交点。不难看到，其最短路径只发生在该交点和 A、B 向界面的垂线所确定的平面内。故，如图 1 所示，取交点与 A 到界面的垂线垂足之间的距离为 x，光程可以写为

$$s = n_1 \sqrt{x^2 + a^2} + n_2 \sqrt{(L-x)^2 + b^2}$$

计算这个函数关于 x 的极值，可以通过找它对 x 的导数的零点实现，有

$$\frac{\mathrm{d}s}{\mathrm{d}x} = \frac{n_1 x}{\sqrt{x^2 + a^2}} - \frac{n_2 (L - x)}{\sqrt{(L - x)^2 + b^2}} = 0 \Rightarrow n_1 \sin\theta_1 = n_2 \sin\theta_2$$

而这正是折射的斯涅尔定律。同时，这里最优化光程和最优化花费的时间将会是等价的。

二、从牛顿力学到变分原理

我们用一个最简单的自由落体问题来回顾牛顿力学处理问题的模式。如图 2 所示，考虑一个质量为 m 的质点，初始时刻它位于坐标原点，一维坐标 x 以竖直向下为正方向，从而每时刻质点受到的都是一个常数大小的力，为 mg ，其中 g 代表重力加速度。

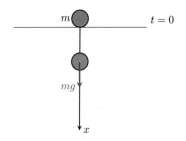

图 2   自由落体运动

按照牛顿第二定律，可以写出质点的动力学方程为

$$m \frac{\mathrm{d}^2 x}{\mathrm{d}t^2} = mg$$

利用初始条件，即 $t = 0$ 时，位置 $x(0) = 0$ ，而且初始时，质点是静止的，如果用牛顿的记号，我们写 $\dot{x}(0) = \mathrm{d}x / \mathrm{d}t (t = 0) = 0$ 。从而求解出完整的自由落

体方程为

$$x(t) = \frac{1}{2}gt^2$$

一个有意思的问题是，如果我们换个视角，想象一个全知全能的"上帝"在为这样的自由落体质点设计运动规律，他可能会不停地摆弄 $x(t)$ 在各点的取值——当然这样更改形式之后，牛顿第二定律的等式不再成立——但如果他并不知晓牛顿第二定律呢？回忆光学中谈到的费马原理，光会选择走光程取极值时的路径，这个"上帝"会不会也是在摆弄可能的路径来使哪个变量极小呢？我们将演示这一点。为此，接下来我们考虑运动的起终点总是确定的，即考虑 $x(0) = 0$ 而 $x(\tau) = H$。从而在自由落体中，运动的时间为 $\tau = \sqrt{2H/g}$。我们来计算如下一个量

$$S = \int_0^\tau \mathrm{d}t \left(\frac{1}{2}m\dot{x}^2 + mgx \right)$$

对整个运动过程积分。代入自由落体方程，应当有

$$S = \int_0^{\sqrt{2H/g}} \left(\frac{1}{2}m(gt)^2 + mg \cdot \frac{1}{2}gt^2 \right) \mathrm{d}t = \frac{2^{3/2}}{3}mg^{1/2}H^{3/2}$$

那么如果这个"上帝"选择了另外一种路径，他让随时间变化的运动规律为 t^3，即

$$x(t) = at^3$$

其中，a 是一个常数。为了保证仍有 $x(\tau) = H$，只能取 $\tau = (H/a)^{1/3}$，即 $a = H/\tau^3$。我们再来计算积分 S，得到

$$\begin{aligned}
S' &= \int_0^{(H/a)^{1/3}} \left(\frac{1}{2}m(3at^2)^2 + mgat^3 \right) \mathrm{d}t \\
&= \frac{9}{10}ma^2 \left(\frac{H}{a} \right)^{5/3} + \frac{1}{4}mga \left(\frac{H}{a} \right)^{4/3} \\
&= mH^{5/3} \left(\frac{9}{10}a^{1/3} + \frac{1}{4}\frac{g}{(aH)^{1/3}} \right)
\end{aligned}$$

如果利用均值不等式，即 $a + b \geqslant 2\sqrt{ab}$，可以给出

$$S' \geqslant 2mH^{5/3}\sqrt{\frac{9}{40}gH^{-1/3}} = \frac{6}{\sqrt{40}}mg^{1/2}H^{3/2}.$$

可以验证，由于 $6/\sqrt{40} \approx 0.949 > 2^{3/2}/3$，所以我们发现，应当有

$$S' > S$$

　　尽管这里只对一种路径的变形进行了验证，但事实上可以证明（这也是我们接下来的任务），任何偏离自由落体的可能运动（要求起终点仍然是 $x=0$ 和 $x=H$），都会使得积分 S 比自由落体的大。所以我们看到了力学背后隐藏的同几何光学中费马原理一样的变分原理。一般地，仅存在保守力作用的力学系统都拥有一个标量函数 L，它是坐标和速度的函数，即 $L = L(x, \dot{x})$。在一维系统的特殊情况中，对于一种可能的路径，我们事实上得到了一个由 $(x(t), \dot{x}(t))$ 确定的参数方程。在这两个数（坐标和坐标对时间的导数）形成的二维平面上，它就是一条曲线。如果我们垂直于这个平面建立另一个坐标轴，那么拉格朗日函数 $L = L(x, \dot{x})$ 就给出了一个曲面。如图 3 所示，路径的参数曲线对应成为这个曲面上的三维曲线，而这个路径上的各个点处也就拥有了一个拉格朗日函数的值。

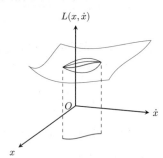

图 3　拉格朗日函数的可视化

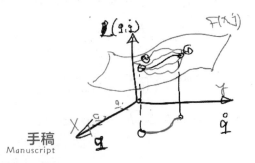

手稿
Manuscript

对拉格朗日函数值沿着运动过程对时间积分，会得到一个数 S，即

$$S\big[x(t)\big] = \int_{t_1}^{t_2} \mathrm{d}t L\big(x(t), \dot{x}(t)\big)$$

其中，t_1 是运动开始的时刻，t_2 是运动结束的时刻。系统的任意运动行为，即任意一条路径都能够对应一个数 S，这个量也被称为作用量。人们发现，系统实际发生的运动，即牛顿方程的解，总使得 S 取极值。事实上，在多数情形下，会取得最小值，因此也被称为最小作用量原理。

在数学中，S 这样的将一条路径或者一个函数映射到一个实数的数学对象被称为泛函，而求解让泛函取得极值的那条路径就被称为变分问题。在几何光学中，我们应用的费马原理事实上也是一种变分问题描述的物理学规律。变分问题的求解很像我们针对一元函数求极值的方案，让两条路径之间出现一定偏离，但现在我们必须让一条路径上的各个位置 $x(t)$ 都出现偏离 $\delta x(t)$（也称为变分），这样的偏离同样是一个关于 t 的函数。如果泛函在这种情况下相对于任意 $\delta x(t)$ 带来的值的偏差都为 0，那么原本的路径应当是一条极值路径，就像一元函数驻点处的导数为 0 一般。

三、从变分原理到运动方程

下面我们来考虑一般的满足最小作用量原理的力学系统的运动方程应该拥有什么样的形式，为此我们对路线 $x(t)$ 进行变分，得到 $x(t) + \delta x(t)$，这种变分要求起终点必须相对原本路径固定，即 $\delta x(t_1) = \delta x(t_2) = 0$。运动时间显然也不发生变化，即不考虑加入扰动而导致原本运动的时间也出现变动。从这种要求出发的变分也被称为等时变分，它就像是在每个时刻相对于原本的运动路径都引入一个小的偏离。我们考察这种偏离导致的作用量变化：

$$\begin{aligned}
\delta S &= S\big[x(t) + \delta x(t)\big] - S\big[x(t)\big] \\
&= \int_{t_1}^{t_2} \mathrm{d}t \big(L(x + \delta x, \dot{x} + \mathrm{d}\delta x / \mathrm{d}t) - L(x, \dot{x}) \big) \\
&= \int_{t_1}^{t_2} \mathrm{d}t \left(\frac{\partial L}{\partial x} \delta x + \frac{\partial L}{\partial \dot{x}} \frac{\mathrm{d}\delta x}{\mathrm{d}t} \right)
\end{aligned}$$

考虑分部积分，我们给出

$$\int_{t_1}^{t_2} \frac{\partial L}{\partial \dot{x}} \frac{\mathrm{d}\delta x}{\mathrm{d}t} \mathrm{d}t = \frac{\partial L}{\partial \dot{x}} \delta x \big|_{t_1}^{t_2} - \int_{t_1}^{t_2} \frac{\mathrm{d}}{\mathrm{d}t} \frac{\partial L}{\partial \dot{x}} \delta x \mathrm{d}t$$

利用起终点上 $\delta x(t_1) = \delta x(t_2) = 0$ ，可以给出

$$\delta S = \int_{t_1}^{t_2} \left(\frac{\partial L}{\partial x} - \frac{\mathrm{d}}{\mathrm{d}t} \frac{\partial L}{\partial \dot{x}} \right) \delta x \mathrm{d}t$$

这个量必须对任意函数 δx 都等于 0，因此只有一种可能，就是 δx 前面的系数处处都等于 0。这样我们就得到了极值路径应当满足的微分方程，也被称为欧拉-拉格朗日方程。

$$\frac{\mathrm{d}}{\mathrm{d}t} \frac{\partial L}{\partial \dot{x}} - \frac{\partial L}{\partial x} = 0$$

四、拉格朗日力学

为了让变分问题的解和牛顿定律相一致，还需要补充力学系统中的标量函数 L——也被称为拉格朗日函数——该如何选择。对于保守系统，应当取

$$L = T - V$$

其中，T 是力学系统的动能，V 是力学系统的势能。以自由落体问题为例，可以立即看到

$$L = \frac{1}{2} m \dot{x}^2 + mgx$$

读者应该会想到，这个正是前面我们演示变分原理的时候选择的被积函数。代入欧拉-拉格朗日方程，我们会看到，应当有

$$\frac{\partial L}{\partial x} = mg$$

$$\frac{\partial L}{\partial \dot{x}} = m\dot{x}$$

从而欧拉-拉格朗日方程给出的微分方程为

$$m\ddot{x} - mg = 0$$

这与牛顿第二定律的结果一致。

接下来考虑另一个例子，如果一个质点被套在滑杆上，受重力作用下滑。而杆的形状并不规则，在笛卡儿坐标系中需要由两个直角坐标来表述，即质点的高度 h 和相对于起点时物体走过的距离 l。但这两个坐标并不独立，它们之间的关系由杆的形状方程决定，如图 4 所示。

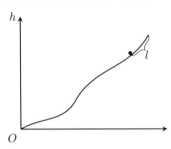

图 4　弯曲斜面上下滑的一维粒子

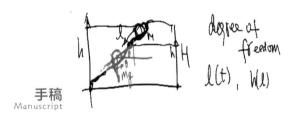

可以看到，这个系统的拉格朗日函数为

$$L = \frac{1}{2}m\dot{l}^2 - mgh(l)$$

代入欧拉-拉格朗日方程，立即得到

$$\frac{\mathrm{d}}{\mathrm{d}t}\frac{\partial L}{\partial \dot{l}} - \frac{\partial L}{\partial l} = m\ddot{l} + mg\frac{\mathrm{d}h}{\mathrm{d}l} = 0$$

事实上，这和牛顿定律是一致的。可以发现，在滑杆上某点处切线相对于水平方向夹角的正弦值正是 $\mathrm{d}h/\mathrm{d}l$。因此这个方程说的正是质点沿着杆切线方向的加速度和质量的乘积等于质点所受重力在切线方向的分力，这正是牛顿第二定律。从中我们可以发现拉格朗日力学的另一个重要特性，它允许我们任意选择描述质点位置的坐标。

普遍地，对于由 n 个实数来描述位置（构型）的保守力学系统，同样存在一个拉格朗日函数，它是这些实数（广义坐标）和它们对时间的导数（广义速度）的函数。

$$L = L\left(q_1, q_2, \cdots, q_n; \dot{q}_1, \dot{q}_2, \cdots, \dot{q}_n\right)$$

在满足一定条件（完整约束）时，这样的 n 个广义坐标会存在 n 个欧拉-拉格朗日方程。

$$\frac{\mathrm{d}}{\mathrm{d}t}\frac{\partial L}{\partial \dot{q}_i} - \frac{\partial L}{\partial q_i} = 0, \quad i = 1, 2, \cdots, n$$

这 n 个二阶微分方程就构成了这个力学系统的动力学方程。

小结
Summary

在本节中，我们从实例出发，搭建起了拉格朗日力学的初步框架。相比于牛顿力学，拉格朗日力学只用考虑拉格朗日量一个标量，而不涉及对力的矢量的相关分析。事实上，牛顿力学中力的概念并非是建立力学的必要理论，牛顿第二定律也并不能构成一个完整的动力学方程，而必须搭配其他力的定律。因此拉格朗日力学事实上去除了力这个看似直观实则并不直观的概念。这个思路对后来的理论物理学影响深远，量子力学和量子场论也都借鉴了其中的很多思想。

从天体到弹簧摆
——单质点运动的拉格朗日力学处理[1]

摘要：我们已经看到拉格朗日力学带来的崭新力学方法论的优势所在，即不再需要对作为矢量的力进行分析，而是写出系统的拉格朗日函数，直接得到动力学方程。但除了这一点，拉格朗日力学更重要的特性在于，它形式上不再强依赖于坐标系统。在本节中，我们以单质点的运动为例，再次展示拉格朗日力学的这种简便性。

一、牛顿引力势下的质点运动

首先来重复一遍牛顿力学的处理。中心力场中质点的位置描述仍然取极坐标 (r, θ) 来实现，那么其位置对时间的二阶导数有（注意极坐标基向量随位置的变化）

$$\frac{\mathrm{d}^2 \boldsymbol{r}}{\mathrm{d}t^2} = \left(\ddot{r} - r\dot{\theta}^2\right)\boldsymbol{e}_r + \left(2\dot{r}\dot{\theta} + r\ddot{\theta}\right)\boldsymbol{e}_\theta$$

这正是质点的加速度。如果中心力场是牛顿的引力场，那么动力学方程就可以写为

$$m\frac{\mathrm{d}^2 \boldsymbol{r}}{\mathrm{d}t^2} = -\frac{GMm}{r^2}\boldsymbol{e}_r$$

---

1 整理自搜狐视频 App "张朝阳" 账号/作品/物理课栏目中的第 178、180 期视频，由费啸天、王朕铎执笔。

整理得到两个方向的分量方程：

$$r\ddot{\theta} + 2\dot{r}\dot{\theta} = 0$$

$$\ddot{r} - r\dot{\theta}^2 = -\frac{GM}{r^2}$$

在角向方程的两边同乘 r，很容易构造一个守恒量（正对应角动量守恒）：

$$0 = r^2\ddot{\theta} + 2r\dot{r}\dot{\theta} = \frac{\mathrm{d}}{\mathrm{d}t}\left(r^2\dot{\theta}\right)$$

接下来考虑通过拉格朗日力学的方式来获取动力学方程。如前所述，系统的拉格朗日函数应该有动能减势能的形式，即

$$L = \frac{1}{2}m\left(\dot{r}^2 + r^2\dot{\theta}^2\right) + \frac{GMm}{r}$$

首先检查径向分量，计算拉格朗日函数的一些偏导数，有

$$\frac{\partial L}{\partial \dot{r}} = m\dot{r}$$

$$\frac{\partial L}{\partial r} = -\frac{GMm}{r^2}$$

那么有欧拉-拉格朗日方程

$$0 = \frac{\mathrm{d}}{\mathrm{d}t}\frac{\partial L}{\partial \dot{r}} - \frac{\partial L}{\partial r} = m\ddot{r} + \frac{GMm}{r^2}$$

然后是角向分量，有

$$\frac{\partial L}{\partial \dot{\theta}} = mr^2\dot{\theta}$$

$$\frac{\partial L}{\partial \theta} = 0$$

从而有

$$0 = \frac{\mathrm{d}}{\mathrm{d}t}\frac{\partial L}{\partial \dot{\theta}} - \frac{\partial L}{\partial \theta} = \frac{\mathrm{d}}{\mathrm{d}t}\left(mr^2\dot{\theta}\right)$$

按照最小作用量原理，这两个方程就确定了中心力场中粒子的实际运动轨迹（动力学方程）。不难看出，它们和牛顿力学的处理是完全一致的，而

且在拉格朗日力学中，可以立即得到角向的角动量守恒方程，而不再需要通过观察方程形式积分获得。

二、弹簧摆的动力学

另一个单质点运动的模型是一种弹簧摆，即一个弹簧下悬挂小球，小球将会在沿着弹簧方向出现振动的同时，存在角向的振动。不同于中心力场问题中存在良好的守恒量，这个系统的一般运动是难以求解的。我们主要展示拉格朗日力学处理这种问题的简便性。

在牛顿力学中，这个系统的讨论需要使用沿着弹簧方向和垂直弹簧方向的受力分析，以及极坐标的加速度公式，可以看到牛顿第二定律表达为

$$-k\left(r-r_0\right)+mr\dot\theta^2+mg\cos\theta-m\ddot r=0$$
$$mg\sin\theta+mr\ddot\theta+2m\dot\theta\dot r=0$$

其中，k 为弹簧的劲度系数，r_0 为弹簧原长。我们仍然采用极坐标描述质点的位置，其中，$\theta=0$ 的方向是竖直向下的。而在拉格朗日力学中，我们需要写出系统的拉格朗日函数。我们已经熟悉了这种保守系统中拉格朗日函数的写法，它正是动能减势能的形式，因此有

$$L=\frac{1}{2}m\left(\dot r^2+r^2\dot\theta^2\right)+mgr\cos\theta-\frac{1}{2}k(r-r_0)^2$$

从中可以利用欧拉-拉格朗日方程来得到其动力学方程。对于径向，有

$$0=\frac{\mathrm{d}}{\mathrm{d}t}\frac{\partial L}{\partial\dot r}-\frac{\partial L}{\partial r}=m\ddot r-mr\dot\theta^2-mg\cos\theta+k\left(r-r_0\right)$$

这正是牛顿力学中关于径向的牛顿第二定律的形式。而对于角向，自然是

$$0=\frac{\mathrm{d}}{\mathrm{d}t}\frac{\partial L}{\partial\dot\theta}-\frac{\partial L}{\partial\theta}=\frac{\mathrm{d}}{\mathrm{d}t}\left(mr^2\dot\theta\right)+mgr\sin\theta$$

对角动量项展开，自然也得到了前面展示的角向方程的形式。在拉格朗日力学中，我们得到的直接是角动量定理。

小结
Summary

在本节中，我们对两种不同的单质点进行了拉格朗日力学的分析，并且和牛顿力学的结果进行了对比。从中可以看出，对于保守系统，拉格朗日力学在建立动力学方程阶段确实免除了受力分析，而且总是和牛顿力学保持一致。对于多自由度问题，拉格朗日力学更有优势，因为其对坐标系统并不敏感，形式统一能够给我们带来相当多的简便。

耦合双摆
——拉格朗日力学对多质点系统的处理[1]

摘要：通过对拉格朗日力学在单质点问题上的应用，我们已经熟悉了使用这种方法处理问题的思路，并且感受到了它的简便。然而，拉格朗日力学诞生之初是为了给力学问题提供一种统一的框架，将从事相关工程的研究者从复杂的受力分析和几何问题中解放出来，将力学问题——尤其是带有约束的复杂力学问题——的处理整理到分析学的视角下，提供一种程序化的方法。事实上，它的强大之处反映在处理带有约束的多质点系统的时候。在本节中，我们用耦合双摆来演示这一点。

一、耦合双摆系统

耦合双摆是一个双质点力学系统：一个质量为 m_1 的质点被悬挂在一个长度为 l_1 的轻绳上，使得其距离固定点的距离为 l_1。同时在其下距离为 l_2 处进一步悬挂了一个质量为 m_2 的质点。在研究这个力学系统的平面运动时，其构型的完整描述由图 1 所示的两个角度 θ_1 和 θ_2 实现，这正是系统的一组广义坐标。在运动全程，两条轻绳始终保持绷紧状态。

这个模型难以利用传统的牛顿力学手段分析，最主要的问题在于事先并不知道轻绳的弹力，需要在求解方程过程中予以消元处理。然而这样不会带来机械能损耗的约束却是拉格朗日力学的"拿手好戏"。我们看到体系的总

---

1 整理自搜狐视频 App "张朝阳"账号/作品/物理课栏目中的第 181 期视频，由王朕铎执笔。

动能应当具有如下形式：

$$T = \frac{1}{2}m_1 l_1^2 \dot{\theta}_1^2 + \frac{1}{2}m_2\left(l_1^2\dot{\theta}_1^2 + l_2^2\dot{\theta}_2^2 + 2l_1 l_2\dot{\theta}_1\dot{\theta}_2\cos\left(\theta_2-\theta_1\right)\right)$$

另一方面，如果选择悬挂点为势能零点，则这个体系的势能应当表达为

$$V = -m_1 g l_1\cos\theta_1 - m_2 g\left(l_1\cos\theta_1 + l_2\cos\theta_2\right)$$

从而，体系的拉格朗日函数可以写为

$$L = T - V = \frac{1}{2}\left(m_1+m_2\right)l_1^2\dot{\theta}_1^2 + \frac{1}{2}m_2 l_2^2\dot{\theta}_2^2 + m_2 l_1 l_2\dot{\theta}_1\dot{\theta}_2\cos\left(\theta_2-\theta_1\right) +$$
$$\left(m_1+m_2\right)g l_1\cos\theta_1 + m_2 g l_2\cos\theta_2$$

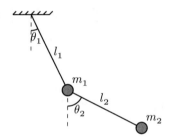

图 1　*耦合双摆的广义坐标和符号约定*

二、耦合双摆的运动方程

从拉格朗日函数出发，体系的运动方程自然可以通过欧拉-拉格朗日方程的形式得到确定，正是

$$\frac{\mathrm{d}}{\mathrm{d}t}\frac{\partial L}{\partial \dot{\theta}_i} = \frac{\partial L}{\partial \theta_i}, \quad i = 1, 2$$

通过一些代数处理，可以写出只包含体系广义坐标的二级导数的运动方程，具有如下形式：

$$\frac{\mathrm{d}}{\mathrm{d}t}\frac{\partial L}{\partial \dot{\theta}_1} = \left(m_1+m_2\right)l_1^2\ddot{\theta}_1 + m_2 l_1 l_2\ddot{\theta}_2\cos\left(\theta_2-\theta_1\right) - m_2 l_1 l_2\dot{\theta}_2\sin\left(\theta_2-\theta_1\right)\left(\dot{\theta}_2-\dot{\theta}_1\right),$$

$$\frac{\partial L}{\partial \theta_1} = m_2 l_1 l_2 \dot{\theta}_1 \dot{\theta}_2 \sin(\theta_2 - \theta_1) - (m_1 + m_2) g l_1 \sin\theta_1,$$

$$\frac{\mathrm{d}}{\mathrm{d}t}\frac{\partial L}{\partial \dot{\theta}_2} = m_2 l_2^2 \ddot{\theta}_2 + m_2 l_1 l_2 \ddot{\theta}_1 \cos(\theta_2 - \theta_1) - m_2 l_1 l_2 \dot{\theta}_1 \sin(\theta_2 - \theta_1)(\dot{\theta}_2 - \dot{\theta}_1),$$

$$\frac{\partial L}{\partial \theta_2} = -m_2 l_1 l_2 \dot{\theta}_1 \dot{\theta}_2 \sin(\theta_2 - \theta_1) - m_2 g l_2 \sin\theta_2$$

将这些偏微分结果进行组合就可以得到耦合双摆普遍运动的动力学方程。这个方程将会变得极其烦琐，只能通过计算机进行数值求解。为了得到物理上的一些理解，可以考虑耦合双摆在小角度范围内的运动，这意味着需要进行如下的近似处理：

$$\theta_1, \theta_2 \ll 1 \Rightarrow \begin{cases} \cos(\theta_2 - \theta_1) \approx 1 \\ \sin(\theta_2 - \theta_1) \approx \theta_2 - \theta_1 \\ \sin\theta_1 \approx \theta_1 \\ \sin\theta_2 \approx \theta_2 \end{cases}$$

将上式代入上面的方程中，并且略去所有的二阶及以上的小量，使得运动方程成为简单的形式：

$$(m_1 + m_2) l_1^2 \ddot{\theta}_1 + m_2 l_1 l_2 \ddot{\theta}_2 = -(m_1 + m_2) g l_1 \theta_1$$

$$m_2 l_2^2 \ddot{\theta}_2 + m_2 l_1 l_2 \ddot{\theta}_1 = -m_2 g l_2 \theta_2$$

或者通过引入矩阵

$$\boldsymbol{K} = \begin{bmatrix} (m_1 + m_2) l_1^2 & m_2 l_1 l_2 \\ m_2 l_1 l_2 & m_2 l_2^2 \end{bmatrix}, \boldsymbol{G} = \begin{bmatrix} (m_1 + m_2) g l_1 & 0 \\ 0 & m_2 g l_2 \end{bmatrix}$$

使得方程拥有矩阵乘法的形式：

$$\boldsymbol{K} \frac{\mathrm{d}^2}{\mathrm{d}t^2} \begin{bmatrix} \theta_1 \\ \theta_2 \end{bmatrix} = -\boldsymbol{G} \begin{bmatrix} \theta_1 \\ \theta_2 \end{bmatrix}$$

如果两边同乘矩阵 $\boldsymbol{K}$ 的逆，则方程的形式会进一步化为

$$\frac{\mathrm{d}^2}{\mathrm{d}t^2} \begin{bmatrix} \theta_1 \\ \theta_2 \end{bmatrix} = -\boldsymbol{K}^{-1}\boldsymbol{G} \begin{bmatrix} \theta_1 \\ \theta_2 \end{bmatrix} = -\boldsymbol{H} \begin{bmatrix} \theta_1 \\ \theta_2 \end{bmatrix}$$

这正是一个耦合简谐谐振子的运动方程。关于矩阵 $\boldsymbol{K}$ 的可逆性，可以从矩阵 $\boldsymbol{K}$ 的行列式中看到，由于

$$\det \boldsymbol{K} = (m_1 + m_2) l_1^2 m_2 l_2^2 - m_2^2 l_1^2 l_2^2 = m_1 m_2 l_1^2 l_2^2 > 0$$

因此在研究范围内，矩阵 $\boldsymbol{K}$ 总是可逆的，上面的操作将不会引起问题。

三、小角度耦合双摆的简正模式

耦合谐振子总是拥有一些特征的振动模式，这些简正模将完全由矩阵 $\boldsymbol{H}$ 决定。通过矩阵代数运算，可以写出

$$\boldsymbol{H} = \begin{bmatrix} \dfrac{g(m_1+m_2)}{l_1 m_1} & -\dfrac{gm_2}{l_1 m_1} \\ -\dfrac{g(m_1+m_2)}{l_2 m_1} & \dfrac{g(m_1+m_2)}{l_2 m_1} \end{bmatrix}$$

为了得到系统的简正模的信息，可以将特殊情形的振动行为代入方程，通过待定系数法来确定。为此，将特殊解

$$\theta_1(t) = \theta_1(0) e^{i\omega t}, \theta_2(t) = \theta_2(0) e^{i\omega t}$$

代入，方程将会被简化为

$$-\omega^2 \begin{bmatrix} \theta_1 \\ \theta_2 \end{bmatrix} = -\boldsymbol{H} \begin{bmatrix} \theta_1 \\ \theta_2 \end{bmatrix}$$

从而特殊解的圆频率应当由久期方程

$$\det(\boldsymbol{H} - \omega^2 \boldsymbol{I}) = \det(\boldsymbol{H} - \lambda \boldsymbol{I}) = 0$$

确定。其中，λ 是圆频率 ω 的平方。由于 $\boldsymbol{H}$ 是一个 2×2 的矩阵，因此这个方程将会被化为关于 λ 的一元二次方程，整理得到

$$\begin{aligned} 0 &= \det \begin{bmatrix} \dfrac{g(m_1+m_2)}{l_1 m_1} - \lambda & -\dfrac{gm_2}{l_1 m_1} \\ -\dfrac{g(m_1+m_2)}{l_2 m_1} & \dfrac{g(m_1+m_2)}{l_2 m_1} - \lambda \end{bmatrix} \\ &= \left(\dfrac{g(m_1+m_2)}{l_1 m_1} - \lambda \right) \left(\dfrac{g(m_1+m_2)}{l_2 m_1} - \lambda \right) - \dfrac{g^2 m_2 (m_1+m_2)}{l_1 l_2 m_1^2} \end{aligned}$$

将方程稍作整理，可以得到

$$\lambda^2 - \frac{g\left(m_1 + m_2\right)}{m_1}\left(\frac{1}{l_1} + \frac{1}{l_2}\right)\lambda + \frac{g^2\left(m_1 + m_2\right)}{l_1 l_2 m_1} = 0$$

通过求根公式，不难得到

$$\lambda_\pm = \frac{g\left(l_1 + l_2\right)}{2l_1 l_2}\left(1 + \frac{m_2}{m_1}\right) \pm \sqrt{\frac{g^2\left(l_1 + l_2\right)^2}{4l_1^2 l_2^2}\left(1 + \frac{m_2}{m_1}\right)^2 - \frac{g^2}{l_1 l_2}\left(1 + \frac{m_2}{m_1}\right)}$$

$$= \frac{g\left(l_1 + l_2\right)}{2l_1 l_2}\left(1 + \frac{m_2}{m_1}\right)\left\{1 \pm \sqrt{1 - \frac{4l_1 l_2}{\left(l_1 + l_2\right)^2}\frac{m_1}{m_1 + m_2}}\right\}$$

可以检查根号内的表达式一定是非负的，因此将不会出现奇异的解。进一步地，可以写出简正模式的圆频率

$$\left|\omega_\pm\right| = \left(\frac{g\left(l_1 + l_2\right)}{2l_1 l_2}\left(1 + \frac{m_2}{m_1}\right)\left\{1 \pm \sqrt{1 - \frac{4l_1 l_2}{\left(l_1 + l_2\right)^2}\frac{m_1}{m_1 + m_2}}\right\}\right)^{1/2}$$

或者根据周期和频率的关系给出周期的取值

$$\left|T_\pm\right| = \frac{2\pi}{\left|\omega_\pm\right|} = 2\pi\left(\frac{l_1 + l_2}{2g}\left\{1 \mp \sqrt{1 - \frac{4l_1 l_2}{\left(l_1 + l_2\right)^2}\frac{m_1}{m_1 + m_2}}\right\}\right)^{1/2}$$

一般的小角度耦合摆的运动总是这样两个简正模式对应简谐振动的线性组合。

四、小角度近似的合法性

现在可以来考察小角度近似：

$$\theta_1, \theta_2 \ll 1 \Rightarrow \begin{cases} \cos\left(\theta_2 - \theta_1\right) \approx 1 \\ \sin\left(\theta_2 - \theta_1\right) \approx \theta_2 - \theta_1 \\ \sin\theta_1 \approx \theta_1 \\ \sin\theta_2 \approx \theta_2 \end{cases}$$

即是否小振幅就足够说明广义速度不会带来过大的影响。为此，不妨将 L 对 θ_2 的偏导数作为例子，上面已经给出严格的表达式，为

$$\frac{\partial L}{\partial \theta_2} = -m_2 l_1 l_2 \dot{\theta}_1 \dot{\theta}_2 \sin\left(\theta_2 - \theta_1\right) - m_2 g l_2 \sin\theta_2$$

取小角度近似，但这次将第一项保留到最低阶不为 0 的项，有

$$\frac{\partial L}{\partial \theta_2} \approx -m_2 l_1 l_2 \dot{\theta}_1 \dot{\theta}_2 \left(\theta_2 - \theta_1\right) - m_2 g l_2 \theta_2$$

第一项比起第二项可忽略，将要求存在

$$l_1 \left|\dot{\theta}_1 \dot{\theta}_2\right| \ll g \frac{\theta_2}{\theta_2 - \theta_1} \sim g$$

成立，这似乎意味着广义速度的值不应过大。但事实上，如果将特殊解形式

$$\theta_1(t) = \theta_1(0) \mathrm{e}^{\mathrm{i}\omega_\pm t}, \theta_2(t) = \theta_2(0) \mathrm{e}^{\mathrm{i}\omega_\pm t}$$

代入，则我们会看到小角度近似的合法性要求成为

$$|\omega_\pm|^2 \left|\theta_1(0)\theta_2(0)\right| \ll \frac{g}{l_1}$$

　　由于简正模的频率正比于 g 的平方根，因此这个要求中将不会出现 g。而只需要振幅远远小于由质量 m_1、m_2 和长度 l_1、l_2 组合的无量纲数即可。换言之，只要求运动幅度足够小的小角度近似总是合法的，不需要过多讨论广义速度的大小。当然这个结论只对简谐振动能够很好地描述系统运动——即振幅已经足够小——的情况成立，更一般的情况，如实际工程应用中，仍然需要根据广义速度的大小来确定系统偏离小角度近似的程度。

小结
Summary

　　在本节中，我们对牛顿力学处理起来复杂的带有约束的多质点系统展开分析，第一次看到拉格朗日力学处理这类问题的强大威力。利用小角度近似，我们能够分析这样的系统在平衡位置附近发生的小振动的振动频率，这类问题在实际工程问题中有着广泛的应用，也彰显了拉格朗日力学的价值。

从拉格朗日力学到哈密顿力学
——带电粒子在电磁场中的运动[1]

摘要：自拉格朗日开始，对经典力学的数学结构的研究工作被不断深化。爱尔兰数学家哈密顿提出了和拉格朗日不同的处理思路，将力学系统的运动状态表达为广义坐标和广义动量的共轭对，由哈密顿函数来描述力学系统的性质，由正则方程来描述运动随时间的变化。这种思路深刻影响了日后的量子理论。本节中，我们对哈密顿力学进行讨论，核心目的在于给出带电粒子在电磁场中的运动规律。

一、从拉格朗日力学到哈密顿力学

在拉格朗日力学中，保守力学系统可以用拉格朗日函数 $L(q,\dot{q})$ 来进行刻画，它是广义坐标和广义速度的函数，而力学系统实际发生的运动由欧拉-拉格朗日方程描述：

$$\frac{\mathrm{d}}{\mathrm{d}t}\frac{\partial L}{\partial \dot{q}} - \frac{\partial L}{\partial q} = 0$$

引入广义动量

$$p = \frac{\partial L}{\partial \dot{q}}$$

---

1 整理自搜狐视频 App "张朝阳"账号/作品/物理课栏目中的第 182、183 期视频，由陈广尚、李松、王朕铎执笔。

在实际使用中，通过系统的拉格朗日量可以得到作为广义坐标和广义速度的函数的广义动量 $p = p(q,\dot{q})$。可以证明，对于通常的力学系统，我们总可以反解出函数 $\dot{q}(q,p)$。定义哈密顿函数

$$H(q,p) = p\dot{q}(q,p) - L(q,\dot{q}(q,p))$$

计算哈密顿函数的偏导数需要使用偏导数的链式法则，有

$$\frac{\partial H}{\partial q} = p\frac{\partial \dot{q}}{\partial q} - \frac{\partial L}{\partial q} - \frac{\partial L}{\partial \dot{q}}\frac{\partial \dot{q}}{\partial q} = -\frac{\partial L}{\partial q}$$

$$\frac{\partial H}{\partial p} = \dot{q} + p\frac{\partial \dot{q}}{\partial p} - \frac{\partial L}{\partial \dot{q}}\frac{\partial \dot{q}}{\partial p} = \dot{q}$$

可以看到，哈密顿函数蕴含着和拉格朗日函数相当的信息，表现为我们可以写出和欧拉-拉格朗日方程等价的正则方程

$$\frac{\mathrm{d}q}{\mathrm{d}t} = \frac{\partial H}{\partial p}$$

$$\frac{\mathrm{d}p}{\mathrm{d}t} = -\frac{\partial H}{\partial q}$$

这样的结果不难推广到普遍拉格朗日函数和多自由度体系。我们在这里要指出，如果拉格朗日函数不显含时间，那么我们立即可以从正则方程发现一个守恒量，考虑到实际运动路径是 $q(t), p(t)$，沿着这个路径求导，有

$$\frac{\mathrm{d}H}{\mathrm{d}t} = \frac{\partial H}{\partial q}\frac{\mathrm{d}q}{\mathrm{d}t} + \frac{\partial H}{\partial p}\frac{\mathrm{d}p}{\mathrm{d}t} = \frac{\partial H}{\partial q}\frac{\partial H}{\partial p} - \frac{\partial H}{\partial p}\frac{\partial H}{\partial q} = 0$$

即哈密顿函数沿着运动路径守恒。

二、天体力学中的哈密顿函数

作为一个简单的例子，下面我们展示中心力场问题中的哈密顿函数和广义动量。对于通常的极坐标描述，如果中心天体质量为 M，应当有拉格朗日函数

$$L = \frac{1}{2}m\left(\dot{r}^2 + r^2\dot{\theta}^2\right) + \frac{GMm}{r}$$

从而可以计算得到两个自由度上的广义动量

$$p_r = \frac{\partial L}{\partial \dot{r}} = m\dot{r}$$

$$p_\theta = \frac{\partial L}{\partial \dot{\theta}} = mr^2\dot{\theta}$$

从中可以反解出广义速度

$$\dot{r} = \frac{p_r}{m}, \quad \dot{\theta} = \frac{p_\theta}{mr^2}$$

利用前面的定理，不难求出哈密顿函数

$$\begin{aligned}
H &= p_r\dot{r} + p_\theta\dot{\theta} - L \\
&= \frac{p_r^2}{m} + \frac{p_\theta^2}{mr^2} - \frac{1}{2}m\left(\dot{r}^2 + r^2\dot{\theta}^2\right) - \frac{GMm}{r} \\
&= \frac{1}{2}\left(\frac{p_r^2}{m} + \frac{p_\theta^2}{mr^2}\right) - \frac{GMm}{r}
\end{aligned}$$

可以看到，哈密顿函数的值正是机械能，事实上这对保守系统总是成立的。

三、电磁场中带电粒子的拉格朗日函数

接下来我们讨论带电粒子在电磁场中的运动，考虑到空间中存在一般的电磁场，利用电磁势可以写出

$$\boldsymbol{E} = -\nabla\phi - \frac{\partial \boldsymbol{A}}{\partial t}, \quad \boldsymbol{B} = \nabla \times \boldsymbol{A}$$

根据牛顿定律，粒子的动力学方程为

$$m\frac{\mathrm{d}^2\boldsymbol{r}}{\mathrm{d}t^2} = q\boldsymbol{E} + q\boldsymbol{v}\times\boldsymbol{B}$$

其中 $\boldsymbol{r}$ 代表质点的位矢，而 $\boldsymbol{v}$ 为其速度。考虑如下的拉格朗日函数

$$L = \frac{1}{2}m\boldsymbol{v}^2 - q\phi + q\boldsymbol{v}\cdot\boldsymbol{A}$$

我们来检查使用它是否可以推出牛顿力学的动力学方程。为此，我们以 x 分

量进行验证，应当有

$$\frac{\partial L}{\partial \dot{x}} = m\dot{x} + qA_x$$

因此

$$\frac{\mathrm{d}}{\mathrm{d}t}\frac{\partial L}{\partial \dot{x}} = m\ddot{x} + q\left(\boldsymbol{v}\cdot\nabla\right)A_x + q\frac{\partial A_x}{\partial t} = m\ddot{x} + q\left(v_x\frac{\partial A_x}{\partial x} + v_y\frac{\partial A_x}{\partial y} + v_z\frac{\partial A_x}{\partial z}\right) + q\frac{\partial A_x}{\partial t}$$

另一方面，有

$$\frac{\partial L}{\partial x} = -q\frac{\partial \phi}{\partial x} + q\boldsymbol{v}\cdot\frac{\partial \boldsymbol{A}}{\partial x} = -q\frac{\partial \phi}{\partial x} + q\left(v_x\frac{\partial A_x}{\partial x} + v_y\frac{\partial A_y}{\partial x} + v_z\frac{\partial A_z}{\partial x}\right)$$

欧拉-拉格朗日方程要求

$$0 = \frac{\mathrm{d}}{\mathrm{d}t}\frac{\partial L}{\partial \dot{x}} - \frac{\partial L}{\partial x}$$

$$= m\ddot{x} + q\left(\boldsymbol{v}\cdot\nabla\right)A_x + q\frac{\partial A_x}{\partial t} + q\frac{\partial \phi}{\partial x} - q\boldsymbol{v}\cdot\frac{\partial \boldsymbol{A}}{\partial x}$$

$$= m\ddot{x} + q\frac{\partial \phi}{\partial x} + q\frac{\partial A_x}{\partial t} + q\left[v_y\left(\frac{\partial A_y}{\partial x} - \frac{\partial A_x}{\partial y}\right) - v_z\left(\frac{\partial A_x}{\partial z} - \frac{\partial A_z}{\partial x}\right)\right]$$

注意到磁场和磁矢势的关系

$$\boldsymbol{B} = \nabla\times\boldsymbol{A} = \begin{vmatrix} \boldsymbol{e}_x & \boldsymbol{e}_y & \boldsymbol{e}_z \\ \dfrac{\partial}{\partial x} & \dfrac{\partial}{\partial y} & \dfrac{\partial}{\partial z} \\ A_x & A_y & A_z \end{vmatrix}$$

因此

$$B_y = \frac{\partial A_x}{\partial z} - \frac{\partial A_z}{\partial x}$$

$$B_z = \frac{\partial A_y}{\partial x} - \frac{\partial A_x}{\partial y}$$

这样可以进一步简化前面推出的动力学方程为（注意 $-E_x = \partial_x\phi + \partial_t A_x$ ）

$$m\ddot{x} = qE_x + q\left(v_yB_z - v_zB_y\right) = qE_x + q(\boldsymbol{v}\times\boldsymbol{B})_x$$

这正是牛顿第二定律给出的动力学方程的 x 分量形式。类似地，也可以验证

其他分量形式。因此，对于带电粒子在电磁场中运动的问题，拉格朗日函数就是前面所给出的

$$L = \frac{1}{2}mv^2 - q\phi + qv \cdot A$$

四、带电粒子在电磁场中运动的正则方程

知道了电磁场中的带电粒子的拉格朗日函数，我们就可以计算其广义动量和哈密顿函数，有

$$p = \frac{\partial L}{\partial v} = mv + qA$$

其中 $\dfrac{\partial L}{\partial v}$ 事实上是对变量 v 求梯度，所以有

$$v = \frac{1}{m}(p - qA)$$

而哈密顿函数正是

$$
\begin{aligned}
H &= p \cdot v - L \\
&= \frac{p \cdot (p - qA)}{m} - \frac{1}{2}\frac{(p - qA)^2}{m} + q\phi - \frac{q}{m}(p - qA) \cdot A \\
&= \frac{1}{2m}(p - qA)^2 + q\phi
\end{aligned}
$$

如果将 $p - qA = mv$ 代入其中，不难验证哈密顿函数的值正是粒子所具有的动能和电势能之和，也就是机械能。

小结
Summary

本节中，我们讨论了如何从拉格朗日方程得到哈密顿力学的正则方程，使得动力学方程关于广义动量和广义坐标形式上更加对称。通过对中心力场中的质点和电磁场中的带电粒子的讨论，相关的哈密顿函数都被建立起来，并验证了其中哈密顿函数的值正是粒子的机械能。

反侵权盗版声明

　　电子工业出版社依法对本作品享有专有出版权。任何未经权利人书面许可，复制、销售或通过信息网络传播本作品的行为；歪曲、篡改、剽窃本作品的行为，均违反《中华人民共和国著作权法》，其行为人应承担相应的民事责任和行政责任，构成犯罪的，将被依法追究刑事责任。

　　为了维护市场秩序，保护权利人的合法权益，我社将依法查处和打击侵权盗版的单位和个人。欢迎社会各界人士积极举报侵权盗版行为，本社将奖励举报有功人员，并保证举报人的信息不被泄露。

举报电话：(010) 88254396；(010) 88258888

传　　真：(010) 88254397

E‑mail ：dbqq@phei.com.cn

通信地址：北京市万寿路 173 信箱　电子工业出版社总编办公室

邮　　编：100036